"十四五"时期国家重点出版物
出版专项规划项目

磷科学前沿与技术丛书

磷与生命起源

Phosphorus and the Origin of Life

赵玉芬
张红雨
刘 艳 等编著

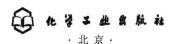

·北京·

内容简介

生命是一种奇妙的、极富魅力的自然现象。地球上的原始生命是如何产生的？关于生命起源的探索一直以来都是国际公认的四大前沿基础科学问题之一。探索生命的起源有利于人类充分理解生命的本质，可以从"根源"出发，了解病毒、细菌乃至真核细胞等多种生命形态，进而引导人类进行地外生命的探索，最终造福于人类。磷是生命的基本元素，磷与生命的起源息息相关。本书独辟蹊径聚焦磷元素，详细解析了在生命的化学起源之初，磷元素是如何参与到生物大分子从无到有的构建过程中，阐释了磷对生物物质的催化与调控作用。本书涉及了生命起源研究中人类普遍关切的科学问题，包括为什么大自然会选择α-氨基酸、手性及遗传密码子起源问题、生命体系中的代谢网络起源、原始细胞是如何产生的等。本书适合化学、生命科学、药学及相关专业高等院校师生以及对生命起源感兴趣的科学工作者阅读，会给读者带来一些新的启发，引发一些新的思考。

图书在版编目（CIP）数据

磷与生命起源 / 赵玉芬等编著. —北京：化学工业出版社，2022.12

（磷科学前沿与技术丛书）

ISBN 978-7-122-42013-8

Ⅰ. ①磷… Ⅱ. ①赵… Ⅲ. ①有机磷化合物-影响-生命起源-研究 Ⅳ. ①Q10②O627.51

中国版本图书馆CIP数据核字（2022）第148287号

责任编辑：曾照华
文字编辑：邓　金　师明远
责任校对：王　静
装帧设计：王晓宇

出版发行：化学工业出版社
　　　　　（北京市东城区青年湖南街13号　邮政编码100011）
印　　装：北京建宏印刷有限公司
710mm×1000mm　1/16　印张19¼　彩插4　字数260千字
2024年6月北京第1版第1次印刷

购书咨询：010-64518888
售后服务：010-64518899
网　　址：http://www.cip.com.cn
凡购买本书，如有缺损质量问题，本社销售中心负责调换。

定　　价：168.00元　　　　　版权所有　违者必究

磷科学前沿与技术丛书 编委会

主　　任　　赵玉芬

副 主 任　　周　翔　　张福锁　　常俊标　　夏海平　　李艳梅

委　　员（以姓氏笔画为序）

　　　　　　　王佳宏　　石德清　　刘　艳　　李艳梅　　李海港
　　　　　　　余广鳌　　应见喜　　张文雄　　张红雨　　张福锁
　　　　　　　陈　力　　陈大发　　周　翔　　赵玉芬　　郝格非
　　　　　　　贺红武　　贺峥杰　　袁　佳　　夏海平　　徐利文
　　　　　　　徐英俊　　高　祥　　郭海明　　梅　毅　　常俊标
　　　　　　　章　慧　　喻学锋　　蓝　宇　　魏东辉

丛书序

　　磷是构成生命体的基本元素,是地球上不可再生的战略资源。磷科学发展至今,早已超出了生命科学的范畴,成为一门涵盖化学、生物学、物理学、材料学、医学、药学和海洋学等学科的综合性科学研究门类,在发展国民经济、促进物质文明、提升国防安全等诸多方面都具有不可替代的作用。本丛书希望通过"磷科学"这一科学桥梁,促进化学、化工、生物、医学、环境、材料等多学科更高效地交叉融合,进一步全面推动"磷科学"自身的创新与发展。

　　国家对磷资源的可持续及高效利用高度重视,国土资源部于2016年发布《全国矿产资源规划(2016—2020年)》,明确将磷矿列为24种国家战略性矿产资源之一,并出台多项政策,严格限制磷矿石新增产能和磷矿石出口。本丛书重点介绍了磷化工节能与资源化利用。

　　针对与农业相关的磷化工突显的问题,如肥料、农药施用过量、结构失衡等,国家也已出台政策,推动肥料和农药减施增效,为实现化肥农药零增长"对症下药"。本丛书对有机磷农药合成与应用方面的进展及磷在农业中的应用与管理进行了系统总结。

相较于磷化工在能源及农业领域所获得的关注度及取得的成果，我们对精细有机磷化工的重视还远远不够。白磷活化、黑磷在催化新能源及生物医学方面的应用、新型无毒高效磷系阻燃剂、手性膦配体的设计与开发、磷手性药物的绿色经济合成新方法、从生命原始化学进化过程到现代生命体系中系统化的磷调控机制研究、生命起源之同手性起源与密码子起源等方面的研究都是今后值得关注的磷科学战略发展要点，亟需我国的科研工作者深入研究，取得突破。

本丛书以这些研究热点和难点为切入点，重点介绍了磷元素在生命起源过程和当今生命体系中发挥的重要催化与调控作用；有机磷化合物的合成、非手性膦配体及手性膦配体的合成与应用；计算磷化学领域的重要理论与新进展；磷元素在新材料领域应用的进展；含磷药物合成与应用。

本丛书可以作为国内从事磷科学基础研究与工程技术开发及相关交叉学科的科研工作者的常备参考书，也可作为研究生及高年级本科生等学习磷科学与技术的教材。书中列出大量原始文献，方便读者对感兴趣的内容进行深入研究。期望本丛书的出版更能吸引并培养一批青年科学家加入磷科学基础研究这一重要领域，为国家新世纪磷战略资源的循环与有效利用发挥促进作用。

最后，对参与本套丛书编写工作的所有作者表示由衷的感谢！丛书中内容的设置与选取未能面面俱到，不足与疏漏之处请读者批评指正。

2023 年 1 月

前言

　　生命起源是人类永恒的奥秘,被国际学术界公认为四大基础科学问题之一。为纪念创刊125周年,《科学》(*Science*)杂志曾于2005年7月提出了125个重要的科学问题,其中25个最突出的重点问题(highlighted questions)的第12位就是有关生命起源的问题——地球生命在何处产生、如何产生?针对这些未知问题的探索可以激发生物、化学、物理、地质、空间科学以及海洋科学等多学科交叉研究,推动各学科发展。它们不仅是自然之谜,更是一个个人类科学探索的机会。

　　地球上的生命是由磷元素主导的。磷元素在DNA中占了9%,DNA单酯的水解半衰期长达1万亿年,双酯的水解半衰期也长达10万年,其磷酸酯超强的稳定性是硅、砷、硫等其他元素无法取代的。1957年诺贝尔化学奖获得者L. Todd教授认为"哪里有生命,哪里就有磷",并指出"如果宇宙中其他任何地方存在生命的话,那只会是在一个容易获取磷的星球上"。生命起源研究与地外生命探索是相辅相成的,因此生命起源的探索能帮助人类从"根源"出发了解生命的本质,进而引导人类进行地外生命的探索,最终造福于人类。

　　在我国,相对于众多"生命起源"的科普书籍来说,"生命起源",特别是从"磷化学"的角度探讨"生命化学起源"相关研究的学术专著比较匮乏。本书集结了我国生命起源研究领域众多研究者几十年的研究成果，阐释了在生命起源研究领域普遍关切的重要科学问题，包括：蛋白质的前生源化学起源；核苷酸的前生源化学合成；氨基酸-磷酸混合酸酐的形成及其反应；基于高能 P-N 键的核酸、蛋白质、膜共起源；基于高能 P-N 键活化的功能二肽的发现；磷调控下的遗传密码子起源与同手性起源；磷与代谢起源；ATP 与蛋白质起源；原始细胞——非生命物质与生命体之间的桥梁；磷与地外生命探索；等等。这些研究成果，相信会对人类解开生命起源之谜带来一些新的启发和思考。

在书稿的撰写过程中，英国剑桥大学的刘紫微博士参与编写了第二、四章内容，北京大学的梁德海教授参与了第十章的编写，华中农业大学的褚欣奕博士、田恬博士等参与了第八、九、十一章的编写，宁波大学的应见喜副研究员、新乡医学院公共卫生学院张鹏波副教授及广东医科大学药学院王涛讲师三人参与了第三、七章的编写，在此对以上各位老师的辛勤付出表示衷心感谢。

感谢多年来一直关心磷化学发展的各位读者朋友们。限于编者水平，书中的不妥之处，敬请读者朋友们批评指正。

编者

2024 年 1 月

目录

1 生命起源的研究概况　　001

1.1 生命起源假说　　002
1.1.1 RNA 世界　　003
1.1.2 HCN 与生命起源　　007
1.1.3 冰晶与生命起源　　010
1.1.4 海洋与生命起源　　011

1.2 磷与生命起源　　016
1.2.1 磷的原始来源　　018
1.2.2 前生源环境下的有效磷源　　021

1.3 生命起源——人类永恒的奥秘，探索未知世界的动力　　023

参考文献　　024

2 核苷酸的前生源化学合成　　029

2.1 核苷酸的组成　　030

2.2 核糖核苷酸的前生源逆合成法　　032
2.2.1 碱基的合成　　032
2.2.2 糖类的合成　　033
2.2.3 糖苷键及磷脂键的合成　　034

2.3 核糖核苷酸以及脱氧核糖核苷酸的系统化学合成法　　038
2.3.1 嘧啶核糖核苷酸的合成　　038
2.3.2 嘌呤脱氧核糖核苷酸的合成　　041

参考文献　　043

3 蛋白质的前生源化学起源　　045

3.1 多肽前生源化学合成途径概况　　046

		3.1.1 早期地球前生源的环境概况	046
		3.1.2 多肽前生源化学合成途径	047
	3.2	磷参与下的多肽前生源化学	054
		3.2.1 磷促进氨基酸的前生源合成	054
		3.2.2 磷促进多肽的前生源合成	055
	参考文献		057

4 氨基酸 – 磷酸混合酸酐的形成及其反应   063

4.1	连续性原则	064
4.2	氨基酸 – 磷酸混合酸酐的前生源合成	066
	4.2.1 氨基酸及其衍生物的前生源活化	067
	4.2.2 5′- 磷酸核苷酸与 N- 羧基环内酰胺的反应及混合酸酐稳定性	072
	4.2.3 5′- 磷酸核苷酸与 5(4H)- 噁唑酮的反应及手性选择性	073
4.3	氨基酸核酸酯或核苷酸酯的前生源合成	074
4.4	氨基酸与核苷酸的同时活化	078
4.5	RNA 世界假说与蛋白质 – 核酸共起源	080
参考文献		081

5 高能 P–N 键调控的核酸、蛋白质、膜的共起源   083

5.1	高能 P–N 键的化学特性及生物学意义	084
	5.1.1 磷酸化精氨酸	087
	5.1.2 磷酸化组氨酸	087
	5.1.3 磷酸化赖氨酸	088
5.2	高能 P–N 键和蛋白质的化学起源与演化	089
	5.2.1 氨基酸的前生源形成	090
	5.2.2 前生源环境下的氨基酸成肽反应	091
	5.2.3 磷化学与前生源多肽的形成	093
	5.2.4 N- 磷酰化氨基酸	094

	5.2.5 磷参与 α- 氨基酸的自然选择	097
5.3	高能 P-N 键与核酸、蛋白质共起源	103
5.4	N- 磷酸化氨基酸与细胞膜起源	105
	5.4.1 细胞膜前生源获得途径概况	106
	5.4.2 N- 磷酰化氨基酸与细胞膜起源的关系	112
	5.4.3 原始细胞膜的进化	118
	5.4.4 基于 P-N 键的核酸、蛋白质、细胞膜共起源理论	118
参考文献		121

6 高能 P-N 键介导的功能二肽的发现　　127

6.1	Ser-His 对 DNA 的水解活性	128
6.2	Ser-His 对蛋白质的水解活性	131
6.3	Ser-His 与底物蛋白质相互作用的双功能性	133
6.4	Ser-His 与丝氨酸蛋白水解酶的分子进化关系	134
6.5	丝组二肽——现代酶的原始进化雏形	139
6.6	丝组二肽新功能的发现	140
参考文献		141

7 磷调控下的遗传密码起源与同手性起源　　143

7.1	遗传密码化学起源研究概况	144
7.2	N- 磷酸化氨基酸与遗传密码起源	146
	7.2.1 化学起源模型的建立	146
	7.2.2 核苷与二肽生成量的关系评价	150
7.3	生命体同手性的自然选择	160
	7.3.1 氨基酸、核苷的同手性选择	160
	7.3.2 五配位磷中心的手性研究	161
	7.3.3 氨基酸与核苷酸的相互作用	169

7.3.4　基于磷化学同手性起源化学模型的建立　　　　　　170

参考文献　　　　　　172

8　ATP 等辅因子与蛋白质起源　　　　　　177

8.1　ATP- 氨基酸相互作用　　　　　　178
8.1.1　ATP 的结构及与氨基酸的相互作用　　　　　　178
8.1.2　基于质谱技术的 ATP 与氨基酸的弱相互作用研究　　　　　　179
8.1.3　基于荧光光谱技术的 ATP 与氨基酸的弱相互作用研究　　　　　　182
8.1.4　基于核磁共振技术的 ATP 与氨基酸的弱相互作用研究　　　　　　184
8.1.5　ATP 与氨基酸的弱相互作用的理论分析　　　　　　185

8.2　最古老的蛋白质——ATP 结合蛋白的发现及意义　　　　　　189
8.2.1　蛋白质序列和结构分子化石　　　　　　190
8.2.2　辅因子分子化石和蛋白质起源的小分子诱导/选择模型　　　　　　192
8.2.3　辅因子促进原始蛋白质形成　　　　　　195
8.2.4　小分子标定的蛋白质结构分子钟　　　　　　196
8.2.5　使用金属辅因子的早起源蛋白质　　　　　　198

参考文献　　　　　　198

9　磷与代谢起源——系统生物学研究　　　　　　203

9.1　磷在原始代谢中的作用　　　　　　204

9.2　磷与代谢网络构建　　　　　　206
9.2.1　无磷代谢网络的构建　　　　　　206
9.2.2　磷依赖代谢网络的构建　　　　　　207

9.3　磷依赖代谢网络起源　　　　　　210

9.4　磷依赖代谢网络功能分析　　　　　　214

9.5　磷对代谢网络扩张的热力学影响　　　　　　217

参考文献　　　　　　222

10 原始细胞——非生命物质与生命体之间的桥梁 227

10.1 原始细胞 228
10.1.1 原始细胞研究概述 228
10.1.2 原始细胞的构建原则和策略 231

10.2 原始细胞的类型 234
10.2.1 脂肪酸体系 235
10.2.2 凝聚物体系 239
10.2.3 杂化原始细胞 245
10.2.4 类蛋白微球体系 246
10.2.5 其他类型的原始细胞 247

10.3 原始细胞的群体行为 254
10.3.1 化学信息交流 254
10.3.2 捕食行为 255
10.3.3 原生组织 257

10.4 结论 260

参考文献 261

11 磷与地外生命探索 269

11.1 地外生命探索的传统印记 271
11.1.1 气体生命印记 271
11.1.2 表面生命印记 274
11.1.3 时间生命印记 277

11.2 磷是否可以作为生命探寻的有效印迹 279
11.2.1 磷与地球生命起源 279
11.2.2 磷与地外生命探索 281

参考文献 286

索引 290

1 生命起源的研究概况

1.1 生命起源假说
1.2 磷与生命起源
1.3 生命起源——人类永恒的奥秘,探索未知世界的动力生命是一种奇妙的、极富魅力的自然现象。地球上到处都有生命的踪迹，且丰富多彩。从微生物到哺乳动物，从深海沟到火山喷口和冰封冰盖，各种形式的生命体在地球上生生不息。然而，地球上最初的生命是如何产生的，至今没有确切的答案。为了寻求生命的本源，生命起源的相关研究一直吸引着人们孜孜不倦地去探索。

1.1
生命起源假说

生命起源是人类永恒的奥秘，相关研究关注原始地球和地外星球上非生命物质演变成原始生命的演变过程。地球上的生命出现在距今约38亿年前[1]。地球上的生命起源于何处，是什么导致了生命的产生？这是现代自然科学尚未完全解决的重大科学前沿问题，也是目前人们关注和争论的焦点。对于这个问题，国际上许多著名科学家提出了种种臆测和假说，也存在着很多争议。主要存在两种学说：一种是"地外说"，另一种是"地球起源说"。前者认为构成生命体的有机小分子是随着陨石或彗星带到地球上并演变成原始生命的；后者认为原始生命的形成与原始地球的形成是同源的，不是来自于宇宙空间，而是地球表面的非生命物质经过复杂的化学过程，逐渐演变而来的。

回答生命是如何起源的这一科学问题，需要整合来自地球化学、生物化学、有机化学、天文学等领域的知识。近年来，依据生命起源的物质基础以及环境因素，国内外科学家热议的几种生命起源假说有：遗传物质"RNA起源""蛋白质起源""冰晶起源""HCN起源""海底热液喷口起源"等。

1.1.1 RNA 世界

当今地球上存在的生命"从无到有"的演化过程如图 1-1[2] 所示，从原始地球的产生开始到现如今多彩的生命世界已经历经 45 亿年的演化历程。有证据表明，地球生命似乎都具有相同的形式，是一种基于 DNA 和蛋白质的生命。然而，也有充分理由认为基于 DNA 和蛋白质的生命之前存在着一种主要基于 RNA 的简单生命形式，这个较早的时代被称为"RNA 世界"。在此期间，遗传信息驻留在 RNA 分子的序列中，以及源自 RNA 催化特性的表型[3]。"RNA 世界"假说探讨的中心问题就是探索原始地球上如何建立无蛋白质的 RNA 世界。

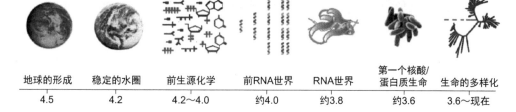

图 1-1 与地球生命早期历史有关的事件时间表[2]（单位：十亿年）

"RNA 世界"一词最早是由 Gilbert 在 1968 年提出的。后来，Crick、Orgel 和 Woese 提出了将 RNA 作为原始分子的概念[4]。随后 Noller 等通过实验证明，对于核糖体功能的发挥而言，核糖体 RNA 比核糖体蛋白质更为重要，这为较早的"RNA 世界"推测提供了实验支持[5]。RNA 催化性能的发现[6]为"RNA 世界"的真实性提供了更为坚实的基础。

此外，Cech 等还总结出了其他一些重要的论据来支持"RNA 世界"的理论假说[7]。第一，RNA 既是可以自我复制的信息分子又是生物催化剂，而蛋白质的信息传递能力极为有限（与病毒一样）[8]。第二，单一类型的分子自我复制，要比通过随机化学反应在同一位置同时合成两个不同的分子（例如核酸和能够复制该核酸的蛋白质）更为简单。第三，在所有现存生物中，RNA 在蛋白质生物合成过程中起关键作用，核糖体利用 RNA 催化合成蛋白质。第四，虽然目前尚未发现 RNA 的其他催化活性，但在大型 RNA 序列组合文库中，可以通过指数富集的配体系统进化 (systematic evolution of ligands by exponential enrichment，SELEX) 发现新的催化性能[7]。第五，RNA 先于 DNA 出现，因为有多种酶专用于核糖核酸前体的生物合成，而脱氧核糖核酸是核糖核酸合成的衍生物，还需要两个额外酶的参与 (胸苷酸合成酶[9] 和核糖核酸还原酶[10])。

从 RNA 世界到当代生物学的演变过程如图 1-2 所示。此外，RNA 还可以作为酶来催化 RNA 合成 (图 1-3) 以及蛋白质的合成 (图 1-4)[11]。

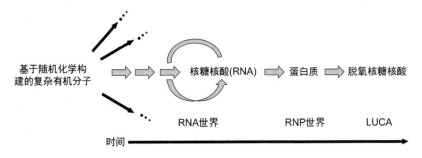

RNP：核糖核蛋白；
LUCA：所有生命的共同祖先

图 1-2 从 RNA 世界到当代生物学的演变示意图[7]

前生源环境下，早期地球上 RNA 和囊泡膜之间的协同相互作用可能导致原始细胞的出现[12]。Neha P. Kamat 等发现小分子十一烷基咪唑和一系列短肽具有将 RNA 定位于 1-棕榈酰基-2-油酰基sn甘油-3-磷脂酰胆碱 (1-palmitoyl-2-oleoyl-sn-glycero-3-phospho-choline，POPC) 膜的能力。研究结果表明，不同种类的两亲性分子会引起差异性的 RNA-囊泡膜相互作用。RNA 与囊泡膜的物理缔合可能是加速前生源相关反应的重要初始步骤，包括 RNA 复制和核酶组装，因此在早期基于 RNA 的原始细胞中发挥了重要作用。该项研究促使人们继续寻找可以介导 RNA 与原始细胞膜结合的小分子和简单肽，提出 RNA 催化蛋白质合成和自我复制的前生源途径[12]。2015 年，Sutherland[13] 等发现核糖核酸、氨基酸和脂质的前体都

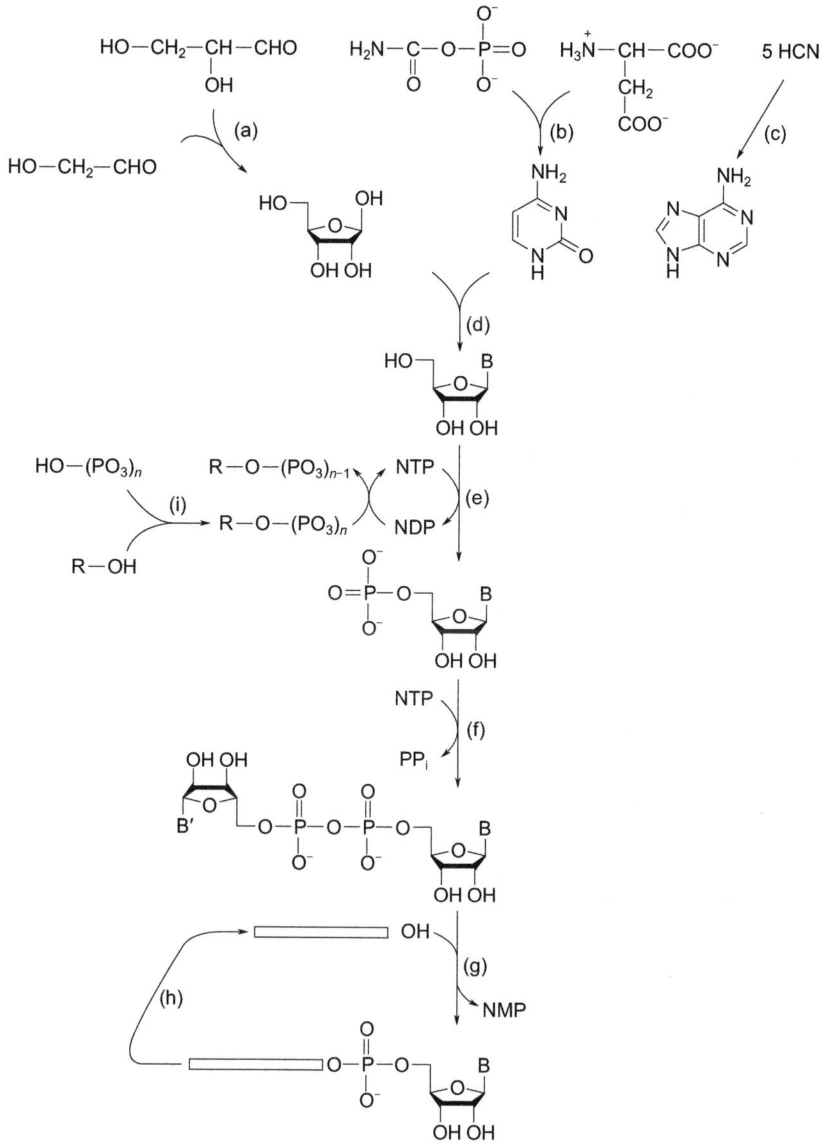

图 1-3 RNA 催化 RNA 合成的假想途径 [11]

（a）糖醛和甘油醛的羟醛缩合形成核糖；（b）将氨基甲酰基磷酸的氨基甲酰基转移至天冬氨酸，然后环化形成嘧啶；（c）HCN 的五聚体形成嘌呤；（d）将嘌呤或嘧啶加到核糖上形成核苷；（e）核苷的磷酸化形成核苷酸；（f）通过转移 NTP 的核苷酸部分来激活核苷酸；（g）在 RNA 引物的 3′ 末端添加一个核苷酸，两个 RNA 底物结合在互补模板上的相邻位置；（h）连续的核苷酸添加导致进一步的引物延伸；（i）磷酰基从多磷酸烷基酯转移至 NDP，从而再生 NTP，NMP 以类似的方式转换为 NDP，磷酸盐的最终来源是多聚磷酸盐矿物。B、B′ 表示核苷碱基，PP 表示焦磷酸盐，NDP、NTP、NMP 中的 N 表示一个核苷。
（d）～（h）表示已通过实验证明的反应

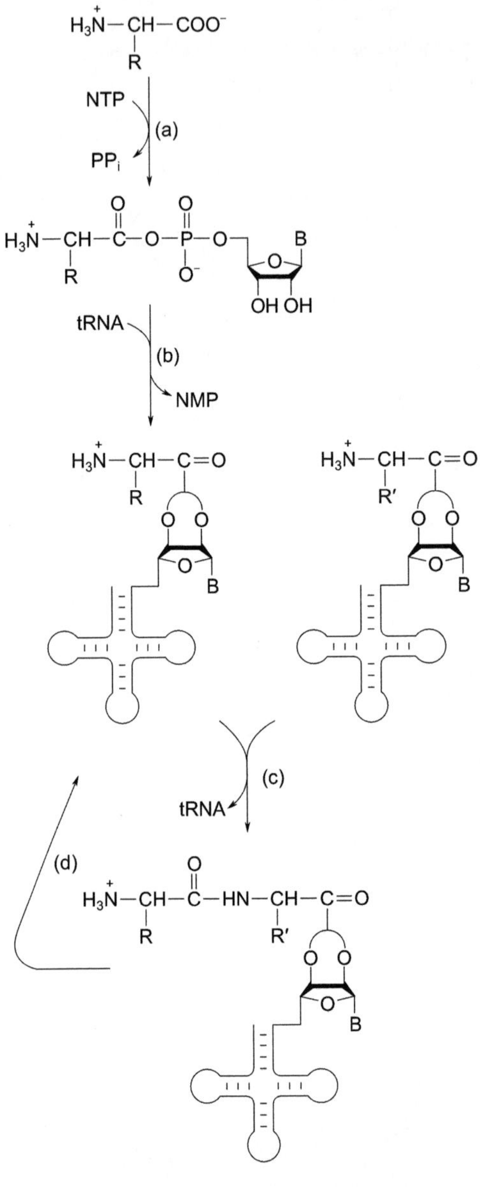

图1-4　RNA催化蛋白质合成的假想途径[11]

（a）通过形成氨基酰核苷酸酐来活化氨基酸；（b）将活化的氨基酸转移至tRNA的2′(3′)末端，tRNA核糖上2′和3′位连接的半圆表示氨基酸可以在这两个位置之间快速迁移；（c）肽基转移形成二肽，两个氨基酰-tRNA底物结合在互补模板上的相邻位置；（d）连续的肽基转移反应形成多肽

（a）～（c）表示已通过实验证明的反应

可以通过氰化氢及其衍生物的还原性同源化而得到，说明所有的细胞子系统都可以通过常见的化学反应同时产生。

1.1.2　HCN 与生命起源

1953 年，S.L. Miller 和 H.C.Urey 发现，在模拟的地球早期地质条件下，简单的无机小分子可以随机形成多种生命有机小分子[14]，构成生物大分子的基本结构单元。将加热和电火花施加到在地球早期存在的简单无机分子混合物(CH_4、NH_3、H_2 和 H_2O)中，获得了多种有机物，包括生命所需氨基酸(如甘氨酸、丙氨酸、天冬氨酸和谷氨酸)。他们的这一发现打开了探索生命化学起源的大门，并且推测在紫外线辐射、闪电或热液喷口(如深海热液喷口、地表热液喷口)等各种不同能量获得的环境下，有许多可行的途径来实现由简单无机物到生命基本组成单元的非生物合成。

2019 年，Meisner 等[15]使用一种计算方法(图 1-5)，即通过薛定谔方程模拟化学键重排，证明了只要两种简单的无机起始材料(水和 HCN)就能产生生命分子的化学反应。基于从头计算分子动力学方法(ab initio molecular dynamics，AIMD)的计算结果表明，生命的化学反应可能源自两个简单的无机分子，即 HCN 和水。

Meisner 等的计算结果清楚地表明我们对前生源化学的巨大化学空间了解甚少，从头计算分子动力学方法与实验方法互补，是探索复杂反应网络的有力工具。

氰化氢是整个宇宙中的常见分子[16]。它在星际分子云、彗星和泰坦大气中已被检测到，是火花放电、紫外线辐射和各种气体混合物在激光冲击实验中的主要产物。

HCN 聚合被认为是产生核酸碱基和氨基酸的重要前生源过程。早在 1978 年，Ferris 等[17]在室温下将 0.1mol/L NH_4CN 溶液保持 4～12 个月，并在酸或中性条件下水解后检测到腺嘌呤、乳清酸、5-羟基尿嘧啶和 4,5-

二羟基嘧啶及氨基酸，甘氨酸和天冬氨酸也可以由 NH_4CN 聚合合成。

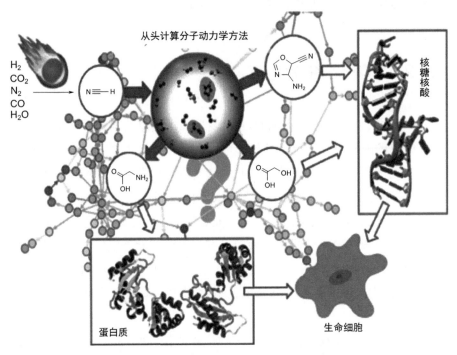

图1-5　基于理论计算推演的从无机原料形成前生源分子的化学演化过程示意图[15]（彩图1）

在星际环境中，最丰富的三原子含碳化合物就是氰化氢（HCN），最丰富的三原子含氧化合物是水（H_2O），两者的结合形成甲酰胺。甲酰胺具有在 4～210℃之间呈液态的特性，因此易于从高于 100℃的稀水溶液中浓缩，可在多种环境中反应。甲酰胺的前生源化学演化过程如图 1-6 所示，经由甲酰胺可以获得氨基酸、核酸碱基、羧酸等前生源生物大分子的合成砌块（图 1-7）。2012 年，Saladino 等[18]详细描述了在甲酰胺参照系中从核酸碱基到 RNA 在水中的前生源合成路径。

长期以来人们一直推测，在 45 亿到 38 亿年前的猛烈爆炸时期，地球从碳质行星和彗星的撞击中吸收了对生命起源至关重要的前生源有机分子。

保存完好的碳质球粒陨石是小行星的碎片。这些富含碳的物体包含各种地球外有机分子，构成了生命起源之前化学演化的记录（图 1-8）[19]。

这些地外星球来源的化合物包括脂肪族烃、芳香族烃、氨基酸、羧酸、磺酸、膦酸、醇、醛、酮、糖、胺、酰胺、氮杂环、硫杂环和相对丰富的高分子材料。结构稳定的同位素特征分析结果表明，宇宙空间有许多环境可能导致了有机物质的积累，包括星际空间、太阳星云和小行星陨石母体[20]。

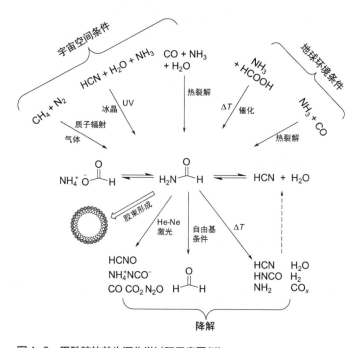

图 1-6 甲酰胺的前生源化学过程示意图[18]

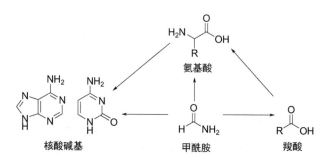

图 1-7 由甲酰胺合成氨基酸、核酸碱基、羧酸的示意图

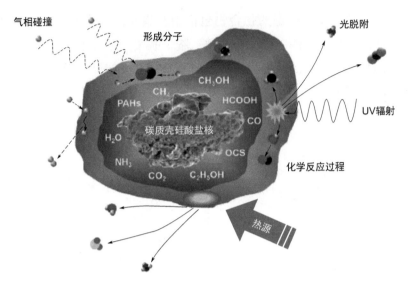

图1-8 星际介质形成生命的示意图[19]（彩图2）
PAHs多环芳烃，OCS硫化羰

迄今为止，在星际介质(interstellar medium, ISM)中已识别出140多种不同的分子。在ISM中也发现了尘粒，其中一些分子在低温(10～20K)下冻结成分子冰。了解这些冰块的吸附和解吸对于理解恒星和行星形成的过程至关重要，还可能有助于了解生命的形成[19]。

1.1.3 冰晶与生命起源

相比现在，早期太阳所发光热较少，如果大气中没有足够的温室气体，那么早期的地球将成为永久性冻结的星球。大气中较高的CO_2含量有利于防止冰川地球的来临，可应对这种年轻的太阳冻结地球假说所描述的后果。1994年，Bada等研究表明40亿到36亿年前的星体撞击可能已经使冰雪覆盖的早期海洋融化了。尽管撞击最初可能使生命起源受挫，但随后的撞击可能会定期融化冰雪覆盖的海洋，从而引起迅速的反应，导致最初的生命体起源。对于地球和其他太阳系中类似地球的行星而言，生命起源的必要条件可能是适当的星体撞击以融化冰冻的行星。与星体撞击相关的解冻-冻结循环可能对于引发非生物反应的产生是重要的，从而促成由非生物反应产生第一个生命体[21]。

冰盖大量出现在地球极地顶上，那么也可能在其他许多行星上存在。Trinks 等认为冰盖对于前生源和早期生物反应存在着重要的作用。它可以浓缩底物，并有催化作用。他们重复了一个著名的前生源实验，即在人工海冰中由聚尿苷酸介导，由腺苷酸咪唑化物合成聚腺苷酸，通过温度循环变化模拟了真实海冰的动态变化过程。聚腺苷酸可以高收率获得，核苷酸链的长度达到 400 个碱基，主要包含 3′, 5′-磷酸二酯键。因此，Trinks 等认为冰晶为核酸和 RNA 世界的早期复制提供了最佳条件[22]。

1.1.4　海洋与生命起源

水是生命活动的重要物质基础。海洋不仅为生命提供丰富的水资源，还可以保护溶解的有机物免受紫外线辐射，为生命的演化提供物质储备。因此，海洋有可能成为最佳的"生命的摇篮"。

功能大分子由简单到复杂的进化过程，以及原始细胞的自组装过程是人类探索生命起源所关注的焦点。在太古代早期，二合一（核酸、蛋白质）共起源世界初步建立。在距今约 40 亿年的太古代早期，一个带有热液喷口系统的淡水坑盆地（直径约 20 km）位于峰顶中心，而热液喷口为生命起源提供了一个良好的地质环境。盆地中的水体富含有机分子，这些有机分子来源于彗星和热液喷口自身。在水面上，原始脂质膜漂浮为浮油。盆地底部的矿物表面充当催化表面，用于单体的浓缩和聚合，形成"RNA-蛋白质世界"[23]，RNA 和蛋白质分子开始相互作用。通过对流作用，热的生物汤彻底混合。对流作用还将一些脂质膜移动到盆底，在那里它们附着在矿物表面上以封装 RNA 和蛋白质分子。由热液喷口释放的热量、气体和化学能量酿造了前生源汤，并积聚在盆地底部的矿物基质上。根据该理论的现代版本，有机化合物积聚在原始海洋中并进行聚合，产生越来越复杂的大分子，最终发展出催化自身复制的能力。

Miller Stanley 于 1953 年首次提供了对原始汤理论的实验支持，诸如氨基酸之类的生物分子可以在模拟的早期地球环境下产生[14]。1969 年，在澳大利亚维多利亚州默奇森附近发现了一颗著名的碳质陨石，即默奇森陨石，是世界上被研究最多、最受关注的陨石之一。默奇森陨石富含有机物，其中含有各种氨基酸达 70 多种，而且存在手性氨基酸对映体过量的现象[24]。此外，类似于 Miller 实验（涉及氨、氰化氢、醛或酮）也发生在太阳系历史的早期陨石母体上[25]。因此，地球早期的有机化合物可能有多种来源：基于地球环境的自身合成、小行星和彗星撞击以及陨石和星际尘埃颗粒的积聚。这些非生物的单体有机化合物将在早期的海洋中积累，为后续反应提供原料。最终，这些简单的化学反应逐渐形成我们所知的生命，诸如可以实现自我复制、催化及膜封闭的核酸、蛋白质及原始细胞膜聚合物系统。实验证据表明，黏土、金属阳离子和咪唑衍生物等可能具有催化前生源反应的性能，如聚合反应。分子在矿物表面上的选择性吸附已被证明可以促进各种活化单体的浓缩和聚合。其他过程，如潮汐潟湖的蒸发和稀水溶液的共晶冻结，也可能具有辅助浓缩作用。共晶冻结在寡核苷酸的非酶促合成中特别有效[22]。低温是有机化合物长期生存的有利条件，更是帮助携带遗传信息的有机化合物以及具有催化功能的聚合物稳定存在的最有利条件。

与环境的物理隔离以及自发独立的氧化还原反应是生物最保守的两个属性，因此具有这两种属性的无机物将是生命中最有可能出现的本源。W.Martin 等提出，在富含硫化物的热液中，以及冥古代（Hadean）海底富含二价铁离子的海水中，往往存在着自发独立的氧化还原反应、pH 和温度梯度变化，因而，具有这些环境特点的热液渗漏点所存在的结构化硫化亚铁沉淀中，可能存在着原始生命[26]。

研究发现，石化的热液渗漏部位金属硫化物沉淀物中存在自然发生的分隔现象，这些无机分隔可能是原核生物中发现的细胞壁和细胞膜的前体[26]。FeS 和 NiS 能催化一氧化碳和甲基硫化物（水热流体的成分）合成乙酰甲基硫化物。这些前生源合成反应发生在这些金属硫化物分隔腔壁的内表面，也限制了反应产物进一步扩散到海洋，从而能提供足够浓度的反应物以促进从化学到生物化学的过渡[26]。所谓 RNA 世界的化学反应可能发生在这些自然形成的具有催化功能的分隔室腔壁中，从而产生了复制系统，其中 FeS（或 NiS）起着核心催化作用。W.Martin 等[26]推断生物共同的祖先不是自由生活的细胞，而是天然化学渗透的 FeS 区室，在该区室中合成生命必要成分，该推断到底正确与否，目前并不完全清楚。

1.1.4.1　海底热液喷口起源

蛇纹石之上的海底热泉产生矿化的沉积物（烟囱），这是非常诱人的前生源场所。这种环境提供了地球化学自由能、反应性矿物表面和岩石中的保护性孔隙空间，从而集中了生命的"基石"、模板和催化剂矿物种类。蛇纹石上方的海底热液喷口能够产生水和离子氢的化学势梯度，为生命起源提供了非常有吸引力的场所[27]。

水下热液喷口是具有丰富微生物群落的地球化学反应环境。H_2-CO_2 氧化还原对之间的化学反应存在于热液系统和某些现代原核自养生物的核心能量代谢反应中。这些自养生物的代谢反应反过来可以为引发生命化学的各种条件提供线索。因此，热液喷口将微生物学和地质学结合起来，为生物学最重要的问题之一——生命的起源提供了解决方案。

世界海洋底层的海底热液喷口非常丰富。海底热液喷口是水圈中许多元素和有机化合物的重要来源。热液喷口附近的生物体无需光合作用即可维持生命，并且通过共生关系（包括利用化学能支持后生动物的自养营养微生物）生存。液态水在地球上蓄积超过 42 亿年，并且液态水蓄积之初就已经存在活跃的热液系统。目前的热液喷口微生物可能拥有类似于地球上最早微生物生态系统残留的生理特性，水热系统中碳还原的地球化学过程或许代表了第一条生化途径的能量释放化学过程[28]。

目前，越来越多的证据表明，热液喷发不仅发生在大洋中脊，还发生在远离扩散中心大洋地壳的古老区域。2001 年，Kelley 等在大西洋中部海脊和亚特兰蒂斯断裂带东部相交处发现了一个热液区域，称为"Lost

City(失落之城)"[29],与所有其他已知的海底"黑烟囱"热液区明显不同,两种热液区的热液性质比较见表1-1。它位于距今约150万年前的地壳上,可能是由海水和地幔岩石之间蛇纹化放热反应的热量所驱动。它位于圆顶状的地块上,以陡峭的碳酸盐烟囱为主,而不是"黑烟"热液区域典型的硫化物结构。其排气孔的温度相对较低(40～91℃)且为碱性(pH 9.0～11.0),支持了包括厌氧嗜热菌在内致密微生物群落的存在。由于亚特兰蒂斯断层的地质特征与大西洋中部、印度和北极山脊上的许多旧地壳区域相似,表明海洋地壳的热液活动也可能会产生生命[29]。

表1-1 Lost City热液区与"黑烟囱"热液区的热液性质比较①

项目		Lost City 热液区	"黑烟囱"热液区
热液性质	pH	9～11	2～3
	T	40～91℃	300～405℃
	内含物	H_2(10～15mmol/L)、CH_4(1～2mmol/L)和其他低分子量烃类物质	H_2(0.1～50mmol/L)、CH_4(0.05～4.5mmol/L)、CO_2(4～215mmol/L)和H_2S(3～110mmol/L)
形成机制 "黑烟囱"基体成分 位置		海水与地幔作用 碳酸盐(carbonate) 离轴方向的洋壳古老区域	海水与岩浆房作用 硫化物(sulphide) 大洋中脊延伸区域

① "黑烟囱"型的热液区以 Faulty Towers 性质为例。

1.1.4.2 干湿循环

在现代地球化学环境中,因为界面提供的代谢和保护作用,沉积物-水界面处生物膜群落中的原核细胞数量大于水体中的数量。浮游细胞也会在海滩等环境中与悬浮沉积物接触,波浪和水流提供的动能可以重新悬浮沉积物。在潮池和内陆盐湖盆地的湿润-干燥周期中,浮游细胞也会与底部沉积物接触,这种干湿循环可能会孕育生命[30]。

2015年,Rodriguez-Garcia等设计了一套脱水-水合连续反应的装置以实现寡肽链的生成,这与海洋潮汐环境中的涨潮与退潮过程相似,成肽产率约为50%。该反应装置通过数字递归反应器系统来研究氨基酸脱水缩合成肽的过程,并通过控制温度、循环数、循环持续时间、初始单体浓度和初始 pH 等参数来优化反应,最后形成了长达 20 个氨基酸残基的甘氨酸寡肽,具有非常高的单体到寡聚物转化率[31]。随后,他们也成功应用到与另外八个氨基酸 [丙氨酸(Ala)、天冬氨酸(Asp)、谷氨酸(Glu)、组氨酸(His)、赖氨酸(Lys)、脯氨酸(Pro)、苏氨酸(Thr)和缬氨酸(Val)] 的共聚合反应中。

1.1.4.3　冻结 – 融化

形成月球的撞击余波使早期地球充满了富含 CO_2 的热蒸汽大气。在距今约 200 万年前后,水蒸气逐渐凝结成海洋,但持续 10 百万～100 百万年,相对于最高温度 3000K 来说,地球表面保持相对温暖(约 500 K)的环境,这个时间长短取决于将二氧化碳排入地幔的速度。此后,仅有年轻太阳的微弱光和热的照射,无生命的地球演变成一个冰冷的世界。但是,这个冷却的趋势经常被火山或冲击引起的解冻中断,因此早期地球存在冻结 - 融化的循环过程[32]。

海底高温生命起源理论要求第一遗传物质等生命活性成分需要具有一定的热稳定性。因此,M.Levy 和 S.L.Miller 研究了核酸碱基分解的半衰期,发现它们的分解半衰期在地质时间尺度上都很短。在 100℃(高嗜热菌的生长温度)下,半衰期太短而无法充分积累这些化合物(A 和 G 半衰期约为 1 年,U 半衰期为 12 年,C 半衰期只有 19 天)。因此,除非生命的起源发生得非常迅速(半衰期小于 100 年),否则不能认为高温生命起源是可能的。在 0℃时,A、U、G 和 T 似乎足够稳定(半衰期大于 10^6 年),可参与低温生命起源。但是胞嘧啶在 0℃时缺乏稳定性(半衰期为 17000 年),除非在大灭绝事件后能迅速恢复生命(半衰期小于 10^6 年),否则在第一遗传物质中可能未使用 GC 碱基对。因此,他们猜测,这个过程中也可能是由两个字母的密码或备用碱基对代替 GC 碱基对起作用[33]。

Miyakawa 等认为,在原始海洋中,HCN 的浓度不足以聚合产生核酸碱基和氨基酸。他们测量了 HCN 和甲酰胺在 30～150℃和 pH 0～14 范围内的水解速率，并估算了原始海洋中的稳态浓度。在 100℃和 pH=8 时，HCN 和甲酰胺的稳态浓度分别为 $7×10^{-13}$mol/L 和 $1×10^{-15}$mol/L。因此，HCN 似乎不可能在温暖的原始海洋中聚合。冰晶冷冻有利于充分浓缩 HCN 使其聚合。如果 HCN 聚合对于生命起源很重要，则原始地球的某些区域可能已经冻结[34]。2001 年，Miyakawa Shin 等从 -78℃冷冻 27 年的 NH_4CN 溶液中鉴定出 11 种嘧啶和嘌呤。结果表明，共晶冻结是原始地球 HCN 浓度升高的潜在可能，在极低的温度下，HCN 聚合反应可产生多种嘧啶和嘌呤。在原始海洋中冻土将更易于积累 HCN，因为稀的 HCN 溶液可以通过共晶冷冻浓缩来聚合[35]。模拟冰晶环境，进行前生源反应研究可能为低温生命起源提供实验依据。

1.2
磷与生命起源

　　磷是至关重要的生命元素，对生命活动起着重要的调控作用。磷元素在自然界含量较为丰富，在地壳中的丰度排第 11 位，质量分数约为 0.12%。生物体内磷元素的含量更为富集，人体组织中除去水后磷的质量分数为 1%，排在氧、氮、氢、碳和钙之后，位居第 6。DNA 中磷元素的含量更是高达 9%。可以说，生命体实现了磷元素的有效富集。在生命体中，磷具有很多基础生化功能，如生命信息的存储和传递(例如，核酸)、能量传输 [例如，腺嘌呤 -5'- 三磷酸(ATP)、鸟嘌呤 -5'- 三磷酸(GTP)]、膜结构(例如，磷脂膜)、信号传导(例如，环核苷酸)等。Bowler 等[36] 对比研究了 P、Si、V、As 及 S 元素的含氧酸及其酯类的稳定性(表 1-2)，

表1-2 候选元素及其含氧酸和酯[36]

元素	元素相对丰度（与 Si 原子数比较）					含氧酸					二酯			单酯		
	地壳	陨石	太阳系	宇宙	人	含氧酸	pK_{a1}	pK_{a2}	pK_{a3}	二酯稳定性 $t_{1/2}$	二酯电荷	断裂键	单酯稳定性 $t_{1/2}$	单酯电荷	断裂键
Si	1.000	1.000	1.000	1.000	1.000	H_4SiO_4	9.5	>13	—	<1min	0	Si–O	<1 min	0	Si–O
P	3×10^{-3}	8.6×10^{-3}	8.4×10^{-3}	8×10^{-3}	38	H_3PO_4	2.1	7.2	13.1	10^5a	−1	P–O	10^{12}a	−2	P–O
V	1×10^{-4}	5.2×10^{-4}	2.9×10^{-4}	3×10^{-4}	7×10^{-5}	H_3VO_4	3.2	7.8	12.5	<1s	−1	V–O	<<1 s	−1	V–O
As	2×10^{-6}	1.6×10^{-5}	6.1×10^{-6}	4×10^{-6}	7×10^{-5}	H_3AsO_4	2.2	7.0	11.5	<2min	−1	As–O	6 min	−2	As–O
S	8×10^{-4}	0.51	0.445	0.4	6.7	H_2SO_4	<0	2.0	—	1.7h	0	C–O	1100a	−1	C–O

注：天体物理数据：来自 K. Lodders. *Astrophys. J.* 2003, 591, 1220。
H_3VO_4 及其酯的数据：来自 A. S. Tracey and M. J. Gresser, Can. J. Chem., 1988, 66, 2570。

其中磷酸单酯和二酯的稳定性是最强的，特别是磷酸单酯，说明磷元素对于生命的维系是不可替代的，从而支撑了 1957 年诺贝尔化学奖获得者 Lord Todd "哪里有生命，哪里就有磷"[37] 的论断。鉴于磷元素在生物学中的中心地位，其在生命起源或早期进化过程中的作用也不可忽视。

1.2.1 磷的原始来源

1.2.1.1 核反应

在合成 H、C、O、N、S 和 P 的核反应过程中（表 1-3），合成磷的过程具有特殊性。首先，磷原子核只在极少数具有足够大质量的天体上通过燃烧 C、Ne 获得。其次，许多可能产生磷核的反应中，磷的产率很低（组合产率 2.5%），这也解释了为什么磷在主要的生命元素中含量较低。

表1-3　生命相关元素的核反应

元素	来源	过程	排序
$_1$H	宇宙大爆炸	原始核形成	1
$_2$He	宇宙大爆炸、氢（H）燃烧	原始核形成 质子-质子链热核反应（p-p） 碳-氮-氧循环（CNO 循环）	2
$_8$O	氦（He）燃烧	α 捕获 $^{12}C + \alpha \Longrightarrow {}^{16}O$	3
$_6$C	氦（He）燃烧	3α 过程：$3\alpha \Longrightarrow {}^{12}C$	4
$_{10}$Ne	碳（C）燃烧	α 捕获 $^{16}O + \alpha \Longrightarrow {}^{20}Ne$	5
$_7$N	氢（H）燃烧	碳-氮-氧循环（CNO 循环）	6
$_{16}$S	氧（O）燃烧	$^{16}O + {}^{16}O \Longrightarrow {}^{28}Si$, $^{28}Si + \alpha \Longrightarrow {}^{32}S$	10
$_{15}$P	碳（C）和氖（Ne）燃烧	许多反应过程	17

1.2.1.2　环绕天体区间和星际空间的磷

人们对环绕在天体和星际空间磷的化学性质知之甚少。尽管如此，与其他主要的生命元素相比，磷具有不同寻常的地位。磷在宇宙空间的含量较为丰富，在宇宙所有元素中丰度排名处于第 17 位[38]。2008 年，在富碳恒星 IRC+10216 的外围恒星外壳中发现了磷化氢（PH_3）[39,40]。2020 年 9 月，Greaves 等在《自然天文学》杂志上报道称，金星大气层中探测到可能存在磷化氢的踪迹[41]。除了磷化氢外，到目前为止，在星际和/或恒星周围的环境中主要发现了六种含磷分子（图 1-9），分别是氮化磷[phosphorus nitride (PN)]、磷化碳[carbon phosphide (CP)]、磷杂乙炔[phosphaethyne (HCP)]、一氧化磷[phosphorus monoxide (PO)]、磷化二碳[dicarbon phosphide (CCP)]以及氰基磷杂乙炔[cyanophosphaethyne (NCCP)]。2016 年，Turner 等报道了在磷化氢（PH_3）-甲烷（CH_4）星际冰晶体系中碳-磷单键的耦合，可以产生一系列甲基膦类化合物，极大地引起了人们对星际空间中磷化学反应的关注[42]。2019 年，Andrew M. Turner 等的实验证明，星际宇宙射线辐射磷化氢冰晶体系，可以有效产生多种可溶的三价磷化合物——烷基膦酸化合物[43]。

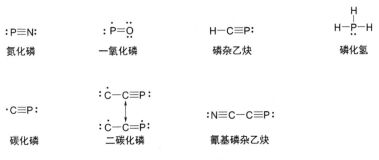

图 1-9　星际空间已检测到的主要含磷分子[42]

1.2.1.3　陨石中的磷

球粒状陨石、石铁陨石、月球样品和火星陨石矿物组成的测定表明，磷虽然稀少但却普遍存在于太阳系内部。有趣的是，SNC（Shergotty、Nakhla and Chassigny）陨石中磷的含量比其他种类陨石和地球岩石都高。尽管这些样品不能代表所有的星体，但是在未来探索火星的任务中对它的求证将是很有意义的。2013年，美国的Spirit火星探测器已探得火星上的磷是地球的5～10倍[44]。

对于火星元素的分析一般是依靠分析SNC系列陨石，结果如表1-4所示。

表1-4　陨石含磷量

陨石名称	Shergotty	EETA 79001A	EETA 79001B	ALHA 77005	Nakhla	Chassigny
P_2O_5 质量分数 /%	0.80	0.54	1.31	0.36	0.103	0.058

1.2.1.4　彗星中的磷

对可能来自彗星的星际尘粒中含磷阴离子 PO_2^- 和 PO_3^- 以及磷酸盐矿石的监测揭示了彗星可能含有相当比率的磷元素，至少和太阳中的含量相当。由此判断，尽管在彗星中磷元素以何种形式存在还不是很明确，但是验证彗星尘埃颗粒中心内磷的氧化物和磷酸盐的存在将是极具挑战性的工作。

1.2.1.5　地壳中的磷

地壳中现有磷元素的总质量约 8.2×10^{20} g（表1-5），在所有元素中排第11位。在火山岩、变形岩和沉积岩中都含有丰富的磷。科学家曾经计算出，在后期增长阶段，被原始地球捕获的彗星和陨石可能贡献了相当于总质量10%的磷，这可能提供了一种含磷化合物向原始地球运输过程的假想。磷可能同时以正三价和正五价的状态存在，在地球岩石圈中磷几乎全部以磷酸盐 PO_4^{3-} 形式存在。

表1-5 地球上磷的分布

磷库	质量/g
陆地上的火成岩和变质岩	4.3×10^{20}
海洋沉积岩	3.9×10^{20}
海洋	6.3×10^{16}
总计	约 8.2×10^{20}

表1-5是磷在地球上存在的情况。值得一提的是陆地岩石和海底沉积岩石中磷的含量相近，而海洋中磷的含量较前两者较少。尽管表中没有明确指出，但是可以预测(我们设想C的质量是10^{18}g)地球生物圈中捕获磷的总质量大约是4×10^{16} g。

1.2.2 前生源环境下的有效磷源

在前生源化学条件下，磷对生命物质的产生具有重要的催化和调控作用[45]。此外，磷也是多种生物分子形成的关键元素，包括核酸、ATP和磷脂等。这些分子的形成也受到磷元素地质特性的制约。在地球地质环境下的磷元素主要以磷酸盐矿物质的形式存在，往往水溶性差、反应活性低。磷矿石长期以来又被认为是地球上磷酸盐的唯一主要来源，因此，在前生源生命的化学演化过程中存在"磷的限制"问题。

目前，"磷的限制"已不再是过去人们认为的障碍，随着研究的不断深入，越来越多的前生源可利用磷源被发现。1972年，Osterberg和Orgel等利用实验证实了在前生源条件下可以合成多聚磷酸盐和三偏磷酸盐[46]，这些磷酸盐可溶于水，为前生源化学反应提供可利用的磷源。随后，1991年，Yamagata等发现火山活动也可以产生大量的多聚磷酸盐[47]（主要是焦磷酸盐和三聚磷酸盐）以及三偏磷酸盐，如图1-10所示。

此外，除了聚磷酸盐外，亚磷酸盐因其溶解度好、反应活性高的特点，也被认为是一种重要的前生源有效磷源。2005年，Pasek等发现陨

磷铁镍石的近似物 Fe_3P 可以与水反应生成亚磷酸盐[48]。随后，他又证实了陨磷铁镍石可以直接生成亚磷酸和磷化合物[49]，进一步证实了早期地球亚磷酸盐地外来源的可能性。原始海洋中亚磷酸盐含量十分丰富[50]，很有可能是前生源条件下重要的直接磷源。2008 年，Pasek 等发现通过氧化还原反应，也可以方便实现亚磷酸盐到三聚磷酸盐和三偏磷酸盐等其他活性磷源的转化，氧化途径如图 1-11 所示[51]。2020 年，Pasek 等[52]又研究发现，尿素、甲酸铵盐以及水以特定比例构成的半水体系，有利于磷酸盐矿物质（如羟基磷灰石）的溶解，实现生命物质如核苷的磷酸化，而尿素、甲酸铵在前生源环境下极易获得。该项研究又为磷矿石的直接生物利用提供了一条可行途径，为解决前生源环境下的"磷的限制"问题提供了新的思路。

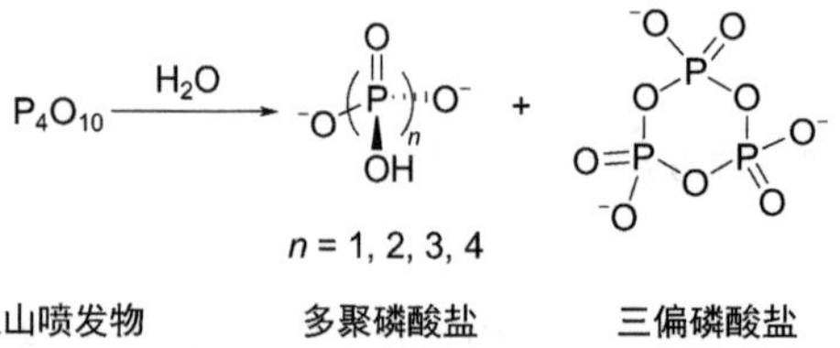

图 1-10　火山灰中的磷氧化合物生成聚磷酸盐的过程[47]

另外，2020 年，Toner 等研究发现，富含碳酸盐的湖泊水体可以抑制磷酸盐与 Ca^{2+} 反应产生难溶于水的磷灰石矿物，从而大大提升磷酸盐在水体中的有效浓度，进而推动相关生化反应的发生。在早期的地球环境下，大气氛围中富含 CO_2、碳酸盐的湖泊很容易产生，它为解决生命起源中的"磷的限制"问题，提供了良好的化学演化反应场所[53]。

Adcock 等研究发现，火星磷酸盐矿物以氯磷灰石的形式存在，地球上的磷酸盐是氟磷灰石形式。氯磷灰石相对氟磷灰石来讲，生物毒性小，且溶解速度是氟磷灰石的 45 倍，导致火星上磷酸盐浓度是地球上磷酸盐浓度的两倍以上。这个结果从另一个角度解决了"磷的限制"[44]问题，为地外生命探索提供了新的思路。

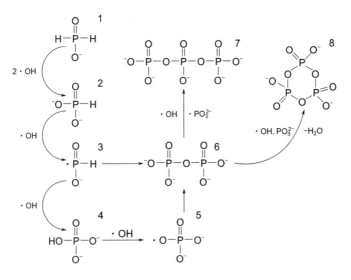

图 1-11 亚磷酸盐到多聚磷酸盐等活性磷源的氧化途径[51]

1.3

生命起源——人类永恒的奥秘，探索未知世界的动力

生命起源是国际学术界公认的四大基本科学问题之一，相关问题的探索可以激励生物、化学、物理、地质、空间科学、海洋等多科学交叉、合作，推动各学科及相关技术领域的发展。磷元素在生命起源和生命活动过程中占有重要的地位，从生命的关键元素——磷的角度出发，探索磷与生命起源的关系，有助于理解生命科学中各种磷参与的生物化学反应机制，揭示生命现象的本质。

关于生命起源的诸多问题，是不可能回到几十亿年前寻找答案的。对于这些问题的回答只能通过模拟原始地球环境，从构建生命机体的有机小分子当中寻找答案。弄清这些有机化合物亘古不变的化学性质及物质之间的相互转化过程，能够为有效揭示生命本质以及生命遗传和演化过程提供重要线索。

现代生命起源的实验研究是从 1953 年 S. L. Miller 和 H. C. Urey 进行的著名火花放电实验开始的。随后 70 余年的研究至今，尽管在探索生命起源的化学演化过程中科学家们取得了相当的成果，基本上完成了对组成生物大分子各种基本结构单元化合物的前生源合成，但是要合理揭示生命本质，还有很长的路要走。摆在面前仍有很多有待解决的问题，例如，有了搭建生物功能大分子的"合成砌块"之后，这些"合成砌块"是如何由简单到复杂，逐步构建一个具有基本功能的生物大分子的？原始细胞产生的驱动力是什么？原始的代谢网络是如何出现的以及是如何进化到现代的代谢网络的？生命体系同手性选择是如何实现的，也就是为什么蛋白质的结构单元都是 L-氨基酸，而核糖都是 D-核糖？遗传密码是如何起源的？地外生命是否存在？浩瀚宇宙是否存在一个镜像的生命世界？……这些有趣的、引人深思的问题，必然会激发出人类的浓厚兴趣，在生命起源探索之路上不断砥砺前行。

参考文献

[1] Kitadai N, Maruyama S. Origins of building blocks of life: A review. Geoscience Frontiers, 2018, 9 (4): 1117-1153.
[2] Joyce G F. The antiquity of RNA-based evolution. Nature, 2002, 418 (6894): 214-221.
[3] Orgel L E. Prebiotic chemistry and the origin of the RNA world. Critical Reviews in Biochemistry and Molecular Biology, 2004, 39 (2): 99-123.
[4] Crick F H. The origin of the genetic code. J Mol Biol, 1968, 38 (3): 367-379.
[5] Noller H F, Chaires J B. Functional modification of 16S ribosomal RNA by kethoxal. Proc Natl Acad Sci U S A, 1972, 69 (11): 3115-3118.
[6] Kruger K, Grabowski P J, Zaug A J, et al. Self-splicing RNA: autoexcision and autocyclization of the ribosomal RNA intervening sequence of Tetrahymena. Cell, 1982, 31 (1): 147-157.
[7] Cech T R. The RNA worlds in context. Cold Spring Harb Perspect Biol, 2012, 4 (7): a006742.
[8] Cech T R. A model for the RNA-catalyzed replication of RNA. Proc Natl Acad Sci U S A, 1986, 83 (12): 4360-4363.

[9] Carreras C W, Santi D V. The catalytic mechanism and structure of thymidylate synthase. Annu Rev Biochem, 1995, 64: 721-762.

[10] Aslund F E, Barbro, Miranda-Vizuete, et al. Two additional glutaredoxins exist in Escherichia coli: glutaredoxin 3 is a hydrogen donor for ribonucleotide reductase in a thioredoxin/glutaredoxin 1 double mutant. Proceedings of the National Academy of Sciences of the United States of America, 1994, 91 (21): 9813-9817.

[11] Joyce G F. The antiquity of RNA-based evolution. Nature, 2002, 418 (6894): 214-221.

[12] Kamat N P, Tobe S, Hill I T, et al. Electrostatic Localization of RNA to Protocell Membranes by Cationic Hydrophobic Peptides. Angew Chem Int Ed Engl, 2015, 54 (40): 11735-11739.

[13] Patel B H, Percivalle C, Ritson D J, et al. Common origins of RNA, protein and lipid precursors in a cyanosulfidic protometabolism. Nature Chemistry, 2015, 7 (4): 301-307.

[14] Miller S L. A production of amino acids under possible primitive earth conditions. Science, 1953, 117 (3046): 528-529.

[15] Meisner J, Zhu X, Martinez T J. Computational Discovery of the Origins of Life. ACS Cent Sci, 2019, 5 (9): 1493-1495.

[16] Lis D C, Mehringer D M, Benford D, et al. New molecular species in comet C/1995 O1 (Hale-Bopp) observed with the Caltech Submillimeter Observatory. Earth Moon and Planets, 1997, 78 (1-3): 13-20.

[17] Ferris J P, Joshi P C, Edelson E H, et al. HCN: a plausible source of purines, pyrimidines and amino acids on the primitive earth. J Mol Evol, 1978, 11 (4): 293-311.

[18] Saladino R, Crestini C, Pino S, et al. Formamide and the origin of life. Phys Life Rev, 2012, 9 (1): 84-104.

[19] Burke D J, Brown W A. Ice in space: surface science investigations of the thermal desorption of model interstellar ices on dust grain analogue surfaces. Physical Chemistry Chemical Physics, 2010, 12 (23): 5947-5969.

[20] Sephton M A. Organic compounds in carbonaceous meteorites. Nat Prod Rep, 2002, 19(3): 292-311.

[21] Bada J L, Bigham C, Miller S L. Impact melting of frozen oceans on the early Earth: implications for the origin of life. Proc Natl Acad Sci U S A, 1994, 91: 1248-1250.

[22] Trinks H, Schroder W, Biebricher C K. Ice and the origin of life. Origins of Life and Evolution of Biospheres, 2005, 35 (5): 429-445.

[23] Chatterjee S. A symbiotic view of the origin of life at hydrothermal impact crater-lakes. Phys Chem Chem Phys, 2016, 18 (30): 20033-20046.

[24] Elsila J E, Aponte J C, Blackmond D G, et al. Meteoritic Amino Acids: Diversity in Compositions Reflects Parent Body Histories. ACS Cent Sci, 2016, 2 (6): 370-379.

[25] Bada C W A J. The Spark of Life: Darwin and the Primeval Soup. BOOK REVIEWS, 2002, 83 (47): 19.

[26] Martin W, Russell M J. On the origins of cells: a hypothesis for the evolutionary transitions from abiotic geochemistry to chemoautotrophic prokaryotes, and from prokaryotes to nucleated cells. Philos Trans R Soc Lond B Biol Sci, 2003, 358 (1429): 59-83.

[27] Sleep N H, Bird D K, Pope E C. Serpentinite and the dawn of life. Philos Trans R Soc Lond B Biol Sci, 2011, 366 (1580): 2857-2869.

[28] Martin W, Baross J, Kelley D, et al. Hydrothermal vents and the origin of life. Nat Rev Microbiol, 2008, 6 (11): 805-814.

[29] Kelley D S, Karson J A, Blackman D K, et al. An off-axis hydrothermal vent field near the Mid-Atlantic Ridge at 30 degrees N. Nature, 2001, 412 (6843): 145-149.

[30] Sahai N, Kaddour H, Dalai P, et al. Mineral Surface Chemistry and Nanoparticle-aggregation Control Membrane Self-Assembly. Sci Rep, 2017, 7: 43418.

[31] Rodriguez-Garcia M, Surman A J, Cooper G J T, et al. Formation of oligopeptides in high yield under simple programmable conditions. Nat Commun, 2015, 6: 8385.
[32] Zahnle K J. Earth's Earliest Atmosphere. Elements, 2006, 2: 217-222.
[33] Levy M, Miller S L. The stability of the RNA bases: implications for the origin of life. Proc Natl Acad Sci U S A, 1998, 95 (14): 7933-7938.
[34] Miyakawa S, Cleaves H J, Miller S L. The cold origin of life: A. Implications based on the hydrolytic stabilities of hydrogen cyanide and formamide. Orig Life Evol Biosph, 2002, 32(3): 195-208.
[35] Miyakawa S, Cleaves H J, Miller S L. The cold origin of life: B Implications based on pyrimidines and purines produced from frozen ammonium cyanide solutions. Orig Life Evol Biosph, 2002, 32 (3): 209-218.
[36] Bowler M W, Cliff M J, Waltho J P, et al. Why did Nature select phosphate for its dominant roles in biology? New Journal of Chemistry, 2010, 34 (5): 784-794.
[37] Todd L. Where there's life, there's phosphorus. In: Makoto, K, Keiko, N, Tairo, O, ed Science and Scientists Tokyo: Japan Sci Soc Press, 1981: 275-279.
[38] Anders E, Grevesse N. Abundances of the Elements - Meteoritic and Solar. Geochimica Et Cosmochimica Acta, 1989, 53 (1): 197-214.
[39] Agúndez M C J, Pardo J R, Guélin M, et al. Tentative detection of phosphine in IRC +10216. Astronomy & Astrophysics, 2008, 485: L33 - L36.
[40] Agúndez M C J, Decin L, Encrenaz P, et al. Confirmation of circumstellar phosphine. The Astrophysical Journal Letters, 2014, 790: L27-L30.
[41] Greaves J S, Richards A M S, Bains W, et al. Phosphine gas in the cloud decks of Venus. Nature Astronomy, 2021, 5: 655-664.
[42] Turner A M, Abplanalp M J, Kaiser R I. Probing the Carbon-Phosphorus Bond Coupling in Low-Temperature Phosphine (Ph3)-Methane (Ch4) Interstellar Ice Analogues. Astrophysical Journal, 2016, 819 (2).
[43] Turner A M, Abplanalp M J, Bergantini A, et al. Origin of alkylphosphonic acids in the interstellar medium. Science Advances, 2019, 5 (8).
[44] Adcock C T, Hausrath E M, Forster P M. Readily available phosphate from minerals in early aqueous environments on Mars. Nature Geoscience, 2013, 6 (10): 824-827.
[45] Fernandez-Garcia C, Coggins A J, Powner M W. A Chemist's Perspective on the Role of Phosphorus at the Origins of Life. Life-Basel, 2017, 7 (3): 31.
[46] Osterberg R, Orgel L E. Polyphosphate and trimetaphosphate formation under potentially prebiotic conditions. J Mol Evol, 1972, 1 (3): 241-248.
[47] Yamagata Y, Watanabe H, Saitoh M, et al. Volcanic Production of Polyphosphates and Its Relevance to Prebiotic Evolution. Nature, 1991, 352 (6335): 516-519.
[48] Pasek M A, Lauretta D S. Aqueous corrosion of phosphide minerals from iron meteorites: A highly reactive source of prebiotic phosphorus on the surface of the early Earth. Astrobiology, 2005, 5 (4): 515-535.
[49] Pasek M A. Schreibersite on the early Earth: Scenarios for prebiotic phosphorylation. Geoscience Frontiers, 2017, 8 (2): 329-335.
[50] Pasek M A, Harnmeijer J P, Buick R, et al. Evidence for reactive reduced phosphorus species in the early Archean ocean. Proceedings of the National Academy of Sciences of the United States of America, 2013, 110 (25): 10089-10094.
[51] Pasek M A, Kee T P, Bryant D E, et al. Production of potentially prebiotic condensed phosphates by phosphorus redox chemistry. Angewandte Chemie-International Edition, 2008, 47 (41): 7918-7920.

[52] Lago J L, Burcar B T, Hud N V, et al. The Prebiotic Provenance of Semi-Aqueous Solvents. Orig Life Evol Biosph, 2020, 50 (1-2): 1-14.

[53] Toner J D, Catling D C. A carbonate-rich lake solution to the phosphate problem of the origin of life. Proceedings of the National Academy of Sciences of the United States of America, 2020, 117 (2): 883-888.

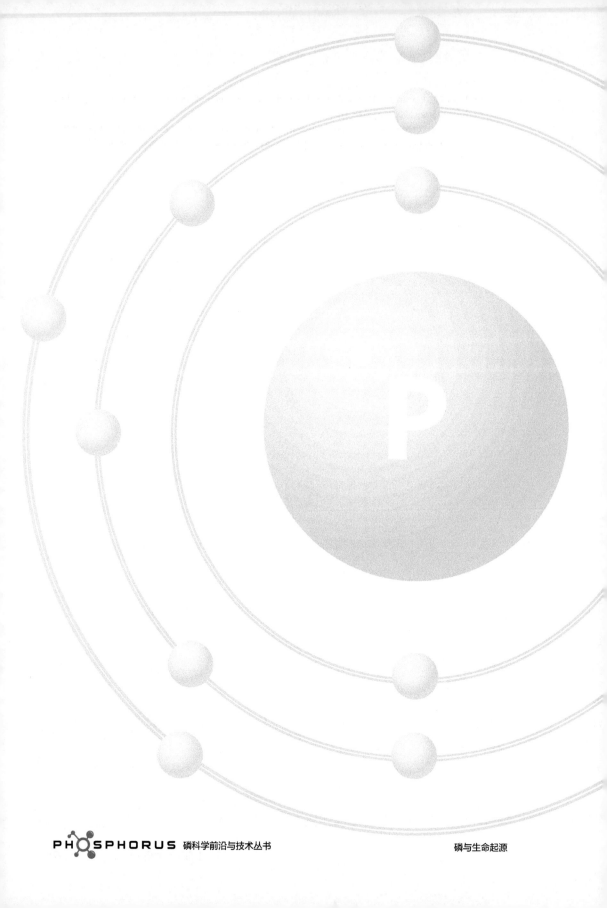

2

核苷酸的前生源化学合成

2.1 核苷酸的组成
2.2 核糖核苷酸的前生源逆合成法
2.3 核糖核苷酸以及脱氧核糖核苷酸的系统化学合成法

2.1
核苷酸的组成

在现代生物体内，核酸(nucleic acids)是负责生物体遗传信息储存和传递的一类大分子聚合物。它分为核糖核酸(ribonucleic acid，RNA)和脱氧核糖核酸(deoxyribonucleic acid，DNA)。核酸的单体为核苷酸(nucleotide)，核苷酸通过3′,5′-磷酸二酯键相连，形成的聚核苷酸就是核酸。每一个核苷酸分子由三部分组成：一个磷酸基团(phosphate group)、一个五碳糖和一个含氮碱基(base)。磷酸与糖以磷酸酯键相连，含氮碱基的氮原子与呋喃糖环以β-糖苷键相连。如果所含有的五碳糖为核糖(ribose)，则为核糖核苷酸；如果所含有的五碳糖为脱氧核糖(deoxyribose)，则为脱氧核糖核苷酸。形成核苷酸分子的碱基主要分为两大类，嘌呤碱基与嘧啶碱基。其中有两种嘌呤碱基：鸟嘌呤(guanine，G)和腺嘌呤(adenine，A)；三种嘧啶碱基：胞嘧啶(cytosine，C)，尿嘧啶(uracil，U)和胸腺嘧啶(thymine，T)。大多数情况下尿嘧啶只出现在RNA里面，而胸腺嘧啶只出现在DNA里面。这五种碱基是核酸最主要的五种碱基。当核酸形成双螺旋结构的时候，根据沃森-克里克的配对原则，以下面两种配对方式为主：腺嘌呤与尿嘧啶或者胸腺嘧啶以二重氢键的方式配对，即A-U或A-T碱基对；鸟嘌呤与胞嘧啶以三重氢键的方式配对，即G-C碱基对(图2-1)。

根据传统的逆合成路线(retrosynthetic pathway)，核糖核苷酸的合成可以分为以下三个步骤：①碱基和核糖的合成。以氢氰酸[1]及其他含氮小分子[2]为原料合成碱基[3]。以甲醛为原料，经过甲醛聚糖反应(formose reaction)得到核糖[4]。②核糖和碱基通过糖苷化反应(glycosidation reaction)形成核苷。③核苷和磷酸通过脱水酯化反应得到核苷酸[5]。但

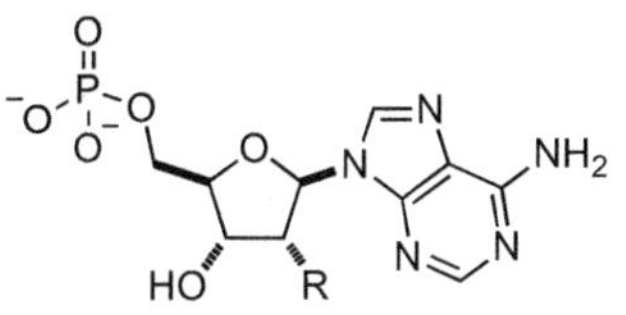

R=OH　腺嘌呤核糖核苷酸
R=H　腺嘌呤脱氧核糖核苷酸

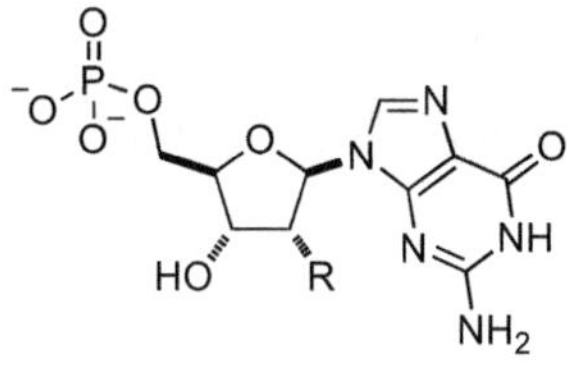

R=OH　鸟嘌呤核糖核苷酸
R=H　鸟嘌呤脱氧核糖核苷酸

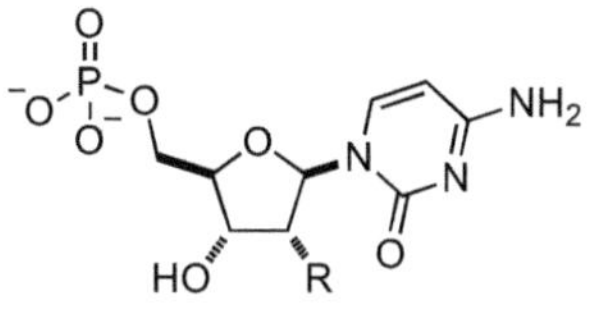

R=OH　胞嘧啶核糖核苷酸
R=H　胞嘧啶脱氧核糖核苷酸

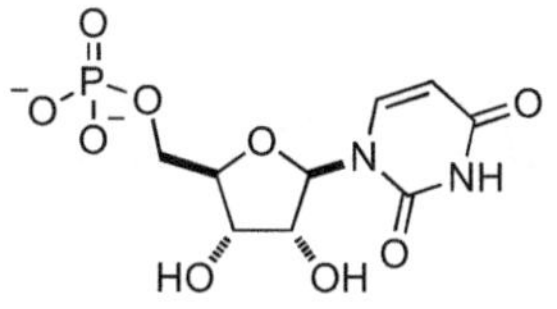

尿嘧啶核糖核苷酸

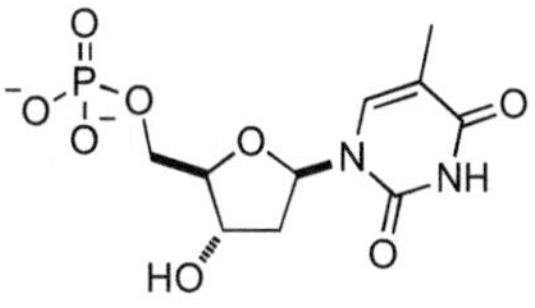

胸腺嘧啶脱氧核糖核苷酸

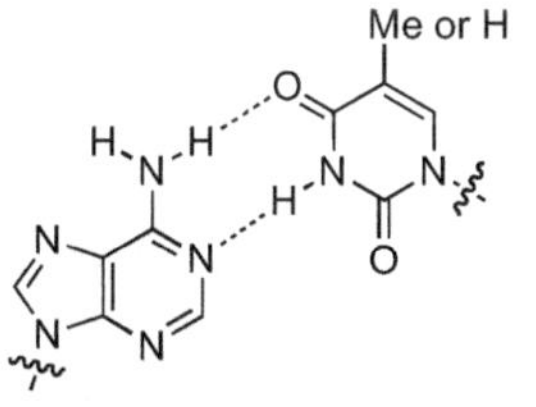

A-U或A-T碱基对

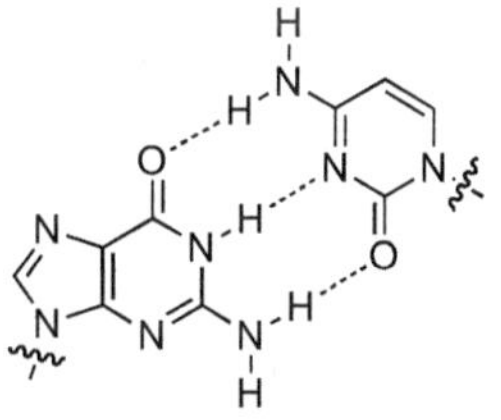

G-C碱基对

图 2-1　四种核糖核苷酸与四种脱氧核糖核苷酸以及沃森－克里克碱基配对

这个合成过程只能合成核糖核苷酸，而无法合成脱氧核糖核苷酸。这是因为甲醛聚糖反应无法得到脱氧核糖。而根据系统化学(system chemistry)的观点[6]，核糖核苷酸与脱氧核糖核苷酸应该是由同样的物质作为初始反应原料，在不同的前生源环境下，分别可以得到两种核苷酸[7,8]。由于核苷酸结构比较复杂，因此其两种合成路线都不可能是从单一反应环境下产生出来的。由此人们提出了一种全新的地质化学假说[9]。这种假说认为，合成核苷酸的不同组分在不同的地方合成出来，之后由于雨水的冲刷流到很多溪流中，这些组分便溶解在不同的溪流当中，最后汇集到一起，发生反应，得到更进一步的核苷酸前体。这样的过程反复发生直到形成核苷酸。

2.2
核糖核苷酸的前生源逆合成法

2.2.1 碱基的合成

嘌呤碱基的第一次前生源合成是 1961 年由 Oró 等报道的[1]，将高浓度的氰化氨溶液在加热到 70℃的条件下反应一段时间，可以在溶液中检测到 0.5% 的腺嘌呤以及其他产物。随后，其他人改进了这个反应过程，使得腺嘌呤和鸟嘌呤的产率得到了提升，最高产率为：腺嘌呤，12%；鸟嘌呤，3.3%。反应过程以及产物如图 2-2 所示。这个反应随后又被不同的研究小组所研究，如果将反应溶剂改为甲酰胺，也可以得到腺嘌呤，并且还有 4,5- 二氰基咪唑(4,5-dicyanoimidazole，DCI)生成[10]。后者作为亲核催化剂，对于氨基酸以及磷酸的前生源活化有非常大的帮助。由于甲酰胺是氰化氢水解的产物，而且其沸点远高于氰化氢，因此在早期地球环境下，加热潟湖(Lagoon)等地质环境可以很容易浓缩甲酰胺。因此，以甲酰胺为原料在矿物催化等条件下加热，也可以得到腺嘌呤。胞嘧啶是由氰基乙炔[2]以及氰酸根作为反应原料来合成的。由于氰酸不稳定，在一定条件下可以分解为二氧化碳和氨，且尿素脱氨可以得到氰酸根，因此胞嘧啶也可以通过尿素与氰基乙炔反应而得到。尿嘧啶的前生源合成可以从胞嘧啶水解而来(图 2-3)[3]。碱基的合成条件一般比较苛刻，如高产率腺嘌呤的合成需要将 0.5mol/L 氰化钾的甲酰胺溶液在密封条件下加热到 165℃ [10]。在这些反应条件中，有些需要矿物催化。这些矿物可以提供反应所需的微环境，比如将反应原料浓缩、保护产物不被降解等。虽然通过这些反应，可以合成现代生物体中所必需的碱基，但依然伴随着大量其他产物的生成。

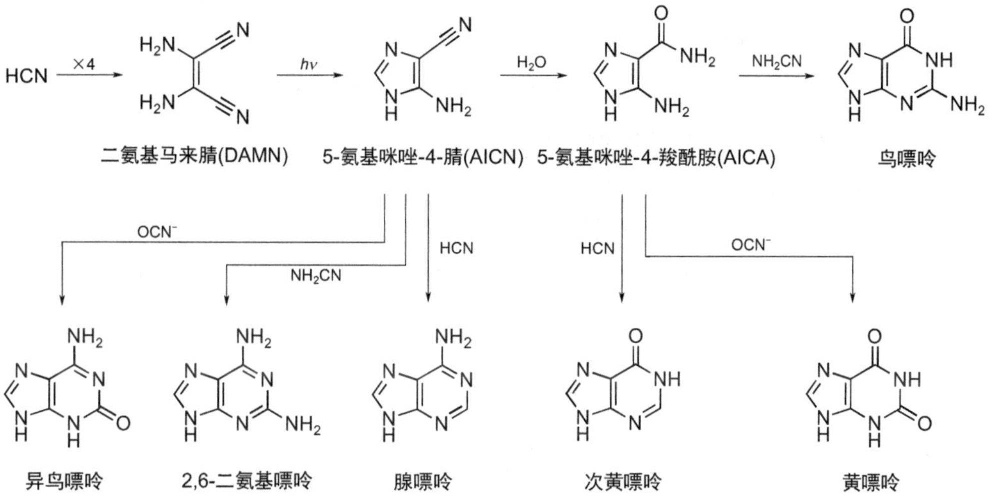

图 2-2 嘌呤碱基的前生源合成路线

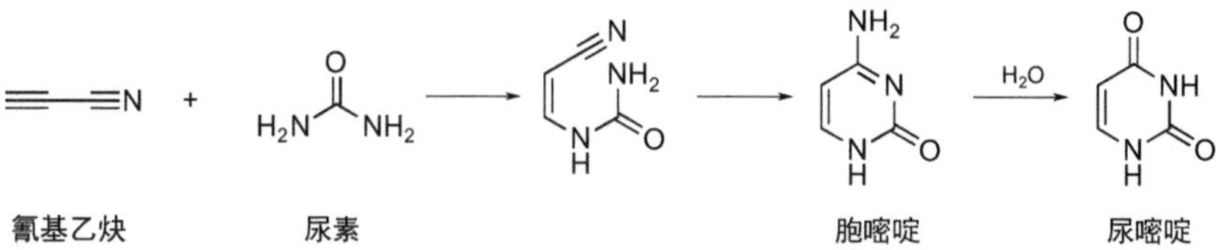

图 2-3 嘧啶碱基的前生源合成路线

2.2.2 糖类的合成

糖类聚合的最主要反应是甲醛聚糖反应 [2]。甲醛聚糖反应是一个以甲醛为原料，利用氢氧化钙或其他金属离子为催化剂，在碱性条件下聚合成糖的反应。甲醛二聚可以得到2-羟基乙醛，2-羟基乙醛可以作为一个催化剂，加速整个甲醛聚糖反应的发生。甲醛聚糖反应可以得到三碳糖、四碳糖、五碳糖和六碳糖的混合物，且在这个反应过程中，对于糖的立体构型并没有选择性，并且其中核糖的产率也很低（图2-4）。虽然在这个体系中加入硼酸，可以选择性稳定五碳糖异构体，但是该反应依然只能得到多种异构体的混合物，无法选择性得到核糖。因此，如果利用甲醛聚糖反应作为核糖的来源，则需要一个纯化富集机制，使核糖能够从这一个复杂的混合物中富集出来，作为核苷合成的原料。除了甲醛聚糖反应，还可以二碳糖或三碳糖为原料合成核糖。如果以磷酸羟乙醛和2-磷酸甘油醛为原料，在氢氧化铝镁存在的情况下，可以得到2,4-二磷酸核糖。由于磷酸的加入，这个反应不会得到很复杂的混合物[11]。

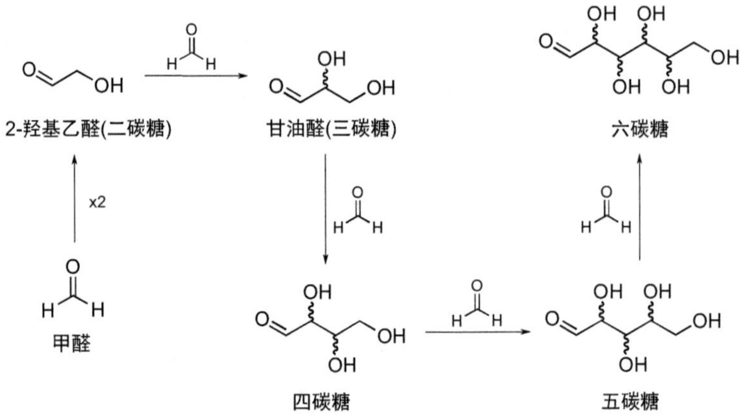

图 2-4 甲醛聚糖反应

2.2.3 糖苷键及磷脂键的合成

为了得到核苷酸，还需要将得到的碱基、核糖和磷酸进行反应。在这个反应过程中还需要克服两个难题：①正确构象糖苷键的形成；②核苷的磷脂化反应。经典的形成糖苷键的反应是在镁离子和磷酸存在的条件下，加热碱基与核糖的混合物。嘌呤碱基与核糖在这个条件下进行反应，可以得到少量的 β- 核苷，并且伴随着产量近似的 α- 核苷。如果同样的反应改用嘧啶碱基，由于其亲核性要弱于嘌呤碱基，则不会得到任何核苷。在形成糖苷键的过程中，由于糖苷键有两种构象，而生物体内的核酸全都是 β- 糖苷键。为了解决选择性形成 β- 糖苷键的问题，有人先将核糖磷脂化，得到一部分核糖 -1, 2- 环磷酸。由于核糖 C^2 的构型使得核糖 -1, 2- 环磷酸中 C^1 磷脂全部都是 α- 磷脂键，因此，利用这一产物和四种碱基进行核苷的合成，可以得到 0.5% ～ 17% 的 2′- 磷酸核苷酸（图 2-5）[12]。

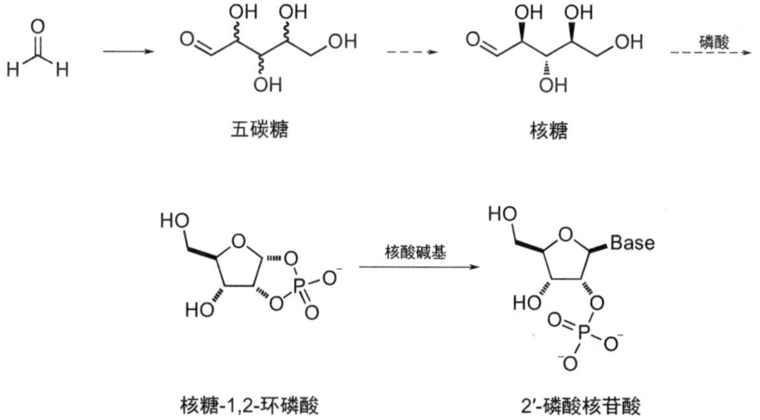

图 2-5 糖苷键的形成

除了利用碱基和核糖直接进行糖苷化反应外，还有一种利用碱基前驱体和核糖进行糖苷化反应[13]，从而得到核苷的前驱体，之后再进一步反应从而得到核苷的方法。在第一阶段反应中（图 2-6），以氰基乙炔为反应原料，在羟胺存在的条件下可以得到 3- 氨基异噁唑，之后在尿素中加热可以得到 N- 氨基异噁唑 - 尿素，它可以作为嘧啶碱基的前驱体。在另一个路径中，氰基乙炔在一定条件下可以得到丙二腈，随后丙二腈与胍或硫脲反应，可以得到不同的氨基嘧啶。这些氨基嘧啶在纯甲酸或甲酰胺中加热，可以得到甲酰氨基嘧啶，它可以作为嘌呤碱基的前驱体。

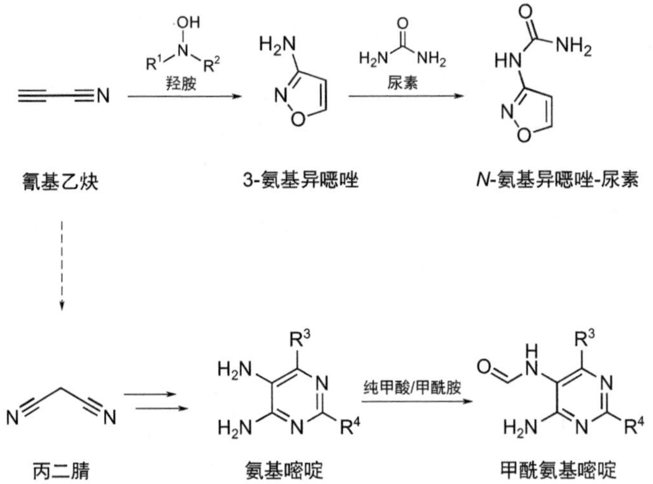

图 2-6　嘧啶碱基和嘌呤碱基前驱体的合成

  这些前驱体与核糖进行糖苷化反应，可以得到不同的核苷前驱体。随后在不同的条件下处理这些前驱体，可以得到不同异构体的核糖核苷，具体产物以及产率见图 2-7[14]。虽然通过这一系列的反应可以得到核糖核苷，但是依然没有解决糖苷化反应中的两大问题：①核糖是以呋喃糖（五元环）的形式存在于核苷中；②糖苷键是以 β- 糖苷键的形式存在于核苷中。并且，这一反应中所用到的一些原料是没有被证明在前生源条件下可以存在的。

  核苷的磷脂化反应一般是将核苷和可溶性矿物磷酸盐在尿素或甲酰胺中加热，即可得到 5′- 磷酸核苷酸、2′,3′- 环磷酸核苷酸等混合物。除此之外，还可以利用磷酸二酰胺（diamidophosphate，DAP）作为磷酸化试剂和核苷反应，在半干燥的条件下加热，得到核苷酸[15]。磷酸二酰胺可以通过在高浓度氨水以及高 pH 条件下氨解三偏磷酸得到。

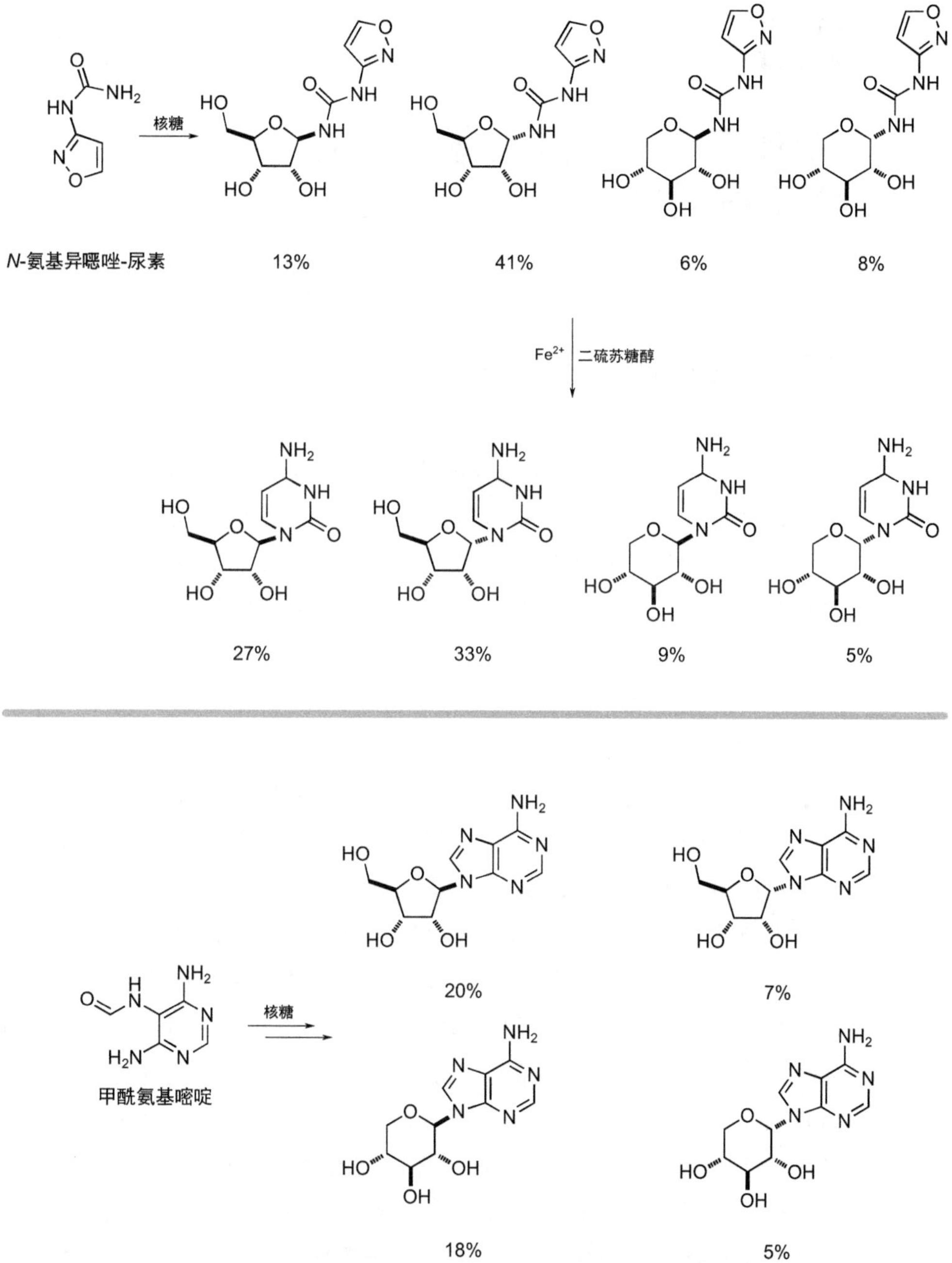

图 2-7 不同构象核糖核苷的合成

2.3
核糖核苷酸以及脱氧核糖核苷酸的系统化学合成法

2.3.1 嘧啶核糖核苷酸的合成

近几年来，系统化学的概念被引入生命起源研究领域[6]。从系统化学的角度可以将现代生命体分为以下三个子系统：①核酸子系统，负责遗传信息的储存与传递；②蛋白质子系统，负责捕获外界能量，提供物质原料，调节细胞功能；③膜系统，负责将自身的物质与外界隔离，以区别自身环境与外部环境。这三个子系统相辅相成保持生命体的活性以及使生命不断进化。在生命起源研究领域内，越来越多的实验证据表明，这三个子系统的基础原料都可以从氰化氢在不同的条件下反应得到，其中用于核苷酸合成的分子为氨基氰、2-羟基乙醛和甘油醛。在氰-硫化学的体系中[9,16]，氰化氢和硫化氢在光照条件下可以形成大量的硫氰酸根(thiocyanate)，同时氰化氢被还原为亚甲胺。因为亚甲胺在水中不稳定，可以水解为甲醛和氨。这一混合物溶液在地热条件下，可以将水分蒸干得到硫氰酸氨，而硫氰酸氨随着地热温度的升高，最终可以异构化得到硫脲/硫氰酸氨(1∶3)的混合物。这一混合物如果被降雨溶解并且重结晶则会得到针状的包合物，此包合物为硫脲/硫氰酸氨(4∶1)(图2-8)。硫脲可以被六氰合铁(Ⅲ)酸钾氧化，得到氨基氰；或者硫脲在六氰合铁(Ⅱ)酸根以及氰化氢存在的条件下进行光化学氧化还原反应，得到氨基氰以及氰化氢同系化反应的产物。而这两者也可以直接发生反应，从而得到2-氨基噁唑(2-aminooxazole，2-AO)和2-氨基咪唑(2-aminoimidazole，2-AI)。其中，2-氨基噁唑是合成核苷的必要中间体，而 2- 氨基咪唑是非酶条件下核苷酸模板聚合的活化试剂。硫氰酸铵和硫脲均是前生源脱氧核糖核苷合成的必要中间体[17]（见 2.3.2 节）。

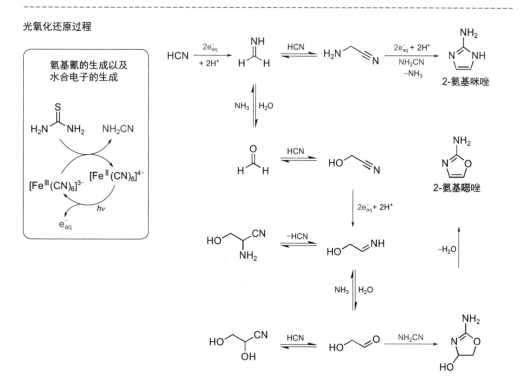

图 2-8　硫脲的形成、氰化氢同系化反应的光氧化还原路径以及 2- 氨基咪唑和 2- 氨基噁唑的形成

甘油醛和 2-AO 可以缩合得到两种构象的噁唑啉衍生物（图 2-9）。其

中核糖氨基噁唑啉(ribose aminooxazoline，RAO)是可以结晶出来的噁唑啉衍生物。这个过程可以将对生命起源研究有意义的化合物从混合物中提纯出来。在前生源环境下，由于地热、火山或者光照等条件，河流中的水很容易蒸发，达到浓缩的效果。进一步浓缩便可以将 RAO 结晶出来，而其他物质则随着河流的流动而汇集到下游，并可以由进一步的地质活动所回收而重新利用 [18]。

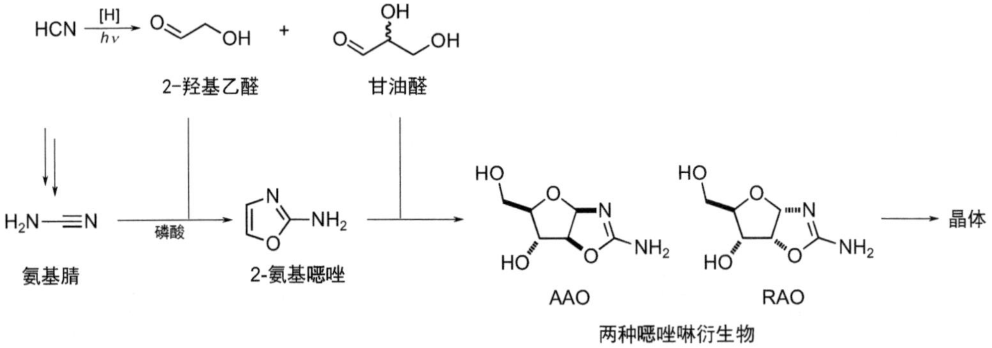

图 2-9　两种噁唑啉衍生物的形成以及 RAO 的选择性结晶

而结晶出来的 RAO 可以重新溶解在雨水或新形成的河流中。如果溶液中存在磷酸，那么 RAO 可以转变成另外一种异构体阿拉伯糖氨基噁唑啉(arabinose aminooxazoline，AAO)。这两者均是对核苷酸合成有着重要意义的物质，其中 AAO 可以用于嘧啶核糖核苷酸的合成 [19]；RAO 不仅可以用于嘧啶核糖核苷酸的合成 [7]，还可以用于嘌呤脱氧核糖核苷酸的合成。在水溶液中，AAO 和 RAO 都可以和氰基乙炔发生反应，分别得到 2, 2′- 缩 - 阿拉伯糖胞苷(2, 2′-anhydro-arabinocytidine)以及 2, 2′- 缩 -α- 核糖胞苷(2, 2′-anhydro-α-ribocytidine)。前者在磷酸的作用下得到胞苷 -2′, 3′- 环磷酸(cytidine 2′, 3′-cyclicmonophosphate，2′, 3′-cCMP)，之后还可以进一步水解得到尿苷 -2′, 3′- 环磷酸(uridine 2′, 3′-cyclicmonophosphate，2′, 3′-cUMP)。2, 2′- 缩 -α- 核糖胞苷可以在硫化氢存在的条件下光照转换成 2- 硫代胞苷，后者在磷脂化条件下可以转换成 2′, 3′-cCMP(图 2-10)[20]。

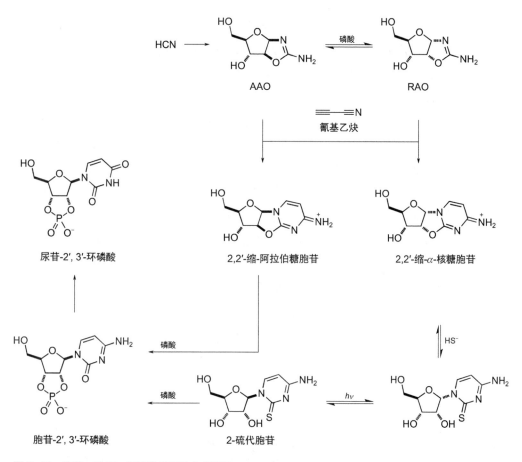

图 2-10　胞苷-2′,3′-环磷酸的两种合成路径

2.3.2　嘌呤脱氧核糖核苷酸的合成

氰化氢的齐聚反应可以得到腺嘌呤，之后水解可以得到 4, 5, 6-三氨基嘧啶(4, 5, 6-triaminopyrimidine，TAP)。氰化氢和硫化氢在光照的条件下也可以得到硫氰酸或者进一步氨解得到硫脲(thiourea)[17]（见 2.3.1 节），这两者可以分别和 TAP 缩合，均能定量得到 8-巯基腺嘌呤（8-mercaptoadenine）。它可以和 2, 2′-缩-α-核糖胞苷或 2, 2′-缩-α-核糖

尿苷发生糖苷转化反应，得到 8,2′- 硫缩 -N^7-β- 阿拉伯糖腺苷和 8,2′- 硫缩 -N^9-β- 阿拉伯糖腺苷。这两者如果在硫化氢存在的条件下进行光照，则会得到 N^7- 脱氧核糖腺苷、脱氧核糖腺苷、N^7- 脱氧核糖 -8- 巯基腺苷和脱氧核糖 -8- 巯基腺苷。其中，N^7- 糖苷键的两种异构体在水中的半衰期远比另外两种异构体的半衰期短。因此，在一定时间之后，N^7- 糖苷键异构体会水解消失，只留下 N^9- 糖苷键异构体。而 8,2′- 硫缩 -N^7-β- 阿拉伯糖腺苷和 8,2′- 硫缩 -N^9-β- 阿拉伯糖腺苷在亚硫酸盐存在的条件下进行光照，只会得到 N^9- 糖苷键异构体。由于脱氧核糖 -8- 巯基腺苷在光照条件下并不是十分稳定，因此继续光照会得到脱氧核糖腺苷这一单一产物。脱氧核糖 -8- 巯基腺苷和脱氧核糖腺苷在亚硝酸盐的作用下会得到脱氧核糖肌苷(图 2-11)。脱氧核糖肌苷可以在双螺旋链中代替鸟嘌呤核苷酸与胞嘧啶核苷酸形成碱基对。

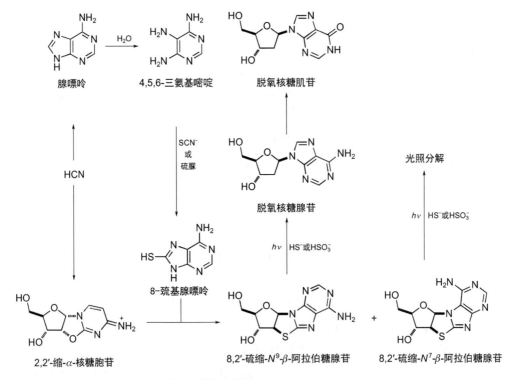

图 2-11 脱氧核糖腺苷以及脱氧核糖肌苷的合成路径

参考文献

[1] Oró J. Synthesis of adenine from ammonium cyanide. Biochem Biophys Res Commun, 1960, 2: 407.

[2] Sanchez R A, Ferris J P, Orgel L E. Cyanoacetylene in prebiotic synthesis. Science, 1966, 154:784.

[3] Robertson M P, Miller S L. An efficient prebiotic synthesis of cytosine and uracil. Nature, 1995, 375:772.

[4] Butlerow A. Formation synthétique d'une substance sucrée. CR Acad Sci, 1861, 53:145.

[5] Pitsch S, Eschenmoser A, Gedulin B, et al. Mineral induced formation of sugar phosphates. Orig Life Evol Biosph, 1995, 25:297.

[6] Ruiz-Mirazo K, Briones C, de la Escosura A. Prebiotic systems chemistry: new perspectives for the origin of life. Chem Rev, 2014, 114:285.

[7] Xu J, Green N J, Gibard C, et al. Prebiotic phosphorylation of 2-thiouridine provides either nucleotides or DNA building blocks via photoreduction. Nat Chem, 2019, 11:457.

[8] Xu J, Chmela V, Green N J, et al. Selective prebiotic formation of RNA pyrimidine and DNA purine nucleosides. Nature, 2020, 582: 60.

[9] Sutherland J D. The origin of life—out of the blue. Angew Chem Int Ed, 2016, 55:104.

[10] Liu Z, Wu L-F, Xu J, et al. Harnessing chemical energy for the activation and joining of prebiotic building blocks. Nat Chem, 2020, 12: 1023.

[11] Kim H-J, Ricardo A, Illangkoon H I, et al. Synthesis of carbohydrates in mineral-guided prebiotic cycles. J Am Chem Soc, 2011, 133:9457.

[12] Kim H J, Kim J. A prebiotic synthesis of canonical pyrimidine and purine ribonucleotides. Astrobiology, 2019, 19:669.

[13] Becker S, Thoma I, Deutsch A, et al. A high-yielding, strictly regioselective prebiotic purine nucleoside formation pathway. Science, 2016, 352:833.

[14] Becker S, Feldmann J, Wiedemann S, et al. Unified prebiotically plausible synthesis of pyrimidine and purine RNA ribonucleotides. Science, 2019, 366:76.

[15] Gibard C, Bhowmik S, Karki Megha, et al. Phosphorylation oligomerization and self-assembly in water under potential prebiotic conditions. Nat Chem, 2018, 10:212.

[16] Liu Z, Synthesis of prebiotic building blocks by photochemistry. Chem Res Chinese U, 2020, 36: 985.

[17] Liu Z, Wu L-F, Bond A D, et al. Photoredox chemistry in the synthesis of 2-aminoazoles implicated in prebiotic nucleic acid synthesis. Chem Commun, 2020, 56: 13563.

[18] Hein J E, Tse E, Blackmond D G. A route to enantiopure RNA precursors from nearly racemic starting materials. Nat Chem, 2011, 3:704.

[19] Powner M W, Gerland B, Sutherland J D, Synthesis of activated pyrimidine ribonucleotides in prebiotically plausible conditions. Nature, 2009, 459:239.

[20] Xu J, Tsanakopoulou M, Magnani C J, et al. A prebiotically plausible synthesis of pyrimidine β-ribonucleosides and their phosphate derivatives involving photoanomerization. Nat Chem, 2017, 9:303.

3

蛋白质的前生源化学起源

3.1 多肽前生源化学合成途径概况
3.2 磷参与下的多肽前生源化学

3.1
多肽前生源化学合成途径概况

3.1.1 早期地球前生源的环境概况

生命起源一直以来都是悬而未决的最大自然之谜，是人类追问的终极问题。生命起源于何时、何地，又是以何种因素促使生命的产生？许多学者认为，生命起源的过程本质上应遵循达尔文进化理论，即从简单到复杂的化学进化过程[1]。具体来讲，是由无机小分子生成有机小分子(氨基酸、核苷、糖及脂类等)，而后有机小分子通过聚合作用生成具有自我代谢和复制功能的生物大分子(蛋白质、核酸及脂质等)。

生命的化学演化必然与地球早期环境的演化是相互作用、相互影响的"共进化"过程[2]。因此，了解早期地球环境情况对研究生命化学演化过程具有重要意义。地球早期环境中的大气和水源(海洋)很可能对前生源时期的化学变化起到极其重要的促进作用。一般认为早期地球大气圈为还原性气体，氧气浓度很低甚至缺氧。同时，大气层较为稀薄，无法阻挡宇宙射线及陨石等"天外之客"，且地球表面环境恶劣，如火山频发等，这些环境因素虽然在早期化学演化过程中，可以为反应提供必要的能量，但随时也可能中断化学及生物演化过程，因此有人认为相对比较"平静"的海洋环境，特别是海底环境，或许是孕育生命的重要摇篮之一。正如上述所言，早期地球稀薄的大气层，不能很好阻挡住高能量的宇宙射线，且地球表面环境(包括海洋环境)中火山活动频繁，最终导致早期地球是一个"热球"环境。随着地质活动变化导致地球物理化学变化，以及后期生命活动(光合作用等)影响，还原性大气逐渐演化成氧化性大气，即富氧型大气，大气层高处的氧气受紫外线等作用可以形成臭氧，最终在大气层中形成臭氧层，进而可以起到阻挡强紫外线辐射的作用。

3.1.2 多肽前生源化学合成途径

Miller 实验证明无机小分子可以通过化学反应转变生成氨基酸等有机物[3]，而后有大量相关实验进一步验证氨基酸确实可以在非生物体系中自发形成。Miller 实验中所假设的大气是还原性大气，其主要成分是氢气(H_2)、氨气(NH_3)、甲烷(CH_4)和水蒸气(H_2O)。随着后续研究的深入，有人利用非还原性气体(CO_2 和 N_2 混合气体)同样也合成得到氨基酸，且其转化率有一定的提高，因此有人提出原始地球大气中并不都是 Miller 实验中所提到的还原性气体，而是含大量 CO_2 和 N_2 的混合气体[4-6]。然而，也有人提出在海底热液区的还原性环境条件下也可以产生低浓度的氨基酸[7,8]。因此，关于原始地球环境如何，现在还是有所争议的并值得继续加以研究。但可以确定的是，原始地球环境中的氨基酸来源途径不会只有一种，而是有多种来源途径，除了上述提到的几种途径(地球本身产生的氨基酸)，还可能来自于地外，如陨石[9]或彗星[10]等。

前生源多肽正是将上述前生源时期多种途径产生的氨基酸通过脱水缩合而合成的，相关的研究已有大量报道[11]。

由于氨基酸成肽是脱水缩合过程，因此该反应在水中的反应活性是比较低的，其多肽产率非常低(1mol/L 的底物天然氨基酸可能只形成微量的产物肽)[12-14]。最初研究都是在无水条件下开展的，但这与原始地球的水环境条件是不符合的。因此，氨基酸脱水缩合形成肽在含水条件下进行更符合前生源环境条件。有人利用前生源条件下可能存在的无机催化剂黏土矿物(clay minerals)对上述反应进行相关研究，结果显示确实可以有效促进肽的生成[15]。氨基酸"从头开始"缩合成肽的转化率比较低，而利用肽片段为原料进行缩合成肽，其转化率可以得到一定的提高，但该成肽反应在无催化剂时是慢反应且需要蛋白酶的参与，这在前生源时期是很难实现的[16]。

　　Corliss 在 1981 年提出生命可能起源于海底热液区的科学假说[17]。此后，基于该假说的研究已有大量报道[18-21]。生命起源于海底热液区，那么海底热液区的各种环境因子都将可能对前生源化学演化过程产生重要影响，如对多肽的前生源合成过程等。高静水压作为热液区重要环境因子之一，对蛋白质和其他生物大分子物理性质的影响已有报道[22-24]，但关于高静水压对前生源多肽合成影响的报道很少。现已探测到的大多数海底热液区位于海底 1～3km 处[25]，在此垂直海域范围内的静水压将高达 100～300bar（1bar=100kPa）。

　　赵玉芬课题组研究发现，在较低温度下，高静水压确实促进了氨基酸与 P_3m（三偏磷酸钠）的成肽反应（图 3-1）[26]。同时，对 Phe（苯丙氨酸）和 Gly（甘氨酸）在水溶液中成肽过程分别进行理论分析，理论计算结果见图 3-2。在热力学和动力学中，氨基酸在水溶液中形成二肽均为不利的反应。这就解释了为什么实验中的六种氨基酸形成相应二肽的产率均较低，同时也解释了为什么 Phe_2 的产率比 Gly_2 产率低。

　　基于实验和理论计算结果，氨基酸在如此低温水溶液环境条件下形成二肽，压力效应将显现出来。该实验结果在一定程度上支持了生命起源于海底热液区的假说，同时也表明，在生命起源于海底热液区课题研究中，高静水压是一种不可忽视的重要因素。

　　干湿法被认为是前生源可能的氨基酸成肽途径，氨基酸在干湿循环过程中，当反应体系处于高温干燥状态时，可以发生脱水缩合反应，继而生成一定量的产物多肽，补水后，氨基酸重新溶解分布，而后反应体系再次处于干燥状态，又可以进一步生成一定量的多肽（图 3-3）[27-30]。研究发现，在干湿循环过程中，向反应液添加适量的矿物质，这些矿物质可以起到吸附、浓缩和排列氨基酸的作用，进而促进多肽的形成[31]。干湿法与上述提到的氨基酸在水中成肽方法比较而言，其可以使反应持续远离平衡状态，以维持反应活性。值得注意的是，干湿法可能在化学演化时期是氨基酸成肽的一种重要途径，而在生物进化时期由于环境条件变化过于剧烈，该方法将是有害条件。

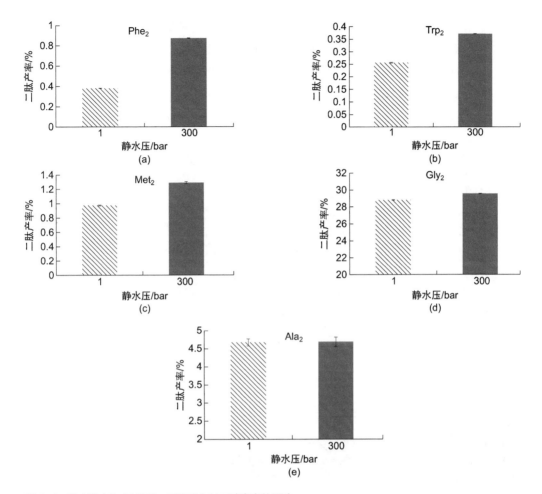

图 3-1 反应温度为 26℃时，不同压力对二肽产率的影响

1 bar代表为一个大气压；300 bar代表300个大气压。（a）Phe与P_3m反应形成Phe_2；（b）Trp（色氨酸）与P_3m反应形成Trp_2；（c）Met（甲硫氨酸）与P_3m反应形成Met_2；（d）Gly与P_3m反应形成Gly_2；（e）Ala与P_3m反应形成Ala_2。每组实验均进行三次平行实验

在生物体内，氨基酸的合成需要酶蛋白催化而成，而酶蛋白又是由氨基酸经脱水缩合而成的，这就涉及"先有蛋还是先有鸡"的悖论问题。最新研究发现，一种不需要以氨基酸为原料就可以形成多肽的途径[32]，或许可以较好解决这个问题。研究人员发现，以氨基酸前体——氨基氰为原料，并与硫化氢和一些铁氰化物进行一系列简单的化学反应就可以得到多肽。该项研究也首次证实了多肽可以不用以氨基酸为原料即可形

成。这一发现可以给我们一定的启示，早期地球环境下，肽合成可能存有多种途径，我们或许不能完全重现这些途径，但可以通过对早期地球环境的进一步了解并模拟，发现一些可能的多肽合成途径。这也是生命起源研究领域的魅力所在。只有不断地研究，才有可能发现生命出现之前的一些化学起源过程，尽可能地重现前生源时期的一些过程。

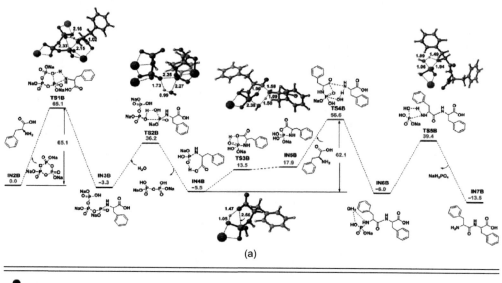

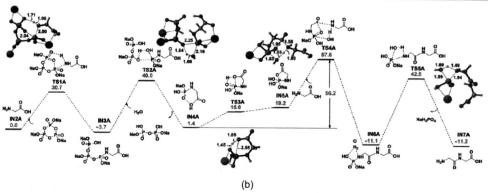

图 3-2　Phe 和 Gly 分别与 P_3m 反应形成相应二肽的自由能概况图（单位：kcal/mol，1kcal=4.1840kJ）键长单位用埃来表示。（a）Phe 与 P_3m 反应形成二肽 Phe_2 的自由能概况图；（b）Gly 与 P_3m 反应形成二肽 Gly_2 的自由能概况图

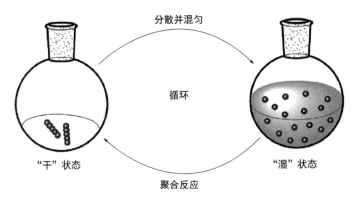

图 3-3 氨基酸经干湿循环途径生成肽的示意图

现存生物合成蛋白质的场所主要在核糖体上，肽在核糖体上的延伸方向是从 N 端到 C 端，主要是通过 aa-tRNA（氨基酸 - 转运核糖核酸酯）亲核进攻延伸肽链的 C 末端形成新的肽键。aa-tRNA 的形成需要经历两个步骤：氨基酸被 ATP 激活生成氨酰腺苷酸（aminoacyl-adenylate, 5′- aa-AMP）；而后在酶蛋白的作用下将 5′-aa-AMP 上的氨酰基转移到 tRNA 末端的 2′/3′-OH，形成 aa-tRNA。在此过程中，氨基酸无需保护和脱保护处理，或许这就是它被自然进化最终选择的原因。与生物合成肽不同的是，目前常规的化学固相合成肽的合成方向是从 C 端到 N 端，主要是因为氨基酸及肽链游离的 C 端容易发生差向异构化[33]，所以在化学合成肽过程，需要保护氨基酸的 C 端，而后再经脱保护处理实现肽的延伸。必须承认的是，化学合成肽过程常用的激活剂，在早期地球环境里是不存在的。然而，在合成有机分子的一些反应中所使用的某些简单物质是可以作为前生源肽合成可能的激活剂，如 COS（羰基硫）[34, 35]、HCN[36]、焦磷酸盐（PPi）[37] 和 P_3m [38, 39] 等。这些试剂可以促进脱水反应，同时它们在早期地球环境条件下也可以被生成，因此它们在前生源条件下可以促进肽键的形成，实现肽的延伸。

有研究表明，高浓度的盐溶液也可以促进前生源肽合成[40-42]。利用 3mol/L NaCl 作为脱水剂，氨基酸在 60～90℃温度范围内可以生成相应二肽（如甘氨酸二肽，色氨酸二肽、赖氨酸二肽、丝氨酸二肽等）。而这么高浓度的盐溶液被认为在原始地球环境是可能存在的，如在海洋的潮汐带附近，含海水的小池子经太阳高温照射后，水分挥发使得海水浓缩得到高浓度的盐溶液。因此，高浓度的盐溶液介导的肽合成可能在前生源肽合成过程中发挥着重要作用。

原始海洋中含有多种多样的金属离子，因此在海洋环境下的前生源肽合成很可能被这些金属离子影响并促进。Yamagata 等[43]研究发现在多聚磷酸盐的反应体系中 Mg^{2+} 可以促进肽的合成，其与无 Mg^{2+} 的对照组比较，产率可提高约 6 倍（图 3-4）。Rode 等在高浓度 NaCl 溶液进行氨基酸生成肽的反应，结果显示，Cu^{2+} 可以促进肽的形成[40, 41, 44]。因此，研究前生源肽合成过程，需要考虑金属离子的影响，某些关键金属离子很可能会促进肽的合成。

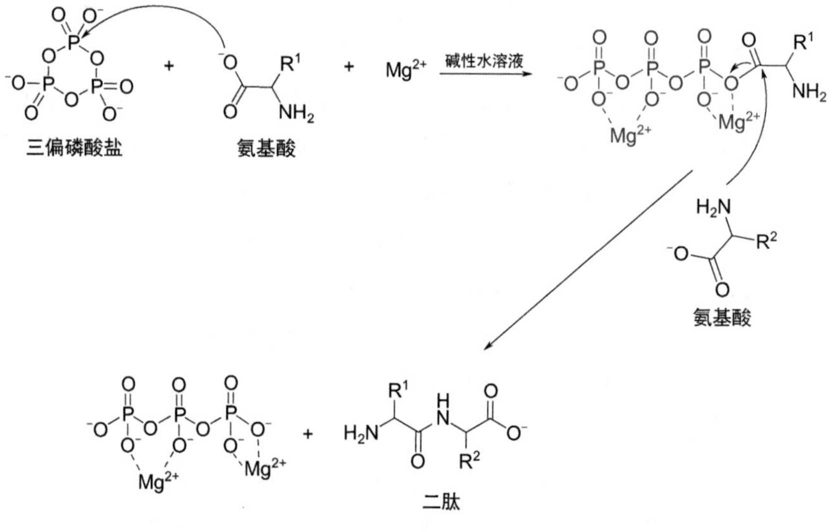

图 3-4 镁离子促进氨基酸成肽过程

Leuchs 等[45-47]第一次提出 N-羧基环内酰胺（N-carboxyanhydrides，NCAs）的合成及其性质，而后研究发现，NCAs 在水溶液中可以促进氨基酸生成肽[48-53]，因此 NCAs 被认为是氨基酸活化的中间体（图 3-5）。同时，NCAs 可以通过简单的无机物 [如 CO_2/HCO_3^-[54]、NO/O_2[55, 56] 和 COS (carbonylsulfide)[57]] 加以合成。因此，NCAs 也被认为在生命出现之前的肽合成过程中发挥了关键作用。

人工合成肽通常会避免氨基酸及肽链 C 端的游离或活化，而将其保护使之钝化，以防止其发生差向异构化，然而在前生源环境下氨基酸的构象必然是多样化的，因此在前生源时期化学进化过程或许可以通过氨基酸 C 端的活化来合成多肽。氨基酸 C 端被激活后，由于与其相邻亲核基团的存在，从而触发高反应性的环化中间体，而后另一分子的氨基酸与环化中间体反应缩合生成新的肽键。环化中间体可以因分子内邻近基团有效触发而生成，而分子间基团则是难以触发的[58-60]。因此，可以认为前生源肽合成是从氨基酸外消旋混合物开始进行的。其他邻近基团也可以具有类似的作用。例如，二肽分子内的游离氨基或羧基可以分子内环化生成相应的环二肽[61, 62]。

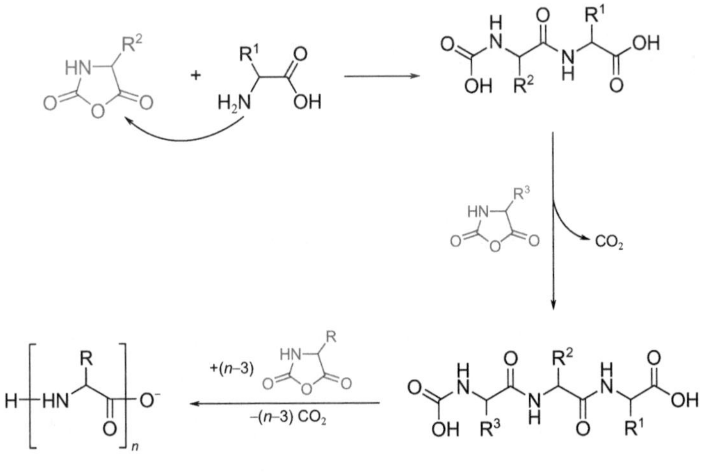

图 3-5　NCAs 介导的氨基酸生成肽示意图

环二肽一直被认为是二肽激活过程的副产物，在多肽水解产物中也能被检测到。随着对环二肽的研究深入，对它的认识也有所改观。环二肽在植物、动物和微生物等生物体内都有存在[63-70]，同时在陨石中也有检测到环二肽的存在[71]，所以环二肽很可能在前生源时期是可被利用的演化原料。研究发现，环二肽在水溶液中经水分子的亲核进攻可以水解生成相应的线型二肽[72]。值得关注的是，环二肽也被认为是多肽的前体，即它可以通过氨解实现开环反应,从而达到多肽的延伸。例如,甘氨酸环二肽 Cyclo-Gly-Gly 与甘氨酸 Gly 在 90℃的水溶液中反应,可以检测到聚合产物的线型三肽 Gly-Gly-Gly,也可以检测到环二肽的开环产物线型二肽 Gly-Gly[62]。因此,环二肽不能看成二肽生成过程的副产物,它也可以参与肽延伸反应。同时有研究表明,环二肽具有很多生物活性(如抗病毒、抗菌和抗癌等)[73-76]和手性催化活性[77]。因此,环二肽很可能在前生源化学演化过程发挥重要作用。

3.2
磷参与下的多肽前生源化学

3.2.1 磷促进氨基酸的前生源合成

1953 年,美国化学家 Miller 模拟早期地球可能的放电和高温等环境条件,利用早期地球可能存在的 CH_4、H_2、H_2O 和 NH_3 等简单小分子,合成出多种有机化合物,10%～15% 的碳是以有机化合物(氨基酸、糖类和脂质等)形式存在的,其中 2% 为氨基酸[3]。这一发现不仅打破了在此之前所认为的在无生命体系中无机物是不能转变为有机物的传统观念,而且激起了许多科学家对生命起源这一终极问题的极大关注。在此后近 70 年的研究里,通过模拟早期地球可能的环境条件,已基本实现生物小分子(如氨基酸、核苷、脂类等)的前生源合成。北京大学王文清教授在 Miller 实验条件基础上,添加了 PH_3 气体,放电反应后,检测结果显示,产物氨基酸种类可达 19 种,而 Miller 在其实验中检测到的氨基酸种类只有 5 种 [78]，说明磷确实可以促进氨基酸前生源的合成。

一直以来，彗星被认为对地球生命起源是非常重要的，它可以为地球生命的化学起源过程带来所需的各类生命分子，包括氨基酸、水和含磷化合物等。许多原始陨石含氨基酸的同时，也探测到含磷物质，这似乎表明磷与氨基酸的存在具有一定的关系 [79]。

3.2.2 磷促进多肽的前生源合成

多肽在地球远古环境下是如何形成的？这个问题是生命起源研究的一个热点。氨基酸形成多肽是一个脱水缩合过程，该过程在水相中进行是极其不利的，因此早期相关研究基本上是在无水条件下进行的。但值得注意的是，这一条件不符合远古地球处于水环境的主流观点。因此，前生源肽合成在水溶液中进行比在无水中进行更符合早期地球图景。

Rabinowitz 等利用聚磷酸盐（三偏磷酸盐、焦磷酸盐和三聚磷酸盐等）作为反应的激活剂，实验结果表明这些聚磷酸盐可以有效促进氨基酸在水相中形成多肽 [80]。同时，Yamanaka 等研究发现这些聚磷酸盐在前生源条件下是可以被生成的，这为聚磷酸盐在前生源时期促进肽生成提供了可能性 [81]。此后，基于环状或线状多聚磷酸盐，在中性或偏碱性条件下开展前生源肽合成的研究有大量的报道 [43, 61, 82-87]。其中，研究较多的聚磷酸盐是三偏磷酸钠（trimetaphosphate, P_3m）。P_3m 介导在碱性条件下进行前生源肽合成的机理已被提出，见图 3-6。

简言之，首先氨基酸（AA）与 P_3m 反应形成磷酰化氨基酸（N-phosphoryl amino acid, phospho-AA）；其次磷酰化氨基酸释放一当量焦磷酸盐（pyrophosphate, PPi），且环化形成环酰基氨基磷酸酯（cyclic acylphosphoramidate, CAPA），而 CAPA 已被证明可能是氨基酸成肽过程中的中间体 [88, 89]；然后，第二个氨基酸的氨基进攻 CAPA，开环形成磷酰化二肽（phospho-AA_2）；最后，phospho-AA_2 水解形成二肽（AA_2）和磷酸盐。

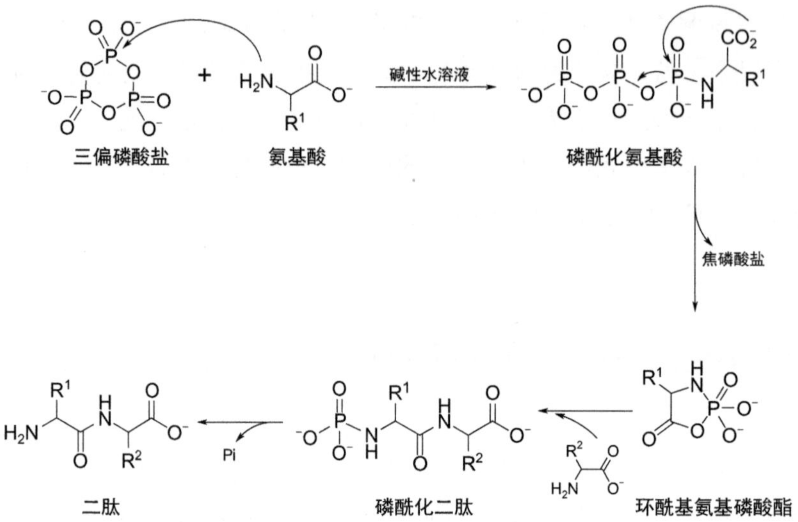

图 3-6 基于三偏磷酸盐在碱性水溶液中形成二肽的机理

Yamanaka 等[83]将上述反应的 pH 调至偏酸性，研究发现也可以形成相应的肽类产物，同时提出了相应的反应机理(图 3-7)。从机理图中可以发现，在酸性条件下，进攻 P_3m 的基团是氨基酸的羧基而不是上述碱性条件下氨基酸的氨基。

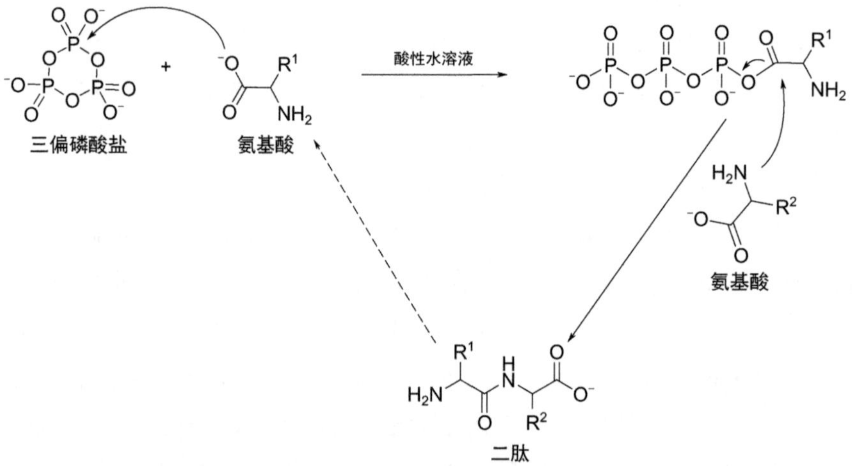

图 3-7 基于三偏磷酸盐在酸性水溶液中形成二肽的机理

参考文献

[1] Joyce G F. The antiquity of RNA-based evolution. Nature, 2002, 418(6894): 214-221.

[2] 齐文同，柯叶艳. 早期地球的环境变化和生命的化学进化. 古生物学报, 2002, 41(02): 295-301.

[3] Miller S L, A production of amino acids under possible primitive earth conditions. Science, 1953, 117(3046): 528-529.

[4] Kasting J F. Earth's early atmosphere. Science, 1993, 259(5097): 920-926.

[5] Cleaves H J, Chalmers J H, Lazcano A, et al. A reassessment of prebiotic organic synthesis in neutral planetary atmospheres. Origins of Life & Evolution of Biospheres, 2008, 38(2): 105-115.

[6] Plankensteiner K, Reiner H, Rode B M. Amino acids on the rampant primordial Earth: electric discharges and the hot salty ocean. Molecular Diversity, 2006, 10(1): 3-7.

[7] Amend J P, Shock E L. Energetics of amino acid synthesis in hydrothermal ecosystems. ChemInform, 1998, 281(5383): 1659-1662.

[8] Aubrey A D, Cleaves H J, Bada J L. The role of submarine hydrothermal systems in the synthesis of amino acids. Origins of Life and Evolution of the Biospheres, 2009, 39(2): 91-108.

[9] Pizzarello S, Shock E. The organic composition of carbonaceous meteorites: the evolutionary story ahead of biochemistry. Cold Spring Harbor Perspectives in Biology, 2010, 2(3): a002105.

[10] Meinert C, Filipi J J, D P de, et al. N-(2-Aminoethyl)glycine and Amino Acids from Interstellar Ice Analogues. Chempluschem, 2012, 77(3): 186-191.

[11] Brack A. From interstellar amino acids to prebiotic catalytic peptides: a review. ChemInform, 2007, 38(26): 665-679.

[12] Stojanoski K, Zdravkovski Z. On the Formation of Peptide Bonds. Journal of Chemical Education, 1993, 70(2): 134-135.

[13] Martin R B. Free energies and equilibria of peptide bond hydrolysis and formation. Biopolymers, 1998, 45(5): 351-353.

[14] Cleaves H J, Aubrey A D, Bada J L. An evaluation of the critical parameters for abiotic peptide synthesis in submarine hydrothermal systems. Origins of Life and Evolution of the Biospheres, 2009, 39(2): 109-126.

[15] Rode B M. Peptide and the origin of life. Peptides, 1999, 20(1): 773-786.

[16] Jakubke H D, Kuhl P, Könnecke A. Basic Principles of Protease-Catalyzed Peptide Bond Formation. Angewandte Chemie International Edition in English, 1985, 24(2): 85-93.

[17] Corliss J B, Baross J A, S E Hoffman. An hypothesis concerning the relationship between submarine hot springs and the origin of life on Earth. Oceanologica Acta, 1981, 4: 59-69.

[18] Huber C G Wachtershäuser. Peptides by activation of amino acids with CO on (Ni, Fe) S surfaces: implications for the origin of life. Science, 1998, 281(5377): 670-672.

[19] Kelley D S, Karson J A, Blackman D K, et al. An off-axis hydrothermal vent field near the Mid-Atlantic Ridge at 30 N. Nature, 2001, 412(6843): 145-149.

[20] Martin W, Baross J, kelley D, et al. Hydrothermal vents and the origin of life. Nat Rev Microbiol, 2008, 6(11): 805-814.

[21] Miller S L, Bada J L. Submarine hot springs and the origin of life. Nature, 1988, 334: 609-611.

[22] Heremans K. High pressure effects on proteins and other biomolecules. Annual review of biophysics and bioengineering, 1982, 11(1): 1-21.

[23] Kapoor S, Berghaus M, Suladze S, et al. Prebiotic cell membranes that survive extreme environmental pressure conditions. Angew Chem Int Ed Engl, 2014, 53(32): 8397-8401.

[24] Michels P C, Clark D S. Pressure-enhanced activity and stability of a hyperthermophilic protease from a deep-sea methanogen. Applied and Environmental Microbiology, 1997, 63(10): 3985-3991.

[25] Kelley D S, Baross J A, Delaney J R. Volcanoes, Fluids, and Life at Mid-Ocean Ridge Spreading Centers. Annual Review of Earth and Planetary Sciences, 2002, 30(1): 385-491.

[26] Ying J, Chen P, Wu Y et al. Effect of high hydrostatic pressure on prebiotic peptide synthesis. Chinese Chemical Letters, 2019, 30: 367-370.

[27] Rohlfing D L. Thermal Polyamino Acids: Synthesis at Less Than 100 ℃. Science, 1976, 193(4247): 68-70.

[28] Lahav N, White D, Chang S. Peptide Formation in the Prebiotic Era: Thermal Condensation of Glycine in fluctuating clay environments. Science, 1978, 201(4350): 67-69.

[29] Albert Rimola, Mariona Sodupe, Piero Ugliengo. Aluminosilicate Surfaces as Promoters for Peptide Bond Formation: An Assessment of Bernal's Hypothesis by ab Initio Methods. Journal of the American Chemical Society, 2007, 129(26): 8333-8344.

[30] Lambert J F. Adsorption and polymerization of amino acids on mineral surfaces: a review. Origins of Life and Evolution of the Biospheres, 2008, 38(3): 211-242.

[31] Erastova V, Degiacomi M T, G F D, et al. Mineral surface chemistry control for origin of prebiotic peptides. Nat commun, 2017, 8(1): 2033.

[32] Canavelli P, Islam S, Powner M W. Peptide ligation by chemoselective aminonitrile coupling in water. Nature, 2019, 571(7766): 546-549.

[33] Bodanszky M. Principles of peptide synthesis. Springer Berlin Heidelberg, 1984.

[34] Boiteau L, Pascal R. Energy Sources, Self-organization, and the Origin of Life. Origins of Life and Evolution of the Biospheres, 2011, 41(1): 23: 33.

[35] Greenwald J, Friedmann M P, Riek R. Amyloid Aggregates Arise from Amino Acid Condensations under Prebiotic Conditions. Angew Chem Int Ed Engl, 2016, 55(38): 11609-11613.

[36] Matthews C N, Moser R E. Peptide Synthesis from Hydrogen Cyanide and Water. Nature, 1967, 215(5107): 1230-1234.

[37] Flodgaard H, Fleron P. Thermodynamic parameters for the hydrolysis of inorganic pyrophosphate at pH 7.4 as a function of (Mg^{2+}), (K^+), and ionic strength determined from equilibrium studies of the reaction. Journal of Biological Chemistry, 1974, 249(11): 3465-3474.

[38] Rabinowitz J, Flores J, Krebsbach R, et al. Peptide formation in the presence of linear or cyclic polyphosphates. Nature, 1969, 224: 795-796.

[39] Yamagata Y, Watanabe H, Saitoh M, et al. Volcanic production of polyphosphates and its relevance to prebiotic evolution. Nature, 1991, 352: 516-519.

[40] Schwendinger M G, Rode B M. Possible role of copper and sodium chloride in prebiotic evolution of peptides. Analytical Sciences, 1989, 5(4): 411-414.

[41] Rode B M, Schwendinger M G. Copper-catalyzed amino acid condensation in water—a simple possible way of prebiotic peptide formation. Origins of Life and Evolution of the Biosphere, 1990, 20(5): 401-410.

[42] Plankensteiner K, Reiner H, Rode B M. Catalytically Increased Prebiotic Peptide Formation: Ditryptophan, Dilysine, and Diserine. Origins of Life and Evolution of Biospheres, 2005, 35(5): 411-419.

[43] Yamagata Y, Inomata K. Condenstion of glycyglycine to oligoglycines with trimetaphosphate in aqueous solution II: catalytic effect of magnesium ion. Origins of Life and Evolution of the Biospheres, 1997, 27: 339-344.

[44] Jakschitz T A, Rode B M. Chemical evolution from simple inorganic compounds to chiral peptides. Chem Soc Rev, 2012, 41(16): 5484-5489.

[45] Leuchs H. Ueber die Glycin-carbonsäure. Berichte der deutschen chemischen Gesellschaft, 1906, 39(1): 857-861.

[46] Leuchs H, Manasse W. Über die Isomerie der Carbäthoxyl-glycyl glycinester. Berichte der deutschen chemischen Gesellschaft, 1907, 40(3): 3235-3249.

[47] Leuchs H, Geiger W. Über die Anhydride von α-Amino-N-carbonsäuren und die von α-Aminosäuren. Berichte der deutschen chemischen Gesellschaft, 1908, 41(2): 1721-1726.

[48] Kricheldorf H R. Polypeptides and 100 Years of Chemistry of α-Amino Acid N-Carboxyanhydrides. Angewandte Chemie, International Edition, 2006, 45: 5752-5784.

[49] Deming T J. Polypeptide and polypeptide hybrid copolymer synthesis via NCA polymerization. Springer Berlin Heidelberg, 2006: 1-18.

[50] Brack A. Selective emergence and survival of early polypeptides in water. Origins of Life and Evolution of the Biospheres, 1987, 17(3-4): 367-379.

[51] Nair N N, Schreiner E, Marx D. Peptide Synthesis in Aqueous Environments: The Role of Extreme Conditions on Amino Acid Activation. Journal of the American Chemical Society, 2008, 130(43): 14148-14160.

[52] Schreiner E, Nair N N, Wittekindt C, et al. Peptide Synthesis in Aqueous Environments: The Role of Extreme Conditions and Pyrite Mineral Surfaces on Formation and Hydrolysis of Peptides. Journal of the American Chemical Society, 2011, 133(21): 8216-8226.

[53] Danger G, Boiteau L, Cottet H, et al. The Peptide Formation Mediated by Cyanate Revisited. N-Carboxyanhydrides as Accessible Intermediates in the Decomposition of N-Carbamoylamino Acids. Journal of the American Chemical Society, 2006, 128(23): 7412-7413.

[54] Ehler K W, Orgel L E. N,N'-carbonyldiimidazole-induced peptide formation in aqueous solution. Biochimica et Biophysica Acta (BBA)-Protein Structure, 1976, 434(1): 233-243.

[55] Collet H, Bied C, Mion L, et al. A New Simple and Quantitative Synthesis of α-Aminoacid. N-Carboxyanhydrides (oxazolidines-2,5-dione). Tetrahedron Letters, 1996, 37(50): 9043-9046.

[56] Commeyras A, Collet H, Boiteau L, et al. Prebiotic synthesis of sequential peptides on the Hadean beach by a molecular engine working with nitrogen oxides as energy sources. Polymer International, 2002, 51(7): 661-665.

[57] Leman L, Orgel L, Ghadiri M R. Carbonyl Sulfide-Mediated Prebiotic Formation of Peptides. Science, 2004, 306(5694): 283-286.

[58] Pascal R, Boiteau L, Commeyras A. From the Prebiotic Synthesis of α-Amino Acids Towards a Primitive Translation Apparatus for the Synthesis of Peptides. Springer Berlin Heidelberg, 2005: 69-122.

[59] Pascal R, Boiteau L, Commeyras A. From the Prebiotic Synthesis of α-Amino Acids Towards a Primitive Translation Apparatus for the Synthesis of Peptides. Topics in Current Chemistry, 2005, 259(3): 69-122.

[60] Danger G, Plasson R, Pascal R. Pathways for the formation and evolution of peptides in prebiotic environments. Chem Soc Rev, 2012, 41(16): 5416-5429.

[61] Ying J, Lin R, Xu P, et al. Prebiotic formation of cyclic dipeptides under potentially early Earth conditions. Scientific Reports, 2018, 8: 936.

[62] Nagayama M, Takaoka O, inomata K, et al. Diketopiperazine-mediated peptide formation in aqueous solution. Origins of Life and Evolution of the Biospheres, 1990, 20(3-4): 249-257.

[63] Jayatilake G S, Thornton M P, Leonard A C, et al. Metabolites from an Antarctic sponge-associated bacterium, Pseudomonas aeruginosa. Journal of Natural Products, 1996, 59(3): 293-296.

[64] Ström K, Sjögren J, Broberg A, et al. Lactobacillus plantarum MiLAB 393 produces the antifungal cyclic dipeptides cyclo (Phe-Pro) and cyclo (Phe-trans-4-OH-Pro) and 3-phenyllactic acid. Applied and Environmental Microbiology, 2002, 68(9): 4322-4327.

[65] Li Y, Li X, Kim S -K, et al. Golmaenone, a new diketopiperazine alkaloid from the marine-derived

fungus Aspergillus sp. Chemical and Pharmaceutical Bulletin, 2004, 52(3): 375-376.

[66] Xing J, Yang Z, Lv B, et al. Rapid screening for cyclo-dopa and diketopiperazine alkaloids in crude extracts of Portulaca oleracea L. using liquid chromatography/tandem mass spectrometry. Rapid Communications in Mass Spectrometry, 2008, 22(9): 1415-1422.

[67] Vergne C, Boury-Esnault N, Perez T, et al. Verpacamides AD, a Sequence of C11N5 Diketopiperazines Relating Cyclo (Pro-Pro) to Cyclo (Pro-Arg), from the Marine Sponge Axinella v aceleti: Possible Biogenetic Precursors of Pyrrole-2-aminoimidazole Alkaloids. Organic Letters, 2006, 8(11): 2421-2424.

[68] Prasad C, Mori M, Wilber J F, et al. Distribution and metabolism of cyclo (His-Pro): a new member of the neuropeptide family. Peptides, 1982, 3(3): 591-598.

[69] Zhou X, Fang P, Tang J, et al. A novel cyclic dipeptide from deep marine-derived fungus Aspergillus sp. SCSIOW2. Natural Product Research, 2016, 30(1): 52-57.

[70] Zhen X, Gong T, Liu F, et al. A new analogue of echinomycin and a new cyclic dipeptide from a marine-derived Streptomyces sp. LS298. Marine Drugs, 2015, 13(11): 6947-6961.

[71] Shimoyama A, Ogasawara R. Dipeptides and Diketopiperazines in the Yamato-791198 and Murchison Carbonaceous Chondrites. Origins of Life and Evolution of the Biospheres, 2002, 32(2): 165-179.

[72] Steinberg S M, Bada J L. Peptide decomposition in the neutral pH region via the formation of diketopiperazines. Journal of Organic Chemistry, 1983, 14(48): 2295-2298.

[73] Sinha S, Srivastava R, Clercq E De, et al. Synthesis and antiviral properties of arabino and ribonucleosides of 1, 3-dideazaadenine, 4-nitro-1, 3-dideazaadenine and diketopiperazine. *Nucleosides,* Nucleotides and Nucleic Acids, 2004, 23(12): 1815-1824.

[74] Hirano S, Ichikawa S, Matsuda A. Design and synthesis of diketopiperazine and acyclic analogs related to the caprazamycins and liposidomycins as potential antibacterial agents. Bioorganic and Medicinal Chemistry, 2008, 16(1): 428-436.

[75] van der Merwe E, Huang D, Peterson D, et al. The synthesis and anticancer activity of selected diketopiperazines. Peptides, 2008, 29(8): 1305-1311.

[76] Liu R, Kim A H, Kwak M -K, et al. Proline-based cyclic dipeptides from Korean fermented vegetable kimchi and from Leuconostoc mesenteroides LBP-K06 have activities against multidrug-resistant bacteria. Frontiers in Microbiology, 2017, 8: 214633.

[77] Borthwick A D. 2,5-Diketopiperazines: Synthesis, Reactions, Medicinal Chemistry, and Bioactive Natural Products. Chem Rev, 2012, 112(7): 3641-3716.

[78] 王文清. 三氢化磷，甲烷，氮与水混合物的前生物合成——PH_3 在化学进化中作用. 科学通报，1984, 29(21): 1344.

[79] Altwegg K, Balsiger H, Bar-Nun A, et al. Prebiotic chemicals—amino acid and phosphorus—in the coma of comet 67P/Churyumov-Gerasimenko. Science Advances, 2016, 2(5): e1600285.

[80] Rabinowitz J, Flores J, Kresbach R, et al. Peptide formation in the presence of linear or cyclic polyphosphates. Nature, 1969, 224(5221): 795-796.

[81] Yamanaka Y, Watanabe H, Saitoh M, et al. Volcanic production of polyphosphates and its relevance to prebiotic evolution. Nature, 1991, 352(6335): 516-519.

[82] Rabiinowitz J. Peptide and Amide Bond Formation in Aqueous Solutions of Cyclie or Linear Polyphosphates as a Possible Prebiotic Process. Helvetica Chimica Acta. 1970, 53: 1350-1355.

[83] Yamanaka J, Inomata K, Yamagata Y. Condensation of oligoglycines with trimeta-and tetrametaphosphate in aqueous solutions. Origins of Life and Evolution of the Biospheres, 1988, 18(3): 165-178.

[84] Hill A, Orgel L E. Trimetaphosphate-induced addition of aspartic acid to oligo (glutamic acid)s. Helvetica Chimica Acta, 2002, 85: 4244-4251.

[85] Sibilska I, Chen B, Li L, et al. Effects of trimetaphosphate on abiotic formation and hydrolysis of peptides. Life (Basel), 2017, 7(4): 50.

[86] Sibilska I, Feng Y, Li L, et al. Trimetaphosphate activates prebiotic peptide synthesis across a wide range of temperature and pH. Origins of Life and Evolution of Biospheres, 2018, 48(3): 277-287.

[87] Ying J, Fu S, Li X, et al. A plausible model correlates prebiotic peptide synthesis with the primordial genetic code. Chemical Communications, 2018, 54: 8598-8601.

[88] Fu H, Li Z, Zhao Z, et al., Oligomerization of N,O-Bis(trimethylsilyl)-α-amino Acids into Peptides Mediated by o-Phenylene Phosphorochloridate. Journal of the American Chemical Society, 1999, 121(2): 291-295.

[89] Ni F, Fu C, Gao X, et al. N-phosphoryl amino acid models for P-N bonds in prebiotic chemical evolution. Science China Chemistry, 2015, 58(3): 374-382.

4

氨基酸－磷酸混合酸酐的形成及其反应

4.1 连续性原则
4.2 氨基酸－磷酸混合酸酐的前生源合成
4.3 氨基酸核酸酯或核苷酸酯的前生源合成
4.4 氨基酸与核苷酸的同时活化
4.5 RNA 世界假说与蛋白质－核酸共起源

4.1
连续性原则

生命起源领域的先驱奥吉尔(Leslie Orgel)在1968年提出了生命起源的过程应遵守"连续性原则(principle of continuity)",即"生命起源的每一个阶段都要从上一阶段平稳过渡过来"[1]。而根据这一原则,在研究生命起源的过程中,可以通过研究现代生物体内的化学反应及其规律反向推演出生命起源的过程。这一研究方式被称为自上而下(top-down)的研究。另一种研究方式则是从古老的地质学证据入手,通过对地球的物质组成、各圈层间的相互作用及演变历史等研究来了解远古地球的地质形态。基于这些地质学证据可以模拟原始地球的环境,并且研究在这些原始环境条件下可能发生的与生命起源相关的化学反应,从而得到和现代生命的相关产物,进而一步步得到原始生命直到生命起源。这一研究方式被称为自下而上(bottom-up)的研究。

在现代生命体中,有三种最核心的化学物质:核酸、蛋白质以及脂类。核酸具有编码遗传信息的功能,其可以通过复制将遗传信息传递到下一代。蛋白质具有催化反应、参与细胞调控等功能,可以帮助复制核酸以及表达基因信息。而脂类是形成膜结构的必需物质,使得生命体可以区分外界及自身,且生物体内的化学反应大部分都是在由脂类形成的细胞结构内部发生的。分子生物学中心法则(central dogma of molecular biology)解释了生命是如何利用核酸和蛋白质进行复制及进化的。脱氧核糖核酸(DNA)作为遗传信息的载体储存在细胞核内,之后将脱氧核糖核酸中的遗传信息转录成核糖核酸(RNA),在核糖体中核糖核酸可以指导编码蛋白质的合成。这样由脱氧核糖核酸到核糖核酸再到蛋白质的过程被称为分子生物学中心法则。蛋白质的生物合成过程是在细胞的核糖体（ribosome）中进行的。核糖体利用氨基酸-转运核糖核酸酯（氨酰-tRNA，aminoacyl-tRNA，或 aa-tRNA）合成肽链。而氨酰-tRNA 的生物合成过程则分为以下三个步骤：①在氨酰-tRNA 合成酶（aminoacyl tRNA synthetase）的作用下，三磷酸腺苷（ATP）与相对应的氨基酸（或其前体）结合形成氨酰磷酸腺苷（也称作氨基酸-磷酸混合酸酐或者氨酰腺苷酸）并释放出一分子焦磷酸盐（PPi）。②酶与氨酰磷酸腺苷的复合物再与正确的转运核糖核酸（tRNA）分子结合，并催化氨基酸从氨酰磷酸腺苷迁移到转运核糖核酸（tRNA）3′端最后一个碱基的 2′- 或者 3′- 羟基上形成氨酰-tRNA。③在一些校正机制的作用下，正确的氨酰-tRNA 会被载入核糖体中进行肽链的合成。在这一套连续的反应过程中，里面有两个重要的反应中间体——氨基酸-磷酸混合酸酐以及氨基酸-转运核糖核酸酯（图 4-1）。在生物体内，由于有酶的存在，因此这些反应中间体可以持续生成且被继续利用。而在前生源阶段，虽然并没有酶对这些反应进行调控，但是根据连续性原则，这两个重要的中间体在生命起源的某一个阶段可以被合成出来，并且被其他反应所利用。

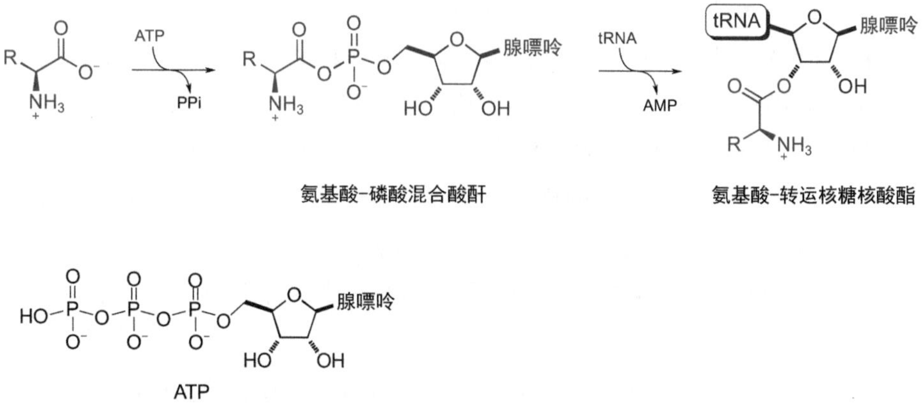

图 4-1 生物体内氨基酸的活化过程

4.2
氨基酸-磷酸混合酸酐的前生源合成

氨基酸与核苷酸(由于是和核苷酸的磷酸发生反应,因此以下用磷酸代指核苷酸)形成混合酸酐的过程是一个脱水过程,而这一反应不会自发进行,只有在活化试剂存在的条件下才可以发生。首先由氨基酸或磷酸和活化试剂进行反应,得到一个高能量的活化中间体,这一过程被称为"氨基酸活化"或"磷酸活化"[2]。之后另一分子未被活化的磷酸或氨基酸再和这个中间体进行反应,从而得到氨基酸-磷酸混合酸酐(图4-2)。这个混合酸酐依然是一个高能量化合物,因此可以继续发生其他反应。以酪氨酰磷酸腺苷(Tyr-AMP)为例,其水解为酪氨酸和5′-磷酸腺苷(adenosine 5′-monophosphate, 5′-AMP),这一反应的标准吉布斯自由能大约为 −70kJ/mol。这一重要的中间体在生命体中由于有氨酰-tRNA合成酶的帮助,才可以生成并且稳定下来。而这一中间体可以继续在氨酰-tRNA合成酶的作用下将氨基酸装载到正确的tRNA上,从而可以继续在核糖体中编码蛋白质的合成。在生物体内,氨基酸-磷酸混合酸酐是氨基酸与ATP(磷酸活化中间体)在氨酰-tRNA合成酶的催化下反应得到的,即图4-2中的磷酸活化路径,其中X为无机焦磷酸。在非酶条件下,ATP与氨基酸反应生成氨基酸-磷酸混合酸酐的平衡常数仅有 3.5×10^{-7}。动力学数据表明氨基酸与ATP生成混合酸酐这一反应不易发生。

另一个磷酸核苷的活化中间体——咪唑基磷酸核苷被广泛用于核苷酸聚合化学[3]。这是因为在中性和碱性条件下,咪唑基磷酸的稳定性很好,因此可以作为一个可长期储存的核苷酸活化中间体存在于原始地球条件下。虽然咪唑基磷酸可以用于核苷酸低聚化反应以及非酶条件下的核糖核酸复制,但却无法和氨基酸形成混合酸酐。这是因为水中的游离咪唑可以催化混合酸酐的水解，以及分子内氨基酸迁移反应（具体讨论见 4.3 节）[4]。此外咪唑基磷酸可以和未活化的核苷酸形成二核苷焦磷酸（图 4-3）。而二核苷焦磷酸则是一个更为稳定的化合物，无法与氨基酸进行反应 [2]。因此，在早期地球条件下混合酸酐可能不是以磷酸活化路径所合成的。与此相对应的是，有实验证据表明通过氨基酸活化路径所进行的前生源混合酸酐合成是可行的。由于氨基酸活化比磷酸活化更为复杂，因此这里先讨论氨基酸及其衍生物是如何被活化的。

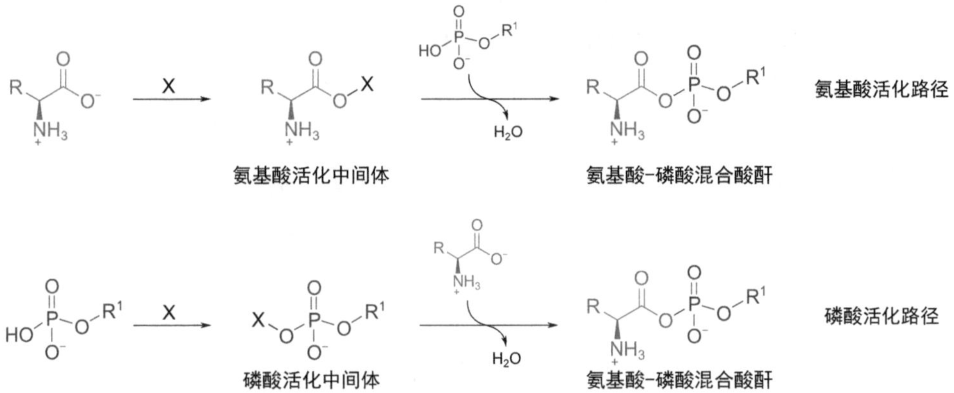

图 4-2　通过氨基酸活化或磷酸活化得到氨基酸－磷酸混合酸酐的过程

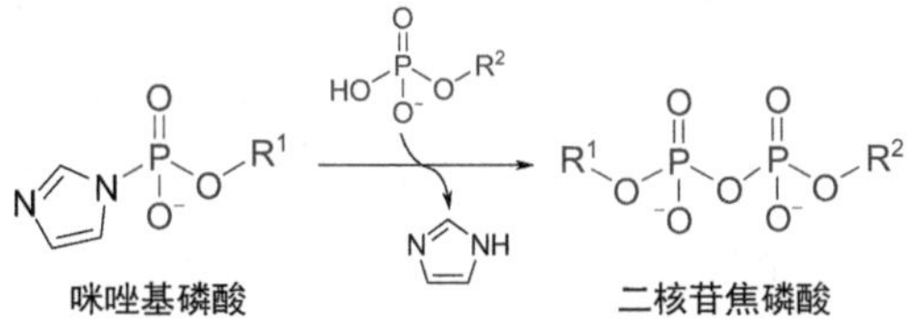

图 4-3　二核苷焦磷酸通过咪唑基磷酸形成的过程

4.2.1　氨基酸及其衍生物的前生源活化

化学活化反应是由反应底物与活化试剂发生亲核反应从而形成一个

高能量活化中间体的一个化学反应。因此，氨基酸或其衍生物与活化试剂反应之后得到了活化中间体这一过程被称为氨基酸活化。在生物体内绝大多数氨基酸为 α- 氨基酸，因此在无特殊说明的情况下，仅讨论 α- 氨基酸及其衍生物的活化，在讨论时以氨基酸代替 α- 氨基酸。氨基酸的羧基和氨基连到同一个碳原子上，且在中性和酸性溶液中氨基以质子化氨基的形式存在。由于质子化的氨基是一个强吸电子基团，这导致氨基酸的一级解离常数，即羧基的解离常数（pK_{a1}）在 1.7～2.7。这一数值远低于一般脂肪酸的 pK_a（3.7～5.0）。氨基酸的这一特点导致其羧基的亲核性远低于一般的脂肪酸，因此极难与活化试剂发生反应从而达到氨基酸活化这一目的。但是氨基酸衍生物，如乙酰氨基酸或者多肽，由于氨基上连有一个羰基，使得该氨基在水溶液中不再带有正电荷，因此其吸电子的诱导效应有所减弱。相比于氨基酸，氨基酸衍生物的 pK_{a1} 提升至 3 左右，大大增强了其亲核进攻能力，使得氨基酸衍生物较容易被活化。

虽然没有试剂可以直接和氨基酸的羧基反应进行氨基酸活化，但通过与其氨基的反应依然可以进行氨基酸活化。有报道称利用羰基硫（COS）和氧化剂（例如：铁氰化物）可以将氨基酸活化成为 N- 羧基环内酰胺（图 4-4）[5,6]。这一反应首先是氨基酸的氨基加成到羰基硫上，接下来巯基被氧化二聚形成二硫键，之后发生分子内环化反应得到 N- 羧基环内酰胺。在这一反应过程中，氨基酸的氨基与羰基硫加成之后得到的产物使得氨基酸的羧基 pK_{a1} 得以提升，这使得其亲核性加强。且最后一步环化反应是一个形成五元环的分子内反应，也使得这个反应十分容易发生。另外，当巯基被氧化形成二硫键之后，二硫化合物变为一个极好的离去基团，当羧基进攻羰基的时候，二硫化合物离去，最终得到 N- 羧基环内酰胺。虽然可以在火山喷发的过程中检测到羰基硫的存在，但并没有确切证据证明羰基硫可以在早期地球环境下大量存在。但这一反应是唯一可以活化氨基酸的可能前生源反应。这个反应的优点是羰基硫会选择性地和 α- 氨基酸进行反应生成 N- 羧基环内酰胺，因为只有 α- 氨基酸在最后一步环化之后得到的才是较为稳定的也较为容易生成的五元环产物。但是由于 N- 羧基环内酰胺的反应活性极高，除了可以和磷酸反应以外，最大的副反应就是自聚形成低聚肽。虽然 N- 羧基环内酰胺存在自聚的问题，但它依然是一个氨基酸活化中间体，并且可以和核苷酸进行反应生成混合酸酐（见 4.2.2 节）。

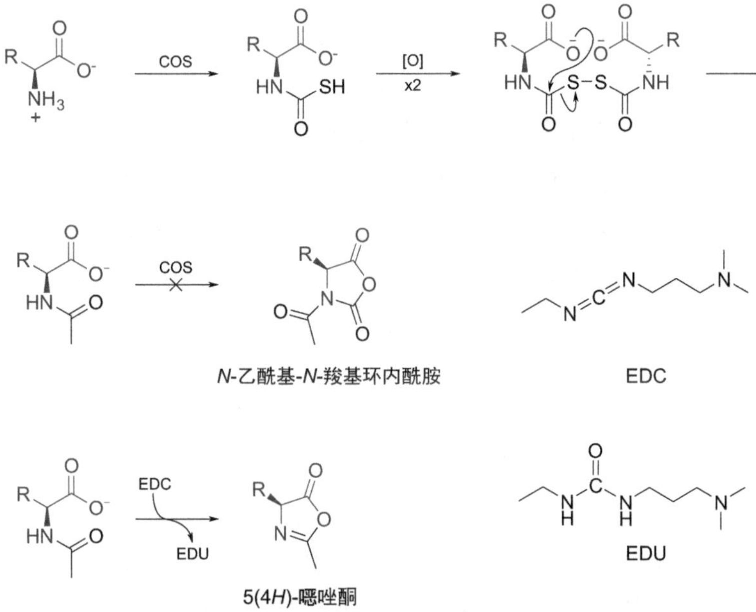

图 4-4 前生源化学形成 N- 羧基环内酰胺以及 5(4H)- 噁唑酮的过程

  N- 羧基环内酰胺会聚合生成寡肽是因为它在水中可以迅速水解生成氨基酸，而氨基酸的氨基会和未水解的 N- 羧基环内酰胺发生反应从而使得氨基酸沿氮端延长，最终生成寡肽。这个反应可以在几分钟内结束，将所有的 N- 羧基环内酰胺全部消耗，并且得到不同长度的寡肽沉淀。由于这种寡肽是随机聚合的产物，而随机聚合生成的寡肽很难像编码肽链一样具有一定的功能，并且寡肽的溶解度随着长度的延长而下降，因此在化学演化过程中需要尽量减少随机聚合反应的发生。为了抑制随机聚合，可以将氨基酸的氨基用其他基团（如乙酰基）进行保护，减弱它的反应活性，从而无法发生聚合反应，并且乙酰氨基酸也可以作为一个模型分子来研究多肽碳端的化学反应。但是由于乙酰氨基酸的氨基被保护，其无法和羰基硫发生反应，因而无法用羰基硫来活化乙酰氨基酸或者多肽（图 4-4）。由于羰基硫活化反应的局限性，因此还要找到其他前生源活化试剂，这一部分并不在本书的讨论范围之内。值得一提的是，氨基腈（cyanamide）和甲基异腈（methyl isonitrile）[3] 被认为是可以在早期地球条件下可能存在的化合物。由于氨基腈在水溶液中有极少量的碳二亚胺异构体，因此氨基腈有可能作为前生源化学的活化试剂。但由于在没有金属催化剂的情况下，用氨基腈作为活化试剂的反应速率极慢[7]，因此利用氨基腈做研究是十分不方便的。为了研究上的方便，人们利用其他碳二亚胺作为模型试剂来研究氨基酸及其衍生物的活化。而甲基异腈是近年来发现的可以在早期地球环境下合成出来的活化试剂[3]。由于两者在氨基酸活化上的机理十分接近，因此在讨论中以碳二亚胺活化氨基酸的反应为主。

在化学合成上，含有碳二亚胺基团的化合物是一个非常常用的脱水试剂，同时也是羧基的活化试剂，如 N,N'-二环己基碳二亚胺（DCC）或 1-乙基-(3-二甲基氨基丙基)碳二亚胺（EDC）。在多肽的化学合成上，首先用叔丁氧羰基或苄氧羰基保护上游氨基酸的氨基，用酯类保护下游氨基酸的羧基，其他可能有副反应的侧链也用不同的保护基团保护起来。然后在有机溶剂中将两个反应原料用 N,N'-二环己基碳二亚胺处理，使得上游氨基酸的羧基和下游氨基酸的氨基发生脱水缩合反应生成肽键。而 N,N'-二环己基碳二亚胺会以二环己基脲（DCU）的形式沉淀，被除去。最后脱除各种保护基团从而得到目标多肽。由于 N,N'-二环己基碳二亚胺无法在水中溶解，所以在水中无法利用 N,N'-二环己基碳二亚胺活化羧基。因而在工业合成上开发了 EDC 这种水溶性的碳二亚胺，以方便在水中发生羧基活化反应。而在生命起源领域，水作为主要溶剂，可以利用 EDC 作为模型试剂来研究水中氨基保护的氨基酸活化。如果非保护的氨基酸与磷酸在水中用 EDC 作为活化试剂反应，则会得到氨基酸与磷酸的另一种加成产物——N-磷酸化氨基酸。有关这一部分的内容将在第五章中详细讨论。

由之前的讨论可知，乙酰氨基酸的氨基由于被乙酰基保护，因此没有反应活性，并且羧基的亲核能力得到了提升。因此，在溶液中，乙酰氨基酸可以被 EDC 活化，得到的产物是氨基酸的 5(4H)-噁唑酮衍生物，以下简称 5(4H)-噁唑酮 [5(4H)-oxazolone，图 4-4]。5(4H)-噁唑酮在水解后得到乙酰氨基酸，而由于氨基被乙酰基所保护，因此 5(4H)-噁唑酮不会发生自聚反应。在水中，5(4H)-噁唑酮存在一个噁唑酮式与羟基噁唑式的平衡（图 4-5），当这个平衡从 5-羟基噁唑回到 5(4H)-噁唑酮时，氨基酸 α-碳的手性可能发生改变。虽然并不会直接检测到 5-羟基噁唑，但通过对水解后乙酰氨基酸的手性检测可以证明这个反应发生过。并且如果在重水（D_2O）中利用 1-乙基-(3-二甲基氨基丙基)碳二亚胺或甲基异腈反复活化乙酰氨基酸，可以检测到 α-氘代乙酰氨基酸（图 4-5），从而也证明这个反应发生过[2]。而通过对这两个反应产物的检测也可以证明乙酰氨基酸被活化了。如果将乙酰氨基酸与氨基氰在重水中加热（80℃）一段时间，可以检测到 α-氘代乙酰氨基酸，这也证明了氨基氰可以作为前生源化学的活化试剂[8]。因此，利用碳二亚胺 [如 1-乙基-(3-二甲基氨基丙基)碳二亚胺等] 作为模型试剂来研究氨基酸及其衍生物的活化是合理的。

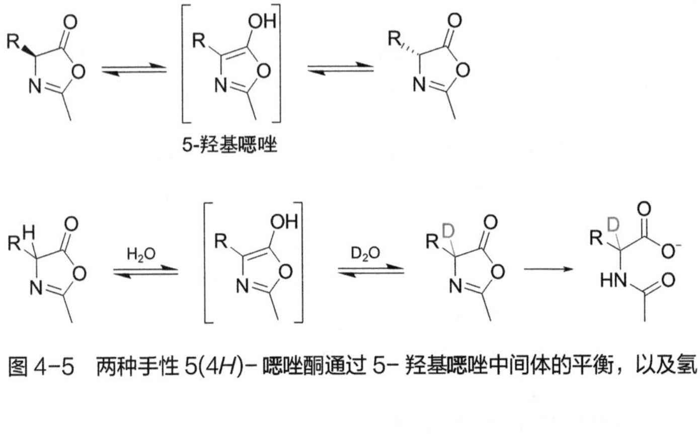

图 4-5　两种手性 5(4H)-噁唑酮通过 5-羟基噁唑中间体的平衡，以及氢-氘交换反应

4.2.2　5′- 磷酸核苷酸与 N- 羧基环内酰胺的反应及混合酸酐稳定性 [9]

　　核糖核苷酸与脱氧核糖核苷酸上的磷酸可以与 N- 羧基环内酰胺高效率反应生成氨基酸 - 磷酸混合酸酐，并且释放一分子二氧化碳。由于氨基酸的氨基和二氧化碳可以发生加成反应生成 N- 羧基氨基酸，因此氨基酸 - 磷酸混合酸酐也可以和二氧化碳发生加成反应生成 N- 羧基氨基酸 - 磷酸混合酸酐 (图 4-6)。这个中间产物既可以脱去二氧化碳生成氨基酸 - 磷酸混合酸酐，又可以发生环化反应生成 N- 羧基环内酰胺和磷酸。因此，N- 羧基环内酰胺与磷酸的反应在二氧化碳存在的条件下是一个可逆反应。由于 N- 羧基环内酰胺水解或聚合之后生成的氨基酸及多肽更为稳定，因此这个可逆反应在二氧化碳存在的条件下倾向于生成氨基酸及多肽。由于在早期地球环境下，二氧化碳的浓度是比较高的，它可以加速混合酸酐的水解，并且能够得到大量的寡肽。因此，氨基酸 - 磷酸混合酸酐在前生源条件下很难累积以及被后续反应所利用。根据 4.2.1 节的讨论我们知道，氨基酸的前生源活化是极为困难的，也并没有很好的活化试剂可以直接活化氨基酸。即便可以利用羰基硫将氨基酸活化生成 N- 羧基环内酰胺，但也无法控制 N- 羧基环内酰胺的随机聚合。另外，在早期地球的高浓度二氧化碳存在的条件下，氨基酸 - 磷酸混合酸酐会迅速被二氧化碳分解生成 N- 羧基环内酰胺以及磷酸，因此该混合酸酐无法在前生源条件下储存以及利用。另外根据奥吉尔的连续性原则，现代生物在酶的帮助下才可以利用氨基酸 - 磷酸混合酸酐作为中间体来进行编码蛋白质的合成，因此氨基酸 - 磷酸混合酸酐可以作为酶出现后的一个重要中

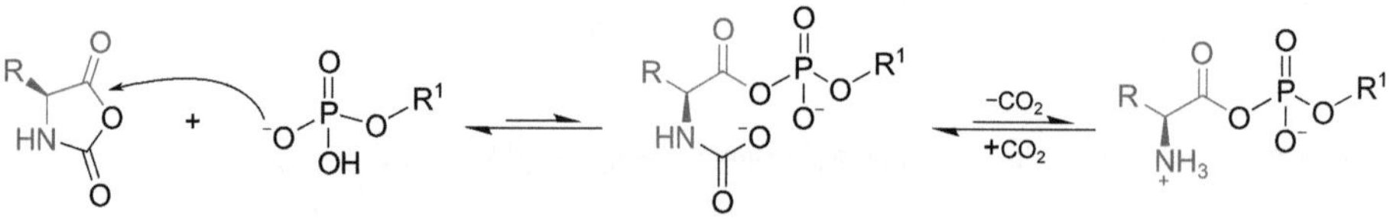

N-羧基氨基酸-磷酸混合酸酐

图 4-6　N- 羧基环内酰胺与磷酸根生成氨基酸 – 磷酸混合酸酐的过程，以及二氧化碳可加速混合酸酐水解

间体进行编码蛋白质的合成。然而在功能性酶出现之前，氨基裸露的氨基酸-磷酸混合酸酐不太可能大量存在于原始地球环境中。

4.2.3 5′-磷酸核苷酸与5(4H)-噁唑酮的反应及手性选择性

5(4H)-噁唑酮作为乙酰氨基酸或者多肽碳端活化的产物，可以和核糖核苷酸以及脱氧核糖核苷酸的磷酸进行反应，从而得到乙酰氨基酸-磷酸混合酸酐或多肽-磷酸混合酸酐(图4-7，以二肽为例)。由于乙酰氨基酸-磷酸混合酸酐中的氨基已经被乙酰基保护，因此这个氨基无法和二氧化碳进行反应。也就是说，该混合酸酐的稳定性不会受到环境中二氧化碳浓度的影响。虽然多肽的氮端是未保护的氨基，可以和二氧化碳进行反应，得到N-羧基多肽-磷酸混合酸酐，但由于无法形成五元环状化合物(N-羧基环内酰胺类似物)，因此二氧化碳也无法加快这一类混合酸酐的水解(图4-7)。即便如此，由于多肽的氨基是未保护的，依然会存在很多其他副反应。为了方便讨论，本节以乙酰氨基酸为模型试剂进行讨论。除此之外，乙酰氨基酸-核酸混合酸酐的稳定性与核酸的长度有关。研究表明，乙酰氨基酸-二核苷酸混合酸酐的稳定性是乙酰氨基酸-单核苷酸混合酸酐的两倍。由此可以得出，如果在核酸的5′-磷酸端装载一个乙酰氨基酸，那么这个混合酸酐的稳定性会更好。

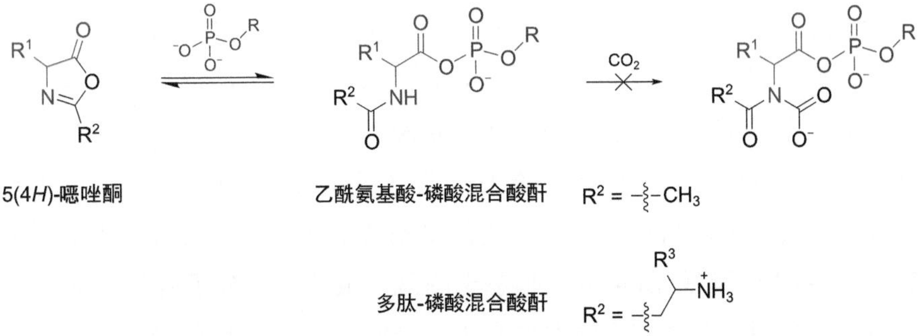

图4-7 5(4H)-噁唑酮与磷酸反应生成混合酸酐，以及混合酸酐和二氧化碳的反应

在之前的讨论中我们知道，当乙酰氨基酸被活化成 5(4H)- 噁唑酮时，由于其在水中存在一个平衡，其水解或发生加成反应后得到的乙酰氨基酸及其衍生物的手性可能发生改变。而核苷酸的糖骨架上有很多手性中心，这也使得 5(4H)- 噁唑酮与核苷酸的反应有潜在的手性选择性。由于直接连接磷酸的核苷酸 5′- 碳并不是一个手性碳，且磷酸与手性 4′- 碳的距离过远，因此 5(4H)- 噁唑酮与核苷酸反应形成混合酸酐时并没有明显的手性选择性[10]。在现代生物体中，混合酸酐的合成是为了将氨基酸或其衍生物装载到 tRNA 的 2′- 或 3′- 羟基上，从而为合成编码蛋白质做准备。在前生源条件下，如果能够通过类似的步骤从混合酸酐合成 2′- 或 3′- 核苷酸酯或核酸酯，那么由于 2′- 或 3′- 羟基是直接连接在 2′- 或 3′- 手性碳上的羟基，因此从混合酸酐到核酸酯或核苷酸酯的这一步还可能存在手性选择性[11]。

4.3

氨基酸核酸酯或核苷酸酯的前生源合成

在生物体内，合成的氨酰磷酸腺苷可以进一步与 tRNA 反应，生成氨酰 -tRNA，后者可以进一步在核糖体内参与多肽合成。因此，以混合酸酐作为原料，在非酶条件下形成核苷酸酯或者核酸酯也是前生源化学进化的一个关键步骤。虽然氨基酸 - 磷酸混合酸酐在二氧化碳存在的条件下会迅速水解成 N- 羧基环内酰胺，但在没有二氧化碳且有咪唑催化的条件下，混合酸酐可以发生分子内的氨基酸迁移反应，从而生成氨基酸 2′- 或 3′- 核苷酸酯（图 4-8）。有意思的是，虽然这个分子内氨基酸迁移反应并不会使氨基酸的手性发生变化，但是 2′- 或 3′- 核苷酸酯的产率会根据氨基酸-磷酸混合酸酐中氨基酸的手性不同而不同。通过对比 L-氨基酸-磷酸混合酸酐与 D-氨基酸-磷酸混合酸酐的氨基酸分子内迁移量，发现 L-氨基酸的迁移量是 D-氨基酸的 4 倍[4]。虽然并没有一个十分可靠的氨基酸-磷酸混合酸酐的前生源合成路线，并且在早期地球二氧化碳浓度较高的条件下，生成的氨基酸-磷酸混合酸酐不会存在太长时间，但是这个分子内氨基酸迁移反应的 L 手性选择性依然是十分有趣的结果。因为如果在形成氨基酸核苷酸酯或氨基酸核酸酯的过程中存在手性选择性，那么就有可能解决生命起源过程中同手性起源这一问题。虽然未保护的氨基酸-磷酸混合酸酐可以发生分子内氨基酸迁移反应，但氨基被保护的混合酸酐，如乙酰氨基酸-磷酸混合酸酐却不能发生类似的分子内氨基酸迁移反应，生成乙酰氨基酸 2′- 或 3′-核苷酸酯。

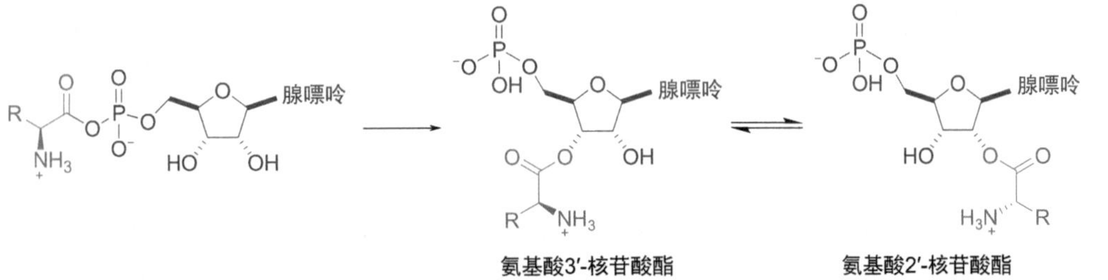

图 4-8　混合酸酐通过分子内氨基酸迁移反应生成氨基酸 2′- 或 3′- 核苷酸酯

利用核糖核酸作为模板，在相对应的缺口核糖核酸的磷酸上装载氨基酸或乙酰氨基酸，这个氨基酸(aa)或乙酰氨基酸(Ac-aa)可以迁移到缺口核糖核酸的上游 3′-羟基上形成氨基酸-或乙酰氨基酸-核酸酯（图 4-9）。并且这个反应对氨基酸的手性也有一定的选择性。有意思的是，这个反应使得 L-氨基酸的迁移量也是 D-氨基酸的 4 倍。另外值得注意的是，如果使用 L-核糖作为核糖骨架来重复这个反应，那么对于氨基酸手性的选择则变为 D-氨基酸的迁移量是 L-氨基酸的 4 倍。因此，如果核苷酸的手性能在前生源合成核苷酸的时候固定下来，那么在这个时候就可以将氨基酸的手性选择出来并且固定下来，达到均一手性的结果[12,13]。

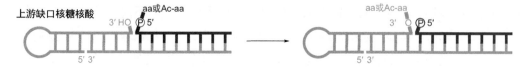

图 4-9　利用缺口核糖核酸将混合酸酐中氨基酸或其衍生物迁移生成 2′- 或 3′- 核酸酯（彩图 3）

在之前的讨论中，氨基酸核苷酸酯或氨基酸核酸酯都是通过氨基酸-磷酸混合酸酐作为起始原料得来的。N- 羧基环内酰胺以及 5(4H)- 噁唑酮分别作为氨基酸以及乙酰氨基酸的活化产物，可以和磷酸形成混合酸酐。由于这些反应可以自发进行，那么从能量的角度来看，N- 羧基环内酰胺以及 5(4H)- 噁唑酮的能量高于混合酸酐的能量，而混合酸酐的能量高于酯的能量，因此 N- 羧基环内酰胺以及 5(4H)- 噁唑酮有可能直接和核苷酸的羟基反应生成酯。但由于 N- 羧基环内酰胺以及 5(4H)- 噁唑酮两者的反应机理有所不同（图 4-10），所以导致 N- 羧基环内酰胺不与核苷酸的 2′- 或 3′- 羟基反应，而 5(4H)- 噁唑酮可以与核苷酸的 2′- 或 3′- 羟基反应生成酯。具体的反应机理如下：这两者与亲核试剂（Nu⁻，磷酸或核苷酸的 2′- 或 3′- 羟基）反应之后会分别得到两个结构类似的中间体。但是，这两个中间体离去基团的 pK_a 差异，导致这两个中间体接下来的反应过程不同。当 N- 羧基环内酰胺与亲核试剂反应得到的中间体有离去基团离去时，胺甲酸负离子（pK_a<5）作为一个极好的离去基团会直接离去，之后释放一分子二氧化碳，从而得到氨基酸与亲核试剂的加成产物。但由于核苷酸 2′- 或 3′- 羟基的亲核能力不强，而第一步的亲核进攻又是决速步，因此 N- 羧基环内酰胺只能与磷酸反应得到混合酸酐，并不能与 2′- 或 3′- 羟基直接反应得到氨基酸酯。但是 5(4H)- 噁唑酮与亲核试剂反应得到的中间体无法直接离去酰胺负离子（pK_a>14），因此这个反应第一步的亲核进攻并不是决速步。这个中间体需要一个酸催化的过程，使得离去基团从酰胺负离子变为酰胺，而酸催化之后的离去反应是一个快速反应。也就是说，亲核试剂与 5(4H)- 噁唑酮的反应并不只取决于亲核试剂的强弱，还需要一个酸催化的过程。而核苷酸的 2′- 和 3′- 羟基恰好是一个非常好的组合，其中一个羟基作为亲核试剂去进攻 5(4H)- 噁唑酮，而其邻位的羟基作为酸来提供酸催化所需的质子。虽然其亲核性比磷酸差，但由于亲核进攻这一步并不是决速步，且在整个反应过程中需要一个酸催化的步骤，因此羟基还是可以直接和 5(4H)- 噁唑酮反应得到酯。同样的反应如果用脱氧核糖核苷酸作为反应原料则不会发生乙酰氨基酸酯化反应，是因为没有邻位羟基作为酸来提供质子。这一酸催化的反应机理对于磷酸不会有太大的影响，因为第一步的亲核加成是一个可逆反应，由于磷酸具有较强的亲核能力，这个反应倾向于得到加成中间体。而水中的其他分子，如另外一个磷酸可以充当酸催化反应的催化剂，提供所需要的质子以完成反应[11]。

由于核苷酸的 2′- 及 3′- 羟基连接在手性碳上面，因此 5(4H)- 噁唑酮与核苷酸 2′- 及 3′- 羟基的反应对乙酰氨基酸的手性有一定的选择性，并且生成 2′- 或 3′- 核苷酸酯的量也是不同的。研究表明，3′- 核苷酸酯的总量是 2′- 核苷酸酯的 1.5 倍，且 L- 乙酰氨基酸倾向于形成 3′- 核苷酸酯，而 D- 乙酰氨基酸倾向于形成 2′- 核苷酸酯[10]。在生物体内，合成蛋白质的过程中，核糖体 P 位形成的肽酰转运核糖核酸的酯键就是连接在转运核糖核酸的 3′- 羟基上的，并且生物体内用来合成编码蛋白质的氨基酸基本都是 L- 氨基酸。而前生源条件下从 5(4H)- 噁唑酮与核苷酸形成乙酰氨基酸核苷酸酯也是以 L- 乙酰氨基酸 -3′- 核苷酸酯作为主要产物。这一结果为生命的同手性起源也提供了有力的证据。

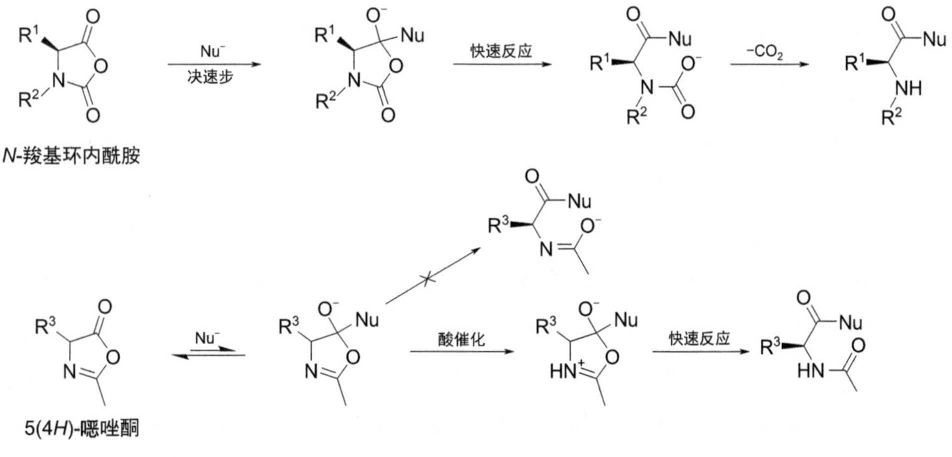

图 4-10　N- 羧基环内酰胺以及 5(4H)- 噁唑酮与亲核试剂（Nu⁻）的反应机理

4.4
氨基酸与核苷酸的同时活化

在之前的讨论中，我们知道氨基酸以及核苷酸可以分别被活化试剂所活化，并且能够形成氨基酸-核苷酸混合酸酐以及氨基酸-核苷酸酯。但在原始地球条件下，这些反应原料以及活化试剂极有可能同时存在于同一溶液中。因此，我们将不同种类的氨基酸、核苷酸、活化试剂以及催化剂同时加入溶液之中，研究这一复杂体系是否依然可以进行氨基酸以及核苷酸的活化以及后续反应[2]。在这一反应体系中，包含3′-磷酸腺苷、5′-磷酸腺苷、乙酰丙氨酸、甘氨酸、甲基异腈以及4,5-二氰基咪唑(4,5-dicyanoimidazole，DCI)。在酸性条件(pH = 4 或 5.2)下，3′-磷酸腺苷的磷酸可以被活化，生成2′,3′-环磷酸腺苷；乙酰丙氨酸可以被活化并且与3′-磷酸腺苷、5′-磷酸腺苷以及甘氨酸反应，分别生成2′-乙酰丙氨酰-3′-磷酸腺苷酯、乙酰丙氨酰-5′-磷酸腺苷混合酸酐以及乙酰丙氨酰甘氨酸。由于反应生成的乙酰丙氨酰甘氨酸依然可以被甲基异腈活化，因此在反应体系中我们还检测到了2′-乙酰丙氨酰甘氨酰-3′-磷酸腺苷酯、乙酰丙氨酰甘氨酰-5′-磷酸腺苷混合酸酐以及更长的多肽(图4-11)。其中，4,5-二氰基咪唑作为一个亲核催化剂，在这个体系中起到了重要的作用。如果这个体系内不包含4,5-二氰基咪唑，则氨基酸的活化反应速率会变慢，最终只得到磷酸活化的产物。

随后我们详细研究了pH值(3、4 和 5)对乙酰氨基酸与不同的氨基化合物(α-氨基酸、β-氨基酸、α-氨基酸二肽、α-氨基酰胺、氨基乙腈、氨水以及甲胺)缩合反应的影响。由于α-氨基酰胺的氨基解离常数为5.2，因此在酸性条件下，依然有很强的亲核性。所以在这些条件下，α-氨基酰胺依然可以很好地形成乙酰氨基酰胺。而其他氨基化合物的氨基都有很高的解离常数(高于7)，因此随着反应溶液的pH值降低，这些氨基化合物的反应活性都有所下降，但其中 α- 氨基酸并没有显著下降。这是由于 α- 氨基酸在这个反应过程中存在着一个不同的反应机理。如图 4-12 所示，当乙酰丙氨酸被活化之后，会与甘氨酸反应生成一个羧酸混合酸酐中间体，这个中间体会发生一个分子内的氧 - 氮酰基转移，生成乙酰丙氨酰甘氨酸。β- 氨基酸会发生类似的反应，这是由于发生氧 - 氮酰基转移时会形成一个六元环的中间体，而这一中间体并没有五元环中间体容易生成，因此 β- 氨基酸的反应效率并没有 α- 氨基酸好。且其他所有的氨基化合物都无法发生这一反应，因此在酸性条件下，水溶液中的多肽合成是对 α- 氨基酸有选择性的 [14]。

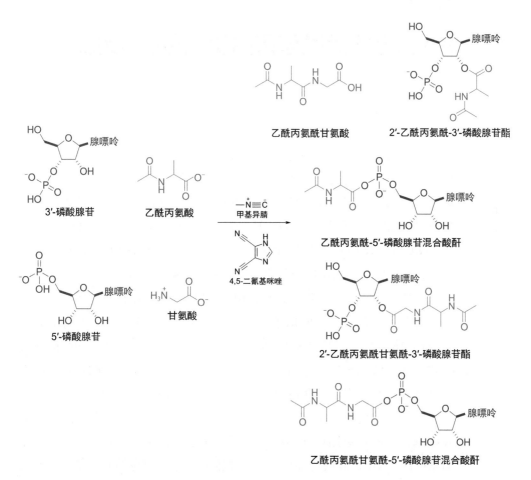

图 4-11 氨基酸和磷酸在同一条件下的同时活化反应

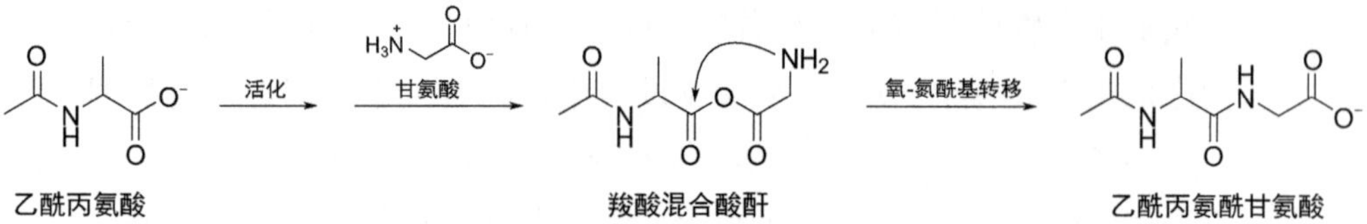

图 4-12 乙酰丙氨酸和甘氨酸通过分子内氧-氮酰基转移反应得到乙酰丙氨酰甘氨酸

4.5
RNA世界假说与蛋白质-核酸共起源

在生物体内都是以核酸作为遗传物质的载体来指导蛋白质的合成，但与此同时蛋白质作为酶可以调控核酸的合成以及一系列的生物化学反应。因此，这两者是相互依存的关系，缺一不可。由于人们发现核酸可以在一定情况下充当酶的角色，对生物化学反应有一定的调控性，因此提出了 RNA 世界假说。该假说认为在早期地球环境下先出现 RNA，并且 RNA 可以调控一系列的化学反应 [例如一些核酶 (ribozyme) 可以以 5(4H)- 噁唑酮为氨酰化试剂催化自身发生氨酰化反应][15]，之后再逐步引入氨基酸、蛋白质等物质。但是，RNA 世界假说里面有两个暂时无法解决的问题。一方面，当 RNA 自我复制的时候，随着 RNA 链长度的增长，将双链 RNA 分开变成两条单链 RNA 的难度就会增加。当 RNA 链的长度超过 25 个碱基的时候，由于过强的相互作用，几乎不可能在水溶液中将其分开。另一方面，在没有酶的作用下，以 RNA 为模板进行 RNA 复制的时候，每延长一个碱基都需要大量的咪唑基核苷酸，而如此巨量的咪唑基核苷酸在早期地球环境中能否存在也存在疑问。因此，缺乏蛋白质帮助的 RNA 世界假说存在一定的缺陷。与之相对应的假说是在生命起源初期，蛋白质与核酸两种物种应该一起出现，并且相互反应、共同演化。氨基酸与核苷酸的反应除了能够生成混合酸酐和酯这两种物质以外，这两种物质还可以以磷-氮键相连，形成 N- 磷酸化氨基酸。而这种重要的物质也可以在生命起源过程中发挥重要的作用[16,17]。

参考文献

[1] Orgel L E. Evolution of the genetic apparatus. J Mol Biol, 1968, 38: 381.

[2] Liu Z, Wu L-F, Xu J, et al. Harnessing chemical energy for the activation and joining of prebiotic building blocks. Nat Chem, 2020, 12: 1023.

[3] Mariani A, Russell D A, Javelle T, et al. A light-releasable potentially prebiotic nucleotide activating agent. J Am Chem Soc, 2018, 140: 8657.

[4] Wickramasinghe N S M D, Staves M P, Lacey Jr J C. Stereoselective, nonenzymatic, intramolecular transfer of amino acids. Biochemistry, 1991, 30: 2768.

[5] Leman L, Orgel L E, Ghadiri M R. Carbonyl sulfide-mediated prebiotic formation of peptides. Science, 2004, 306: 283.

[6] Leman L, Orgel L E, Ghadiri M R. Amino acid dependent formation of phosphate anhydrides in water mediated by carbonyl sulphide. J Am Chem Soc, 2006, 128: 20.

[7] Liu Z, Mariani A, Wu L, et al. Tuning the reactivity of nitriles using Cu(Ⅱ) catalysis – potentially prebiotic activation of nucleotides. Chem Sci, 2018, 9: 7053.

[8] Danger G, Michaut A, Bucchi M, et al. 5(4H)-Oxazolones as intermediates in the carbodiimide-and cyanamide-promoted peptide activations in aqueous solution. Angew Chem Int Ed, 2013, 52: 611.

[9] Liu Z, Beaufils D, Rossi J-C, et al. Evolutionary importance of the intramolecular pathways of hydrolysis of phosphate ester mixed anhydrides with amino acids and peptides. Sci Rep, 2014, 4: 7440.

[10] Liu Z, Rigger L, Rossi J-C, et al. Mixed anhydride intermediates in the reaction of 5(4H)-oxazolones with phosphate esters and nucleotides. Chem Eur J, 2016, 22: 14940.

[11] Liu Z, Hanson C, Ajram G, et al. 5(4H)-Oxazolones as effective aminoacylation reagents for the 3′-terminus of RNA. Synlett, 2017, 28: 73.

[12] Tamura K, Schimmel P R. Chiral-selective aminoacylation of an RNA minihelix. Science, 2004, 305: 1253.

[13] Tamura K, Schimmel P R, Chiral-selective aminoacylation of an RNA minihelix: mechanistic features and chiral suppression. Proc Natl Acad Sci USA, 2006, 103: 13750.

[14] Wu L-F, Liu Z, Sutherland J D. pH-Dependent peptide bond formation by the selective coupling of α-amino acids in water. Chem Commun, 2021, 57: 73.

[15] Pressman A D, Liu Z, Janzen E, et al. Mapping a systematic ribozyme fitness landscape reveals a frustrated evolutionary network for self-aminoacylating RNA. J Am Chem Soc, 2019, 141: 6213.

[16] Jauker M, Griesser H, Richert C. Spontaneous formation of RNA strands, peptidyl RNA, and cofactors. Angew Chem Int Ed, 2015, 54:14564.

[17] Liu Z, Ajram G, Rossi J-C, et al. The chemical likelihood of ribonucleotide-a-amino acid copolymers as players for early stages of evolution. J Mol Evol, 2019, 87: 83.

PH☉SPHORUS 磷科学前沿与技术丛书　　　　磷与生命起源

5

高能 P–N 键调控的核酸、蛋白质、膜的共起源

5.1 高能 P–N 键的化学特性及生物学意义
5.2 高能 P–N 键和蛋白质的化学起源与演化
5.3 高能 P–N 键与核酸、蛋白质共起源
5.4 *N*-磷酸化氨基酸与细胞膜起源

磷是不可替代的生命元素，对生命过程具有重要的生物学意义。*N*-磷酸化氨基酸（*N*-phosphoryl amino acids，*N*-PAAs）是一种微型活化酶，具有多种生化反应活性，因其高能 P-N 键的存在，可以生成多肽、寡聚核酸等前生源重要的生命物质，参与前生源的化学演化过程。碱性氨基酸残基侧链的氮磷酸化是生命过程中一种重要的蛋白质翻译后修饰。探讨 *N*-磷酸化氨基酸化学反应活性以及其可能的前生命起源途径，进而阐述它们和生物体中含有 P-N 键活性物质的联系，从而可以描绘出一个以高能 P-N 键为基本驱动力之一的原始细胞模型的演化假说。

5.1
高能P-N键的化学特性及生物学意义

1871 年，Charles Darwin 在给他的朋友 Joseph D. Hooker 的信中写道："… we could conceive in some warm little pond with all sorts of ammonia（氨）and phosphoric salts（磷酸盐），light（光），heat（热），electricity etc. present, that a protein compound was chemically formed…"[1]，认为磷与氮元素是蛋白质的前生源化学合成的物质基础。

蛋白质的可逆磷酸化是生物界普遍存在且极其重要的一种蛋白质翻译后修饰方式[2]。蛋白质的磷酸化可以在蛋白质上引入带负电荷的磷酸基团，从而改变蛋白质的构象和功能，在信号传导、基因表达、细胞分裂等生物学过程中发挥重要的调控功能。根据磷酸化氨基酸残基的不同，磷酸化蛋白质分为 4 类，即 *O*-磷酸化蛋白质、*N*-磷酸化蛋白质、酰基磷酸化蛋白质和 *S*-磷酸化蛋白质，具体包括以下九种形式，如图 5-1 所示。

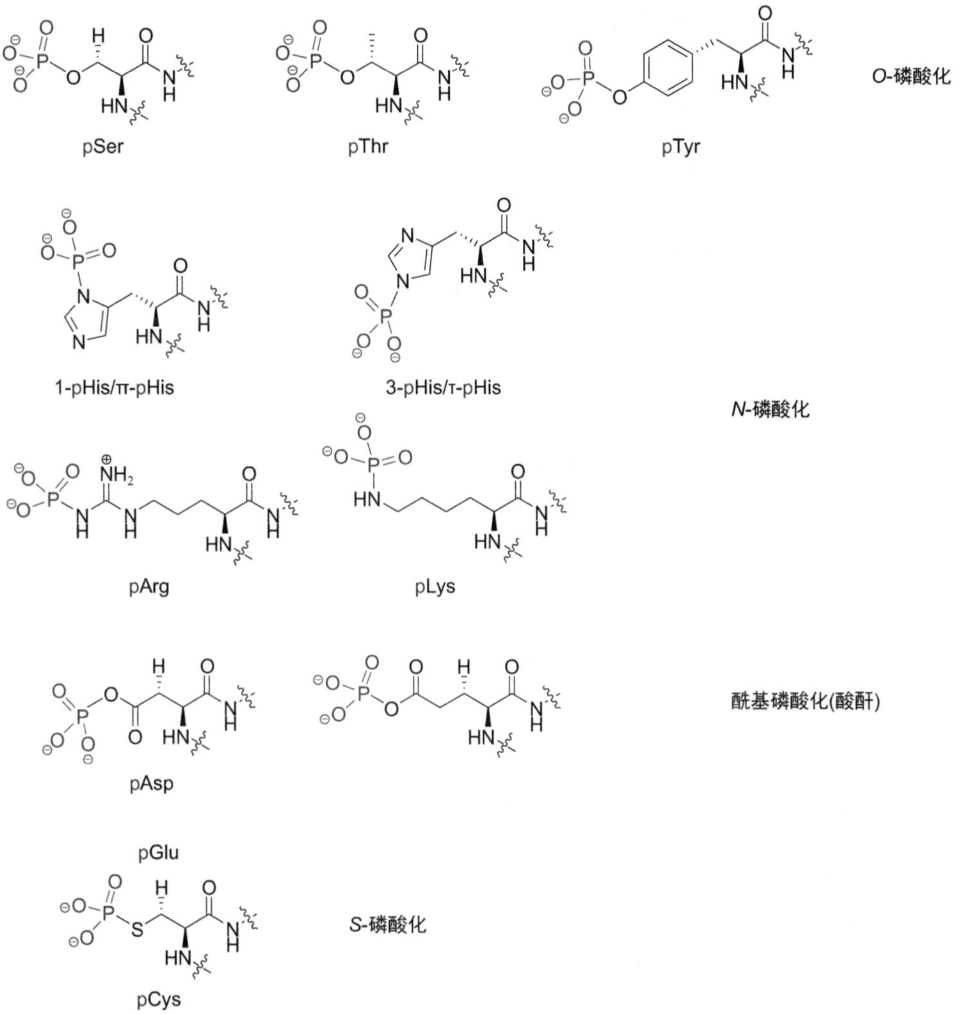

图 5-1 蛋白质中九种氨基酸残基的磷酸化形式 [3]

  N- 磷酸化（pHis、pArg、pLys）是一种新颖的翻译后修饰。从化学结构和性质的角度看，*N*- 磷酸化前后蛋白质的电荷特征发生反转，从净正电荷转变为净负电荷，从而引起蛋白质构象和功能的显著改变。蛋白质的 *N*- 磷酸化修饰比 *O*- 磷酸化约早 20 年被发现，但是其相关研究严重滞后于 *O*- 磷酸化修饰，主要原因是 *N*- 磷酸化修饰所产生的 P-N 键对酸、热条件高度敏感，给相关的研究技术手段带来了极大的困难和挑战。2014

年，T. Clausen 在不同温度、pH 环境下对磷酸化精氨酸(pArg)的稳定性进行了细致的研究[4]。从图 5-2 中可以看出，在酸性条件(pH=1～3)下，无论室温还是 60℃，磷酸化精氨酸的 P-N 键都会在 4h 之内快速水解；若 pH＞7(中性或碱性环境)，在室温下，才可稳定存在 4h 以上。

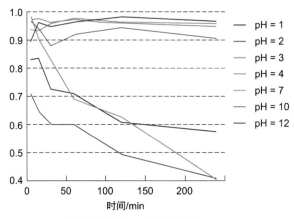

(a) 磷酸化精氨酸在25℃时的稳定性

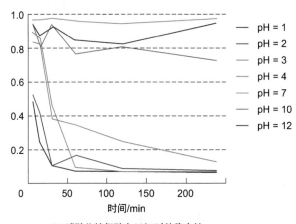

(b) 磷酸化精氨酸在60℃时的稳定性

图 5-2 磷酸化精氨酸的酸、热稳定性[4]（彩图 4）

图中纵坐标表示磷酸化精氨酸模型肽段KpRGGGGYIKKIKV在不同pH环境下孵育不同时间后的残留占比

然而，正如"一切事物都具有两面性"，P-N 键的酸、热敏感性，即不稳定、极易水解的化学特性，正反映出其高度的生化反应活性。P-N 键($-9.5 \sim -6.5$kcal/mol)相比于 P-O 键($-13 \sim -12$kcal/mol)具有更高的自由能。这种高能磷酸化合物，是高能磷酸根的一种暂时贮存形式。例如，磷酸肌酸[5]是生命系统中 ATP "能量货币"的有利补充。

目前，人们已经认识到生物 P-N 键产物对细胞功能的重要性不亚于 P-O 键[6]。

5.1.1　磷酸化精氨酸

近年来，在原核生物中对 pArg 修饰的研究取得了一些突破性的进展。2009 年，Fuhrmann 等在枯草芽孢杆菌(*Bacillus subtilis*)中发现了第一个精氨酸激酶 McsB[7]。2012 年，Elsholz 等报道了酯酶 YwlE 同源的 McsB 磷酸酶，可拮抗 McsB 的活性[8]。之后对敲除 YwlE 后的枯草芽孢杆菌突变体裂解液进行定量分析，鉴定到 134 个蛋白质中的 217 个 pArg 修饰位点[4]，鉴定到的部分位点在热休克或氧化应激过程中被不断修饰。此外，在革兰氏阳性菌中发现 pArg 可以作为蛋白质降解标签，促进 ClpC-ClpP(ClpCP)蛋白水解酶复合物识别并对异常蛋白质进行降解[9]。

真核细胞中精氨酸磷酸化的研究相比原核细胞来说知之甚少。在 20 世纪 90 年代，Wakim 等发现组蛋白 H3 在四个精氨酸残基上通过 Ca^{2+}-钙调蛋白依赖性激酶进行磷酸化，其中三个精氨酸残基位于 C 末端内，导致该区域的总电荷改变，并可能在核小体装配/拆卸过程中调节 H3 与 DNA 的结合[10]。

5.1.2　磷酸化组氨酸

磷酸化组氨酸(phosphohistidine，pHis)最初是 1962 年在牛肝的线粒体中发现的[11]。与其他 *N*-磷酸化氨基酸相似，磷酸化组氨酸在酸性较强的条件下容易水解。在49℃的1mol/L HCl中，1-pHis和3-pHis的半衰期分别为18s和25s，而pSer(磷酸化丝氨酸)和pThr(磷酸化苏氨酸)在100℃的1mol/L HCl中，半衰期为18h[12]。磷酸化组氨酸最广为人知的生物学功能是参与双组分调节系统(two-component regulatory system, TCS)。双组分调节系统通常由组氨酸激酶和下游信号蛋白质构成，是细菌中重要的信号传导途径。组氨酸激酶能够响应细胞外刺激，并且可以对保守的组氨酸残基进行ATP依赖的自磷酸化[13]。

在高等真核生物中，在组蛋白H4上检测到了组氨酸磷酸化，并且与DNA合成的增加有关。NME1和NME2作为目前报道仅有的哺乳动物蛋白质组氨酸激酶，其在体内表达水平的变化与癌症和肿瘤转移有着密切的联系[14]。2015年，Tony Hunter课题组设计合成了pHis类似物，成功制备出非序列依赖性的pHis单克隆抗体[15]。通过3-pHis单克隆抗体对HeLa细胞进行免疫成像研究，发现在中心体和纺锤体上存在3-pHis修饰，说明组氨酸磷酸化修饰在细胞有丝分裂过程中发挥着一定的作用。

5.1.3 磷酸化赖氨酸

目前对于磷酸化赖氨酸(phospholysine, pLys)的研究十分有限。最早是在用γ-^{32}P-ATP处理未变性的大鼠肝细胞裂解液中鉴定到pLys[16]。pLys在酸性条件(pH < 5.5)下，磷酸根开始质子化，水解速度极快。相反在碱性条件下，pLys的稳定性较好。pLys在9mol/L的KOH溶液中100℃加热9h后，仅水解11%[17]。已有研究报道pLys磷酸酶具有广泛的底物特异性，例如从牛肝细胞中分离一个56000的磷酸酶，能够优先催化游离pLys的水解，但也能催化焦磷酸、亚胺二磷酸盐和pHis的水解[18]。而对pLys激酶的研究还停留在Sikorska等[19]于1982年报道的一个能够磷酸化聚赖氨酸、聚精氨酸以及聚酪氨酸的蛋白激酶上。

简而言之，磷元素、氮元素都是生命产生、维系的物质基础，P-N

键的高能、高反应活性以及广泛的生物学功能，预示着现代生物 P-N 键可能是生命起源的化学进化遗留产物。

5.2
高能P-N键和蛋白质的化学起源与演化

蛋白质是生命的物质基础，是生物功能的执行者和生命活动的主要承担者。α-氨基酸是蛋白质的基本结构单元，氨基酸之间通过酰胺键（肽键）连接而成线性肽链。目前已发现大约 22 种蛋白质来源的氨基酸，其中 20 种是天然氨基酸，另外 2 种是天然氨基酸的体内氧化产物，分别为羟基脯氨酸、胱氨酸。经过约 45 亿年的进化[20]，生命体系形成了非常完整的分子调控机制。蛋白质的生物合成在严格遵循生命中心法则的基础上实现，如图 5-3 所示，即遗传信息从 DNA 到 RNA，再由 RNA 到蛋白质肽链骨架的合成过程，严格按照三个碱基（遗传密码）决定一个氨基酸的方式进行。那么，遗传密码是如何起源的？为什么所有氨基酸均是 L-氨基酸？为什么构成蛋白质的氨基酸均为 α-氨基酸？这些都是人类不断探寻的基本科学问题，这些重大问题的揭示也将为生命的起源研究提供重要线索，帮助人类理解生命的内在本质。

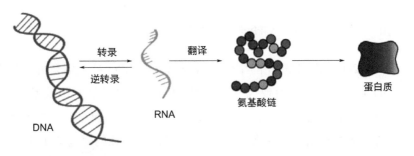

图 5-3 蛋白质的生物合成中心法则

5.2.1 氨基酸的前生源形成

氨基酸可以在多种自然条件下经前生源途径合成。1953 年，美国科学家 Miller、Urey 进行了著名的"火花放电"实验(图 5-4)[21]，利用还原性气体混合物(如氨气、氢气、甲烷和水)，模拟前生源条件下生命物质的合成，成功检测到生命基本物质氨基酸(如甘氨酸、丙氨酸、丝氨酸及缬氨酸等当今蛋白质来源的氨基酸)，为氨基酸的前生源合成提供了直接的科学依据，为生命化学起源学说提供了线索，生命起源研究从此进入了新的时代。

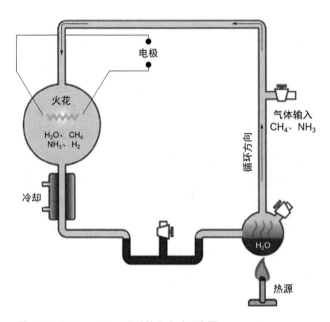

图 5-4　Miller-Urey 火花放电实验示意图

2008 年，Miller 的学生 Bada 在整理 Miller 样品时意外发现当年保存的实验样品，利用现代分析手段(如色谱-高分辨质谱技术)，对样品进行了重新的分析鉴定，发现了 22 种氨基酸和有机胺类化合物，多种氨基酸是未发现的[22]。特别值得注意的是，在生成的氨基酸中除了 α-氨基酸外，该实验同时产生了多种 β- 和 γ-氨基酸，例如，β-丙氨酸、γ-氨基丁酸等。

另外，空间陨石也是地球氨基酸的重要来源。通过对多种陨石成分的分析，发现陨石中含有大量的有机物，其中便包括结构多样的氨基酸。例如，50 多年来通过对一块 1969 年落于澳大利亚的默奇森陨石采用不同的方法去分析，已经发现 80 多种氨基酸，其中包括 β- 丙氨酸、β- 氨基丁酸（β-ABA）、γ- 氨基丁酸（γ-ABA），甚至检测到 ε- 氨基正己酸（ε-amino-n-caproic acid，EACA）[23,24]。基于如此丰富的实验证据，氨基酸作为生命最基本物质不再是生命起源的制约因素。

随后，在木星和土星的大气中探测到 PH_3 的存在。这一发现给人们提示：原始大气中可能存在 PH_3，并且可能参与合成了生命基础有机小分子。Ponnamperuma 及北京大学王文清教授采用含 PH_3 的原始模拟大气（CH_4、NH_3、H_2 及 H_2O 的混合物）和不含有 PH_3 的相同气体混合物，在同样条件下进行放电反应对比研究[25]。结果发现：在没有 PH_3 时，只有丙氨酸和缬氨酸等 10 种简单的氨基酸，而加入 PH_3 后，则检测到 19 种氨基酸，其中包含较为复杂的氨基酸，如苯丙氨酸、脯氨酸和丝氨酸等，而且氨基酸的产率较高。这一实验有力说明了磷元素可能在氨基酸起源过程中起着重要作用。

5.2.2　前生源环境下的氨基酸成肽反应

现代生命体系中，在中心法则的指导之下，α- 氨基酸通过特异性氨酰 tRNA 合成酶的催化，羧基活化形成氨酰 -AMP，再与氨酰 tRNA 合成酶结合形成三联复合物，此复合物再与特异性 tRNA 作用，将氨酰基转移到 tRNA 的氨基酸臂（即 3′- 末端 CCA—OH）上，在核糖体中高效完成蛋白质的合成（图 5-5）。生命体系已经进化出功能丰富的蛋白质来完成这一任务，每一种氨基酸都有高特异性的氨酰 tRNA 合成酶相对应。蛋白质生物合成的关键分子 α- 氨酰 -AMP 从化学结构上看属于磷酸混酐，即氨基酸羧基通过混酐键的形成被活化。

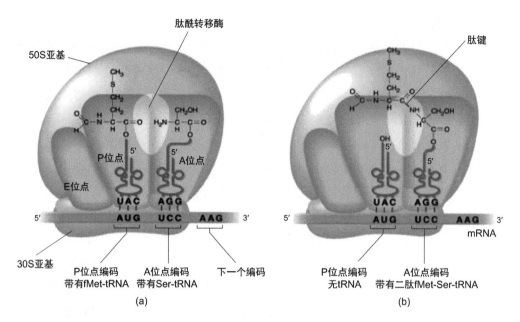

图 5-5 肽键在体内的形成及肽链的延长示意图

(Figure ©2010 PJ Russell, iGenetics 3rd ed.; all text material ©2014 by Steven M. Carr)
核糖体中的氨基酸通过羧基端和氨基受体（a）之间的酯键连接到各自的tRNAs上。在肽键形成过程中，（P）肽基位点上的酯键被裂解，肽酰转移酶催化其羧基端与（A）氨基位点上氨基酸的氨基端发生缩合反应。随后，P位点氨基酸转移到A位点氨基酸，而原来的氨基末端保持不变。多肽因此从氨基端"生长"到羧基端

然而，在前生源环境下的氨基酸成肽反应，缺少现代酶的高效催化，而且在水相通过脱水缩合形成肽键是热力学不利的[26]。无机盐、高温、pH振荡及干湿循环等热力学过程变化均可以促进氨基酸缩合成肽，但成肽效率较低。在前生源氨基酸浓度较低的条件下，通过氨基酸活化成肽的动力学过程，在多肽的前生源合成中可能发挥更大的作用。多种前生源途径可能产生的活化试剂相继被发现[27,28]，如火山喷发活动产生的COS气体，能高效活化氨基酸产生氨基酸-NCA的活泼中间体，从而缩合生成多肽；火山活动还能产生多聚磷酸盐和聚偏磷酸盐，特别是三偏磷酸盐能在碱性水溶液中高效催化氨基酸成肽，如催化甘氨酸成二肽的产率能达到30%以上。除此之外，其他活化试剂，如CO、尿素、HCN及NH_2CN等氨基酸活化成肽试剂也相继被科学家提出（图5-6）。

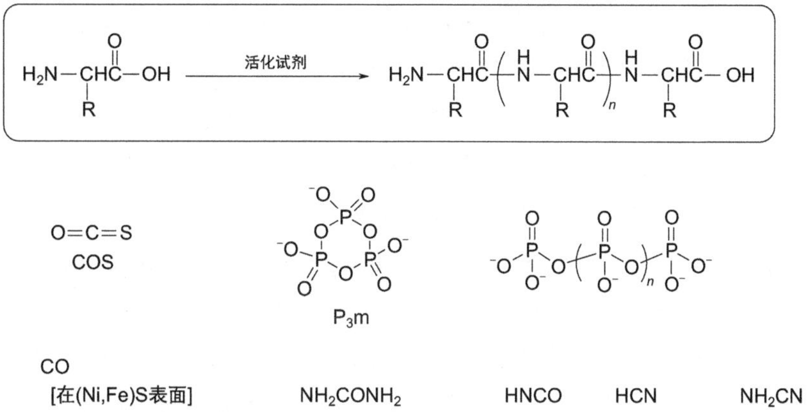

图 5-6 前生源条件下氨基酸缩合成肽活化试剂

图中（Ni, Fe）S为镍黄铁矿，CO吸附于该矿物表面后可以成为较好的前生源条件下氨基酸缩合成肽活化试剂

5.2.3 磷化学与前生源多肽的形成

磷元素在当今生命体系中无处不在，是生命活动的调控中心。无机磷酸盐和有机磷试剂都可以非常高效地促进氨基酸缩合形成肽键。然而，在前生源条件下，由于磷元素易与金属离子形成难溶性的无机盐，造成水溶液中磷元素的含量极低，一定程度上限制了磷元素在生命起源过程中发挥重要作用，即"磷的限制"。近年来，越来越多的研究结果表明，火山活动、陨石及闪电等自然条件都可以产生大量可溶性的磷酸盐[29, 30]。如图5-7所示为自然界存在的水溶性或反应活性无机磷酸盐的主要形式。

火山活动被认为是前生源条件下普遍存在的自然现象，就算在今天地球上仍然广泛分布着火山和海底热泉。1991年，Yamagata等在分析火山活动产生的物质中发现了多聚磷酸盐的存在，其中还包括少量的三偏磷酸盐(trimetaphosphate, P_3m)，他们还实验模拟火山活动的条件，也得到多种磷酸盐的混合物，如焦磷酸盐、三聚磷酸盐和三偏磷酸盐等，从而为多聚磷酸盐的来源提供了一条重要途径[31]。次磷酸盐还可以通过自由基反应聚合生成焦磷酸盐、三聚磷酸盐和少量的三偏磷酸盐。此外，正磷酸盐经氧化还原为亚磷酸盐和膦酸盐，甚至更低的氧化态，可以解决许多前生源化学问题，包括磷的低溶解度和较差的反应活性[32]。综上所述，可溶性多聚磷酸盐不仅可以从天外陨石中获得，也可以通过地球自身的自然活动产生。正如 Schwartz 教授所述"Phosphorus problem is no longer the stumbling block which it was once thought to be"，即磷在前生源化学中不再是制约因素。在无机磷酸盐的诱导下，氨基酸和核苷可以在前生源条件下聚合形成具有生物活性的大分子，如多肽、蛋白质或核酸。在这一关键过程中，无机磷酸盐很可能起到有效的缩合和催化作用，促进生物大分子的产生。Rabinowitz 等发现三偏磷酸盐(P_3m)在弱碱、低温和低浓度条件下，且在水溶液中也能有效催化氨基酸成肽，特别是以甘氨酸和丙氨酸成肽效率最高[33]。

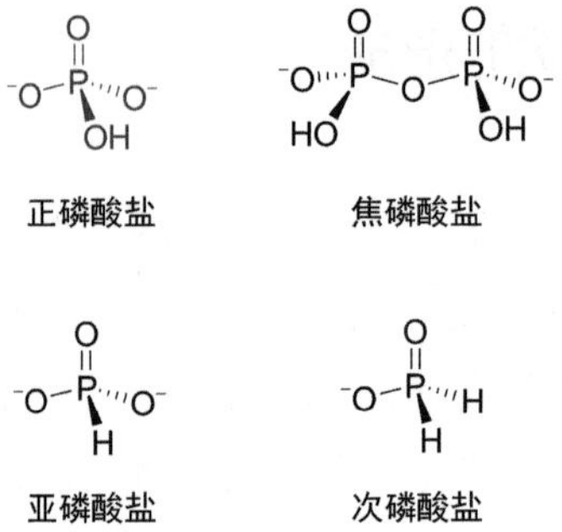

正磷酸盐　　焦磷酸盐

亚磷酸盐　　次磷酸盐

图 5-7　自然界中无机磷酸盐的主要存在形式

5.2.4　N-磷酰化氨基酸

目前，三偏磷酸盐(P_3m)活化氨基酸的成肽反应引起了前生源化学起源研究领域的广泛关注。赵玉芬实验室[34,35]对该成肽反应机理进行了长期研究，发现氨基酸中的氨基很容易在碱性条件下进攻三偏磷酸钠环上的磷原子,生成一个五元环的中间体 CAPAs(图 5-8),经由 CAPAs 与另一分子氨基酸反应,得 N- 磷酸化二肽,再经 P-N 键的水解,释放出二肽聚合物。CAPAs 经过醇解,可以得到 N- 单酯磷酰化氨基酸(N-MPAA);CAPAs 经过水解,可以得到 N- 磷酰化氨基酸,即 N- 磷酸化氨基酸。

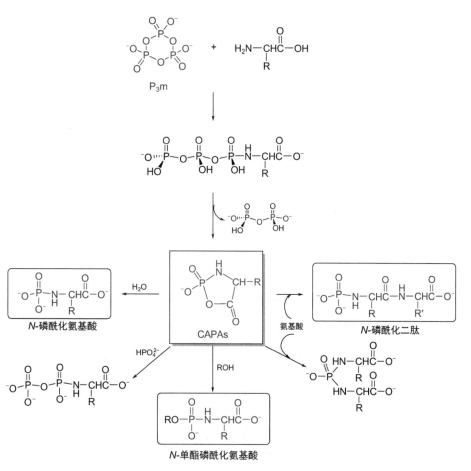

图 5-8 三偏磷酸盐与氨基酸的前生源反应

20 世纪 80 年代后期,赵玉芬课题组开发了在水与乙醇的混合体系中合成 N- 磷酰化氨基酸的简便方法,并应用于常见的 20 种氨基酸的 N- 磷酰化反应,如图 5-9 所示[36]。当该反应体系中存在过量的磷酰化试剂(二烷基亚磷酸酯)时,在相同的条件下,反应体系中会有副产物 N- 磷酰化氨基酸酯、N-磷酰化二肽和N-磷酰化二肽酯生成。根据F. Lipmann提出的蛋白质生物合成经过了羧酸磷酸混合酸酐的假设[37]，课题组提出了上述反应的相关机理（图5-10），并受机理的启发，发展了利用磷酰化试剂作为羧基活化剂来获得N-磷酰化二肽、二肽的方法[38]。

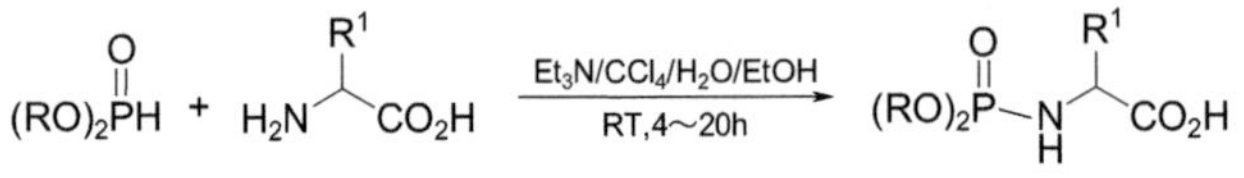

$$(RO)_2\overset{O}{P}H + H_2N-\underset{R^1}{CH}-CO_2H \xrightarrow[RT, 4\sim 20h]{Et_3N/CCl_4/H_2O/EtOH} (RO)_2\overset{O}{P}-NH-\underset{R^1}{CH}-CO_2H$$

图5-9 N-磷酰化氨基酸合成方法
Et₃N为三乙胺；EtOH为乙醇；RT为室温

通过 ^{31}P NMR 的跟踪反应，以及改变底物作为对照实验，发现 N-磷酰化氨基酸形成的分子内五元环五配位磷混合酸酐结构 [图5-10 中 a] 是上述反应能够进行的关键中间体[39]。

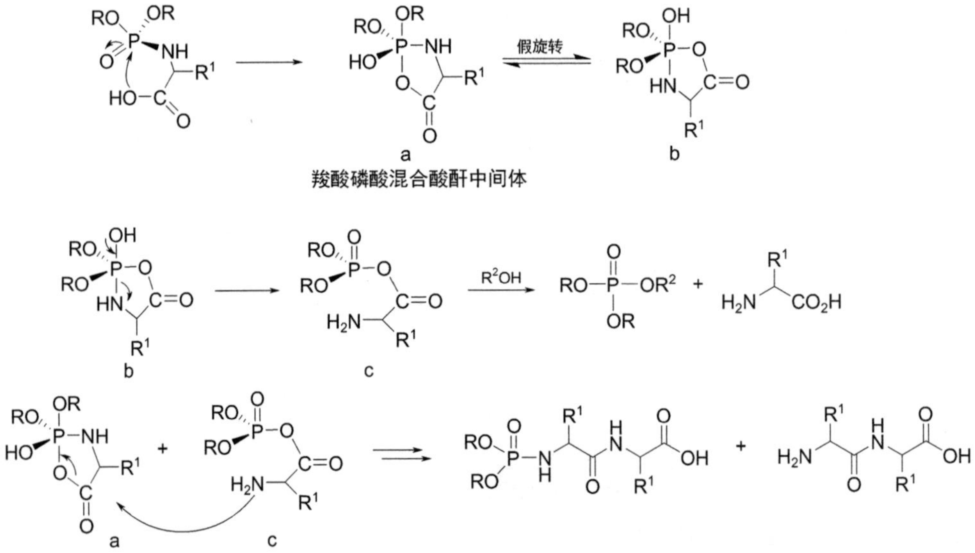

图5-10 N-磷酰化氨基酸形成分子内混合酸酐及自组装成二肽的机理示意

综上所述，从赵玉芬课题组近40年氨基酸磷酸化修饰的研究工作中可以看出，无论是无机磷试剂，还是有机磷试剂，通过氨基酸的 N-磷酸化修饰（即高能 P-N 键的生成），氨基酸分子就可以被激活，在温和的条件下参与多种生化反应，生成一系列关键的生物分子，如多肽、磷脂、氨基磷酸酯、寡核苷酸及单/双磷酸核苷，说明 N- 磷酰化氨基酸可以作为有效的 P-N 键模型来阐述可能的前生源化学演化 [40]。

5.2.5　磷参与α- 氨基酸的自然选择

α- 氨基酸是因为氨基在羧基的 α 位而得名。因此，除了 α- 氨基酸外，根据氨基的位置不同，还可以把氨基酸分成 β-、γ- 及 δ- 氨基酸等。β- 丙氨酸也是一种自然产生的氨基酸，在当今生命体系中发挥着重要作用，但并不用于合成蛋白质。例如，肌肽（carnosine，β-alanyl-L-histidine）是一个由 β- 丙氨酸和组氨酸形成的二肽，在肌肉和大脑组织中含量很高，初步研究发现肌肽可以清除体内的活性氧，具有抗氧化、抗衰老、降尿酸等功效，广泛用于化妆品和保健食品中。除此之外，γ- 氨基丁酸（GABA），作为一种神经递质广泛分布于动物中枢神经组织中，起到抑制神经兴奋的作用。然而，β- 丙氨酸和 γ- 氨基丁酸作为具有重要生物功能的代谢物存在于人体，到底是什么力量只挑选 α- 氨基酸作为蛋白质的结构单元呢？这一问题可以从前生源条件下氨基酸形成肽链的动态过程中寻找答案。

厦门大学高祥等在研究 P_3m 催化不同类型氨基酸的成肽反应时发现，α-、β- 和 γ- 氨基酸在成肽反应过程中，表现出截然不同的反应性质 [41]。首先，不同 α- 氨基酸成肽能力不同。通过液相色谱 - 质谱联用技术分析发现，α- 甘氨酸和 α- 丙氨酸混合物与三偏磷酸盐反应一共生成了四种二肽，如图 5-11 所示，分别是甘甘二肽、丙甘二肽、甘丙二肽和丙丙二肽，四种二肽的量也有较大差异，甘甘二肽为 24%，丙甘二肽为 26%，二者差别不大；甘丙二肽为 10%，丙丙二肽为 11%，它们与前两种肽的量差别较大。反应总成肽率为 71%，可见该反应成肽效率较高，且 α- 氨基酸之间的成肽能力也有较大差异。

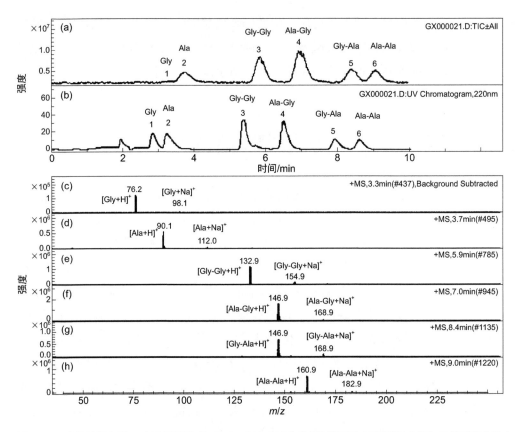

图 5-11 高效液相色谱－电喷雾质谱（HPLC-ESI-MS）分析甘氨酸和丙氨酸混合物与三偏磷酸盐反应的多肽产物

（a）总离子流图（TIC）；（b）液相色谱220nm紫外吸收（UV）；（c）峰1, Gly；（d）峰2, Ala；（e）峰3, Gly-Gly；（f）峰4, Ala-Gly；（g）峰5, Gly-Ala；（h）峰6, Ala-Ala
色谱条件：色谱柱: Supelcosil ABZ+ plus，150×4.6mm i.d. (Supelco, Bellefonte, PA, USA)，室温；A相: 2mmol/L全氟戊酸（NFPA）水溶液；B相: 乙腈流速1.0mL/min；4% B 在10min 等度洗脱，进样20μL，检测波长为220nm [41]

将 α-丙氨酸换成 β-丙氨酸后，相同反应条件下，用 P_3m 催化成肽，并通过液相色谱-质谱联用技术分析成肽产物。分析结果如图 5-12 所示，从图(b)中可以看出有四个色谱峰，说明反应产物中一共有四个化合物。峰 1 对应于图 5-12(c)，图中有两个质谱峰：m/z 约 76 和 m/z 约 98，分别为甘氨酸的 [M+H]⁺ 和 [M+Na]⁺ 峰；峰 2 对应于图 5-12(d)，m/z 约 133 和 m/z 约 155 分别是甘甘二肽的 [M+H]⁺ 和 [M+Na]⁺ 峰。同理，可以分析得到峰 3 为 β-丙氨酸，峰 4 为 Gly-β-Ala 二肽。进行色谱峰面积分析，Gly-Gly 的积分面积为 26%，Gly-β-Ala 的积分面积为 31%，二者差别不大。反应总的成肽积分面积为 57%，与图 5-11 中的反应相比有所减小。另外，反应只生成了两种二肽，即 Gly-Gly 和 Gly-β-Ala，且两种二肽的 N 端都是甘氨酸，说明 β-Ala 几乎不能被三偏磷酸盐催化自身缩合成肽。

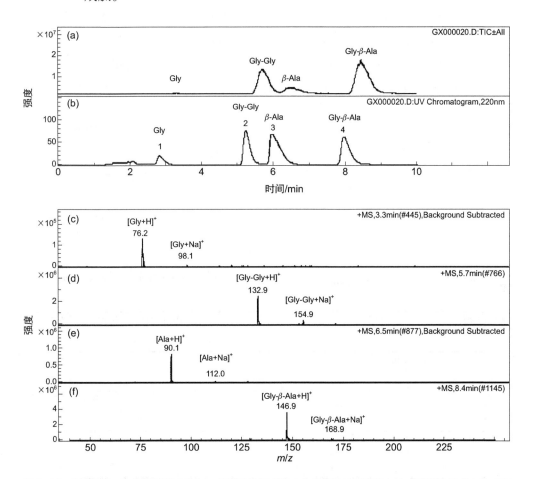

图 5-12　甘氨酸和 β-丙氨酸混合物与三偏磷酸盐反应混合物的高效液相色谱-电喷雾质谱（HPLC-ESI-MS）分析图

（a）总离子流图（TIC）；（b）液相色谱 220nm 紫外吸收图（UV）；（c）峰1, Gly；（d）峰2, Gly-Gly；（e）峰3, β-Ala；（f）峰4, Gly-β-Ala

进一步将 β-丙氨酸换成 γ-丁氨酸，研究相同条件下甘氨酸、γ-丁氨酸（γ-Aba）与三偏磷酸盐的成肽反应。利用液相色谱-质谱联用技术分析反应产物（图 5-13）后发现，一共有 6 个色谱峰和 4 个离子流峰，在色谱峰 2 和峰 3 之间还有两个小峰，但它们在离子流图中不出峰，说明它们是难离子化的杂质峰或系统峰，与反应没有太大关系。经过提取离子流质谱图分析可知，峰 1 为甘氨酸，峰 2 为甘甘二肽，峰 3 为 γ-Aba 和峰 4 为 Gly-γ-Aba 二肽。值得指出的是 γ-Aba 较容易形成二聚络合离子，如图 5-13(e)所示，在 γ-Aba 的加氢质子峰后面还有两个峰：m/z 207 和 m/z 229，分别对应于 γ-Aba 二聚体的加氢质子峰和加钠离子峰。反应产物也只含有两种二肽，即 Gly-Gly 和 Gly-γ-Aba 二肽，产物与图 5-12 的很相

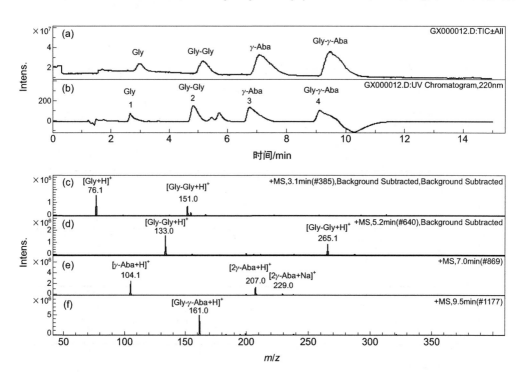

图 5-13　高效液相色谱-电喷雾质谱（HPLC-ESI-MS）分析甘氨酸和 γ-丁氨酸混合物与三偏磷酸盐反应混合物

（a）总离子流图（TIC）；（b）液相色谱 220 nm 紫外吸收图（UV）；（c）峰1, Gly；（d）峰2, Gly-Gly；（e）峰3, γ-Aba；（f）峰4, Gly-γ-Aba

似，在二肽的氮端也是只有甘氨酸，且成肽效率相近，γ-Aba 不能被三偏磷酸盐催化自身缩合成肽。

三偏磷酸盐与氨基酸反应的一种可能机理，如图 5-14 所示。首先，氨基酸的氨基进攻三偏磷酸盐的磷原子，形成三磷酰化的氨基酸；然后氨基酸的羧基氧原子进攻与氨基酸相连的磷原子形成一个五元环的混酐中间体(CAPAs)，一分子的焦磷酸盐离去；最后另一分子的氨基酸再进攻五元环混酐中间体得到磷酰化的二肽，水解产生二肽和磷酸盐。α-氨基酸与三偏磷酸盐反应形成五元环混酐，其结构较稳定，容易产生，而 β- 和 γ- 氨基酸与三偏磷酸盐若反应，则会形成六元环或是七元环的混酐中间体，然而六元环或是七元环混酐中间体很难形成，所以 β- 和 γ- 氨基酸很难自身与三偏磷酸盐反应成肽，β- 氨基酸能产生很微量的二肽，没有检测到 γ- 氨基酸反应所产生的肽。对于混合氨基酸，只有在与 α- 氨基酸(如甘氨酸或丙氨酸)混合时才会产生交叉的小肽，如甘氨酸与丙氨酸混合产生 2×2 四种二肽，而与 β- 或 γ- 氨基酸混合只能有 2×2^0 两种二肽。

总之，通过比较 α-、β- 和 γ- 氨基酸与三偏磷酸盐反应的成肽差异，发现甘氨酸和丙氨酸等 α- 氨基酸能有效成肽，而 β- 和 γ- 氨基酸的成肽反应则很难发生；不同 α- 氨基酸与三偏磷酸盐成肽情况也存在较明显差异，如缬氨酸和丝氨酸很难成肽，甘氨酸和丙氨酸的成肽速率也差别较大。三偏磷酸盐(P_3m)对氨基酸活化产生的五元环中间体的稳定性，选择了 α- 氨基酸作为骨架单位参与成肽，而不是结构相似的 β- 和 γ- 氨基酸。

此外，赵玉芬研究小组也关注了有机磷活化氨基酸的成肽反应。在研究有机磷试剂与氨基酸的成肽反应过程中发现，α- 氨基酸可以与二烃基亚磷酸酯(或二烃基亚磷酰氯)形成相对稳定的磷酸羧酸混酐五元环中间体(图 5-15)，有利于下一步的成肽反应，而 β- 氨基酸若反应，只能形成磷酸羧酸混酐六元环中间体，但因其能量高、不稳定、较难生成，不利于接下来的成肽反应 [42]。

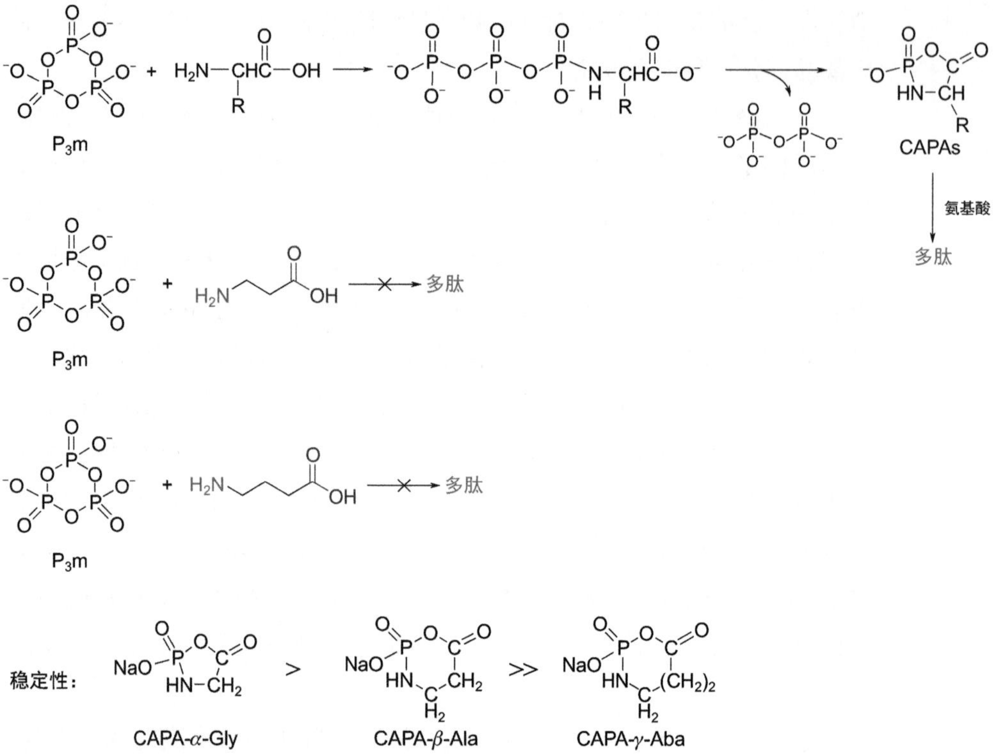

图 5-14　三偏磷酸盐与 α-、β- 和 γ- 氨基酸反应的可能机理

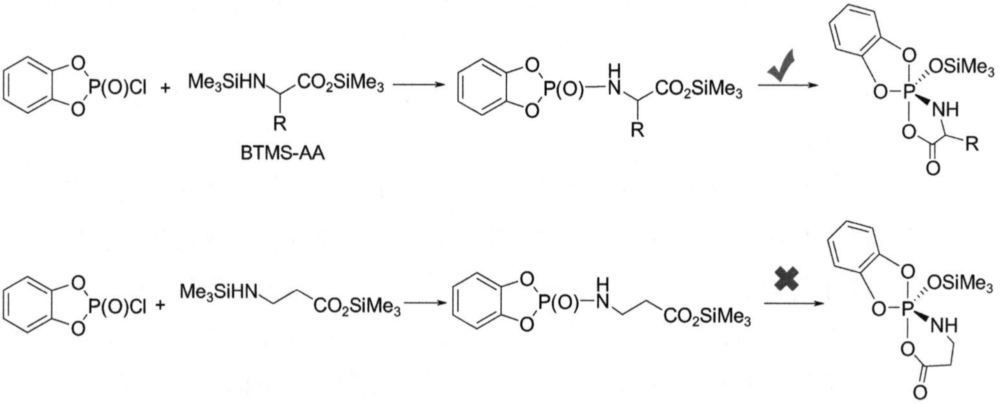

图 5-15　五配位磷混酐中间体的形成 [42]
BTMS-AA：二（三甲基硅）醚化氨基酸

5.3
高能P-N键与核酸、蛋白质共起源

赵玉芬研究团队近40年来，一直关注于 N- 磷酸化氨基酸生化反应活性的研究，发现其可以进行一系列仿生反应(图 5-16)[40]。以 N- 二烷氧基磷酰化氨基酸 (N-DAPAA) 为例，在室温下，N- 磷酰化后的氨基酸可以成肽[39]、成酯[39]、磷上酯交换[43]、N→O[44] 和 N→S[45] 磷酰基迁移，及通过磷上酯交换生成寡核苷酸[46,47]。以磷原子为中心，羧基和侧链基团都可以参与反应，正如酶的活性中心一样。因此，N- 磷酰化氨基酸被认为是一种"微型活性酶"。这些反应过程都经历了一个含有高能 P-N 键极不稳定的五元环五配位磷中间体。为了证明这种五配位磷中间体的存在，将 N, O- 双(三甲硅烷基)保护的 α- 氨基酸跟 O- 亚苯基磷酰氯反应，通过 ^{31}P 的核磁共振谱可以监测到活化了的 α- 氨基酸五元环五配位磷酸羧酸混酐 (P_5-CAPA1) 的生成[42]。N- 二烷氧基磷酰化氨基酸多样的反应活性源于亲核试剂对 P_5-CAPA1 羧基和磷酰基位点的分别进攻。磷酰化肽的形成和酯化反应属于进攻羧基的产物，而酯交换、N→O 磷酰基的迁移，以及寡核苷酸的形成则是进攻磷酰基的产物(图 5-16)。基于 N-DAPAA 与核苷的反应，可以同时形成肽和寡核苷酸，揭示了蛋白质和核酸共同进化的一个可能途径。

N-PAA 是非酯化的 N- 磷酰化氨基酸，可以由 N-DAPAA 水解获得，或者由氨基酸与前生源可获得的磷源三偏磷酸钠盐反应获得，其氮原子的 pK_a 约为 8.5。因此，中性 pH 环境中 N-PAA 的氮原子会被质子化，削弱了 P-N 键的稳定性，使得 N-PAA 变成良好的磷酸根供体。磷酸化甘氨酸和磷酸化丙氨酸已被证明可以形成活性二肽和进行磷酸转移(图 5-17)，这些过程涉及双分子 N-PAA 缩合成焦磷酸化氨基酸，后者再转化为 CAPA2 中间体最终生成二肽。在镁离子的催化作用下，单磷酸核苷(AMP、

GMP、CMP 和 UMP）还可以被磷酸化氨基酸磷酸化成核苷二磷酸。因此，可以看出无论是酯化的还是磷酸化的 *N*-PAA，都可以实现小肽及核苷酸的生成，体现了 *N*-PAA 介导的核酸、蛋白质共起源。

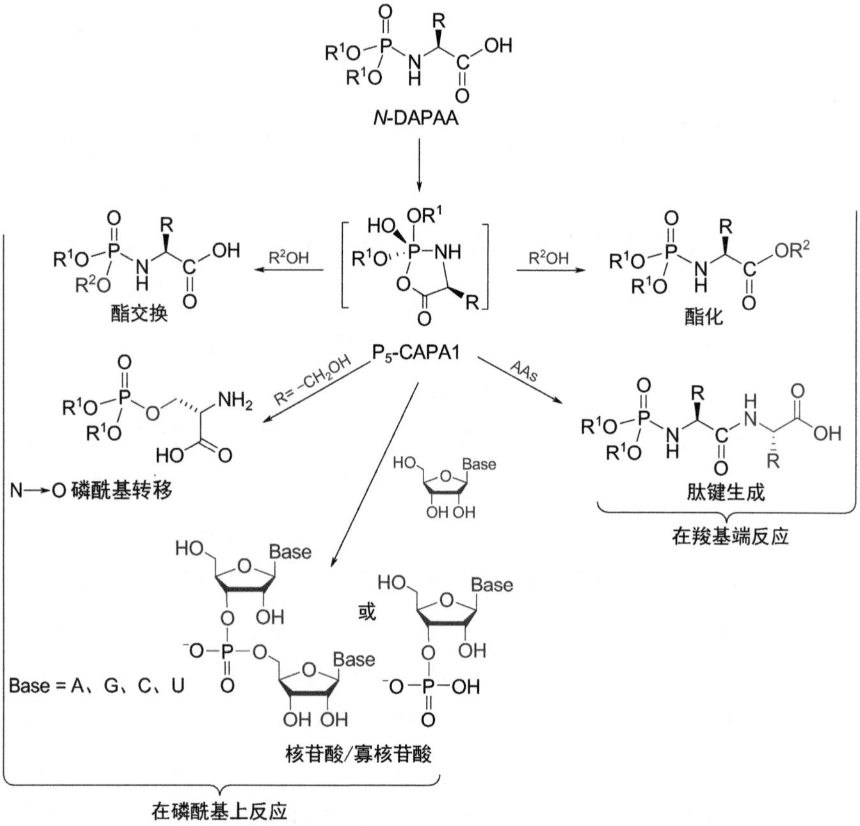

图 5-16 *N*-DAPAA 介导的生物活性分子形成路径

1996 年，在法国第 11 届国际生命起源大会上，赵玉芬教授首次提出了磷参与下的"核酸、蛋白质共起源"学说。1999 年 Landweber 在 *PANS* 撰文高度评价这一成果[48]。2011 年，在第 16 届国际生命起源大会上，以色列诺贝尔奖获得者阿达·尤纳斯（Ada Yonath）教授对此学说也给予了高度的评价。"核酸、蛋白质共起源"学说的核心就是通过 *N*-磷酰化氨基酸中高能 P-N 键的形成，实现磷对生命物质的催化与调控。

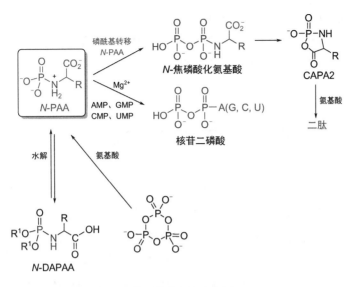

图 5-17　*N*-PAA 介导生物活性分子的形成路径

5.4
N-磷酸化氨基酸与细胞膜起源

  原始细胞的起源和进化是探索生物起源及进化的重要组成部分。原始细胞的产生需要三种物质储备及功能的体现(图 5-18)[49]，第一是膜前体分子的前生源获得及原始细胞膜的区室化；第二是核苷酸、寡聚核苷酸的获得及复制功能的实现；第三就是氨基酸组装蛋白质及酶功能的体现，实现前生源的新陈代谢。了解结构简单的原始细胞如何在没有进化生命机制的情况下，完成自我复制的复杂生物学功能，是试图合成人造生命形式所面临的主要挑战之一。原始细胞起源的核心问题恰恰是细胞膜的起源问题。细胞膜的出现是生命起源的重要标志，是前生命物质向现代生命体转化的重要里程碑。研究细胞膜的起源及其化学性质是了解生命起源与演化，阐释生命活动规律的重要途径之一。

5.4.1　细胞膜前生源获得途径概况

细胞膜作为细胞的边界可以将生命和外界物质隔开，原始细胞膜对生命的产生具有重要作用。单链两亲性分子(single chain amphiphile, SCA)自组装成囊泡可作为前生源细胞。这些 SCA 囊泡因其前生源合理性，在生长、分裂和包封水溶性溶质以及催化反应方面的能力与现代磷脂膜相似，被作为原始细胞模型而被广泛研究。脂质膜原始细胞具有能够生长和分裂的优势，这使其与其他原始细胞模型系统(如"矿物质膜"和凝聚层)区别开来。

前生源条件下，两亲性分子通过疏水相互作用自发结合，在水中发生自组装形成具有确定组成和组织的复杂结构，如单分子层或双分子层囊泡[50]。这种结构内部的溶液浓度相对于外界溶液浓度更高，从而可以克服水溶性有机物质的稀释。此外，细胞膜结构能够稳定特殊的大分子物质，促进它们之间的相互作用。细胞膜还具有保持离子浓度梯度的能力，为物质穿过膜边界的运输过程提供所需能量。最后，如果前生源环境中某些有机物恰好是非极性物质，它们可以嵌入细胞膜的疏水相中，受到细胞膜保护免受紫外线损伤。2016 年，Robert Pascal 以及 Kepa Ruiz-Mirazo 研究发现，这些简单的两亲性分子所形成的囊泡对前生源水环境下肽的生成具有双功能的促进作用(图 5-19)[51]。

通常认为原始细胞膜的组成比现代细胞膜中观察到的要简单得多。早期细胞膜的可能成分主要有以下几种：长链脂肪醇、长链脂肪酸、长链烷基硫酸盐、单酰基甘油、长链烷基磷酸盐和聚异戊二烯磷酸盐等(图 5-20)[52]。

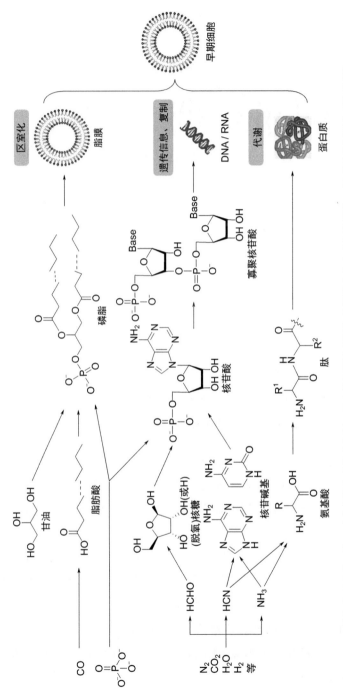

图5-18 原始细胞需要体现的三种生命基本功能(复制、区室化及新陈代谢)及相关生物大分子的结构、组成及前生源合成路径[49]

5 高能P-N键调控的核酸、蛋白质、膜的共起源

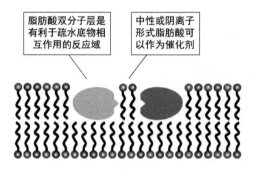

图 5-19　脂肪酸在前生源多肽化学中的双功能促进作用[51]

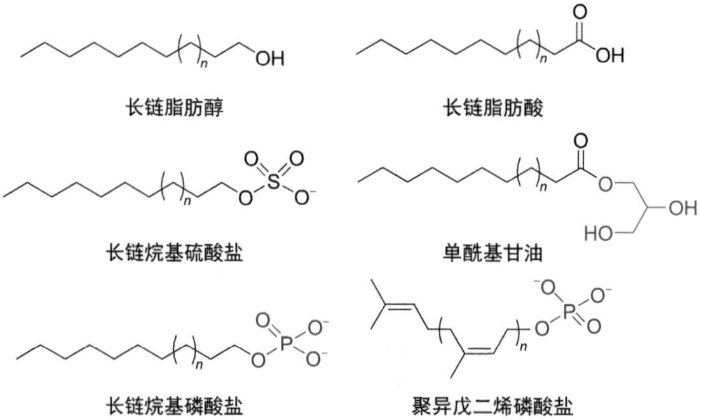

图 5-20　前生源环境中出现的几种原始细胞膜的两亲性分子结构

现代生物细胞膜主要成分为甘油磷脂，大部分甘油磷脂均由两条疏水链、甘油、磷酸以及丝氨酸或其类似结构的亲水头基组成，其主要化学结构如图 5-21 所示，其中磷脂酰丝氨酸是唯一含有氨基酸亲水头基的甘油磷脂。

磷脂的结构比较复杂，为了探究磷脂的起源，Deamer 等曾利用脂肪酸、甘油和磷酸盐在前生源条件下反应得到了包括磷脂酸、磷脂酰甘油、磷脂酰甘油磷酸等膜前体，这种方法效率较低，产率仅在 0.2% 左右[53]。Sutherland 等则利用氢氰酸等无机小分子在前生源条件下合成的甘油，以及磷酸盐、尿素在甲酰胺溶剂中加热得到了高产率的环状甘油磷酸盐，转化率约为 53%[54]。但这种甘油磷酸盐只是结构简单的细胞膜前体，并不具有两亲性，难以形成封闭环境的囊泡。脂肪酸与其他前生源分子结构单元的组合可以使得两亲性分子构成稳定性和渗透性更好的双分子层。例如，醇和单酰基甘油扩大了可以维持脂肪酸囊泡稳定的 pH 范围 [55, 56]，其中单酰基甘油可以在水热条件下利用脂肪酸与甘油的反应来制备。事实上，有几个缩合反应实例已经尝试将脂肪酸与其他前生源分子连接形成磷脂 [53, 57-59]。Krishnamurthy 等则在二氨基磷酸盐、咪唑、甘油和脂肪酸的混合水溶液中通过自组装得到了甘油磷脂 [60]。磷脂酰丝氨酸是唯一含有氨基酸亲水头基的甘油磷脂，脑磷脂、卵磷脂是磷脂酰丝氨酸经脱羧及甲基化修饰得到的衍生物，由此可以推测氨基酸尤其是丝氨酸在膜的起源和进化中可能起到一定作用。然而，上述研究工作均未考虑氨基酸的参与。2019 年，Cornell 等 [61] 使用癸酸形成脂肪酸，发现几种前生源氨基酸（如丝氨酸）与脂肪酸膜结合，在不利于膜稳定 Mg^{2+} 存在的情况下，可以帮助稳定脂肪酸膜。

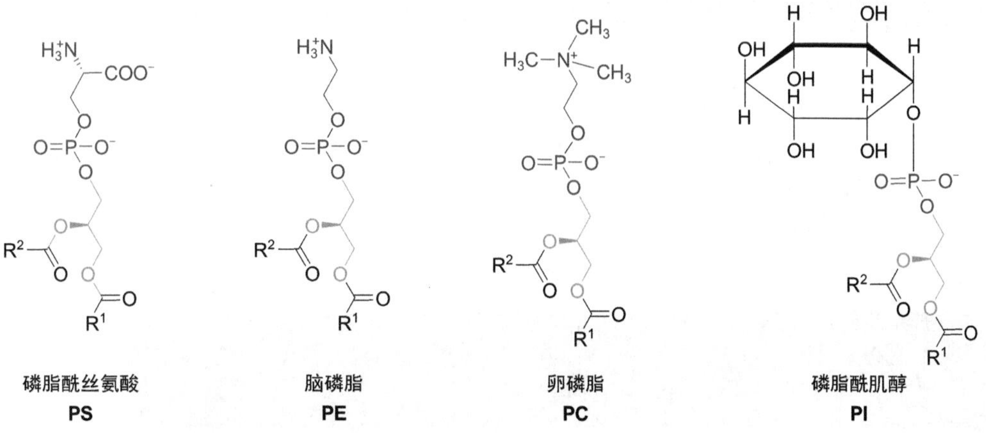

磷脂酰丝氨酸	脑磷脂	卵磷脂	磷脂酰肌醇
PS	PE	PC	PI

图 5-21 现代生物细胞膜主要成分——甘油磷脂

自我复制的原始细胞至少需要两个基本组成部分：自我复制的基因组，例如 RNA 聚合酶、核酶或化学复制的核酸，以及可以生长和分裂的膜区室。Szostak 课题组已经证明囊泡包裹的遗传模板的自发复制，以及包裹的 DNA 双链的链分离，表明囊泡包裹的遗传聚合物的自我复制是可能的，并且展示了模型原始细胞膜有效生长和分裂的简单过程 [62]。

此外，2009 年 T. F. Zhu 和 J. W. Szostak 描绘出了用于原始细胞膜生长和分裂的简单有效途径[63]，如图 5-22 所示。概括地讲，在溶质渗透缓慢的溶液中，富含脂肪酸胶束大型多层脂肪酸囊泡的生长导致最初的球形囊泡转变为长线状囊泡，该过程由表面之间的瞬时失衡驱动面积和数量的增长。然后，适度的剪切力足以使长线状囊泡分成多个子囊泡，而不会损失内容物。因此，在轻度剪切的环境中，原始细胞膜模型可以进行多个生长和分裂周期。该过程的简便性表明，在地球早期的前生源条件下可以发生类似的过程。

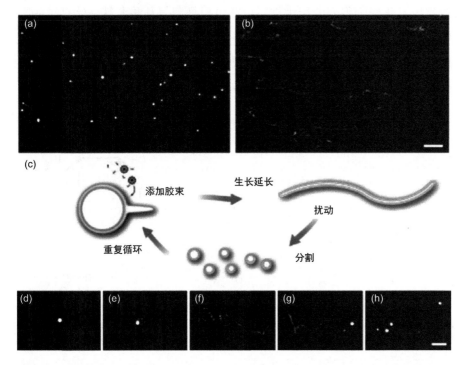

图 5-22　囊泡的生长和分裂[63]

在10min（a）和30min（b）后，将5当量的油酸胶束添加到多层油酸囊泡中观察到囊泡形状转变，比例尺为50µm。（c）循环多层囊泡的生长和分裂示意图：在分裂之前和之后囊泡保持多层（显示为但不限于两层）。（d）~（f）分别添加5当量的油酸酯胶束3min、10min、25min后单个多层油酸酯囊泡的生长。（g）、（h）轻微搅拌液体，线状囊泡被分为多个较小的球状囊泡。d-h比例尺为20µm。

脂肪酸及其相应的醇和甘油单酯是原始细胞膜组成的优秀候选物，因为它们是形成双层膜囊泡的简单两亲性分子，并且能够生长和分裂，从而保留了封装在内的寡核苷酸。Sheref S. Mansy 等用实验证明了这种双层膜囊泡允许带电荷的分子（如核苷酸）通过，从而使得添加到原始细胞模型外部的活化核苷酸自发地穿过膜，并参与原始细胞内部的有效模板复制[64]。在费托类型反应（Fischer-Tropsch-type reactions）[65]中形成的脂质，特别是长链烷酸和醇是所有活细胞脂质双层膜的主要成分。这些化合物在水性环境中的积累会聚结成膜状小泡（胶束），从而为原始细胞膜提供前体底物[65]。

那么从纯粹的物理和化学系统中怎样出现生长和分裂的生化过程？Sheref S. Mansy 等证明了由简单的单链两亲性分子（如脂肪酸、脂肪醇和脂肪酸甘油酯）组成的囊泡具有极高的热稳定性，其在 0～100℃的温度范围内保留了内部 RNA 和 DNA 寡核苷酸。封装的 DNA 双链可以在囊泡中通过高温变性进行分离，这意味着原始细胞中的链分离可以通过热波动来介导，而不会损失原始细胞的遗传物质。在升高温度时，复杂的带电荷分子（如核苷酸）会非常迅速地穿过基于脂肪酸的膜，这表明在高级膜转运蛋白进化之前，高温可以促进养分的吸收。低温复制、高温分离，这与包裹在囊泡中核酸遗传物质的复制同步[66]。

长期以来，人们认为富集纯的、浓缩的化学结构单元可以组装成具有基本成分的原始细胞，这是通往生命起源之路必不可少但极其困难的一步。Szostak 等[67]证明了由某些两亲性分子混合物组成的原始细胞膜比由单一两亲性分子组成的膜具有更加稳健的增长和分裂途径，即增加异质性有利于成膜。

原始细胞的产生首先需要自组装膜，这很可能是由地球上前生源环境下可获得的两亲性化合物构成的。外源输送和内源合成是地球早期前生源生物分子的潜在重要来源，两种方法均可以提供能够自组装成膜结构的两亲性分子。实验室模拟表明，这种囊泡容易包裹功能性大分子，包括核酸和聚合酶[50]。在地球早期普遍存在的条件下，两亲性分子首先自组装成膜状囊泡，然后掺入逐渐复杂的聚合物系统，使膜结合自我繁殖分子系统的出现成为可能。考虑到此类系统的物理特性，早期细胞生命的理想环境应包括中等温度范围（＜60℃）、pH 5～8 和低离子强度（二价离子在亚毫摩尔浓度)。这种原始细胞实验室模型有助于更好地理解细胞生命最初形式的进化途径[68]。

原始细胞产生和经受环境变化的主要挑战是脂肪酸膜在含有高浓度盐(在早期海洋中普遍存在)或二价阳离子(用于 RNA 催化)的溶液中极不稳定。2019 年，Cornell 等将低温电子显微镜和荧光显微镜技术与 NMR 光谱技术、离心过滤测定法和浊度测量技术相结合，发现前生源氨基酸与前生源脂肪酸膜可以相互结合，在高盐和 Mg^{2+} 的存在下形成一个亚稳定膜，说明氨基酸可以帮助高盐环境及二价阳离子体系中前生源脂肪酸膜稳定存在。此外，该研究结果还解释了蛋白质如何与膜共定位的问题。氨基酸是蛋白质的基本组成部分，实验结果与正反馈环一致，在正反馈环中，氨基酸与自组装的脂肪酸膜结合，从而使膜稳定进而导致更多的结合[61]。

5.4.2 N- 磷酰化氨基酸与细胞膜起源的关系

5.4.2.1 两亲性 N- 磷酰化氨基酸构建类膜结构

细胞膜在生命中的功能性要远弱于 DNA 和蛋白质，但是除了病毒，为何自然界中没有任何一种生命可以脱离细胞膜的形式而存在？这是因为细胞膜为生命提供了相对稳定的生存环境。1958 年，Davis 发表了题目为《电离的重要性》的文章[69]，提出：生命物质为了能够有效地保留在细胞内，细胞膜就必须发生电离，否则电中性的分子能与细胞膜互溶，从而导致电中性分子从细胞膜中扩散出去而被无限稀释。因此，对于可电离的细胞膜而言，能同时桥连亲水基团和疏水长链以及满足自身带电荷特征的原子，必须至少是正三价的。此时最容易想到的是磷酸，而对于其他桥连原子则由于化合价和化合物的不稳定性其生物活性远弱于磷酸，可见磷酸基团作为细胞膜中不可缺少的结构是非常重要的。

根据磷脂的结构特征，李艳梅课题组将 N- 磷酰化氨基酸进行两亲衍生化，提出了两亲性长链烷氧基 -N- 磷酰化氨基酸的分子模型[70]。对比长链烷氧基 -N- 磷酰化氨基酸与生物膜磷脂的化学结构可以发现，两者在结构上有很大的相似性：两者均既含有亲水的极性头基，又含有亲油的非极性烷基长链（如图 5-23 所示）。因此，两亲性 N- 磷酰化氨基酸具有成为原始细胞膜的潜在可能。并且，N- 磷酰化氨基酸可以嵌入膜磷脂双层，对磷脂的流动性进行调节[71]。因而，该模型分子在生物膜模拟方面具有重要研究意义，对于解释 N- 磷酰化氨基酸在细胞膜起源方面具有积极作用。

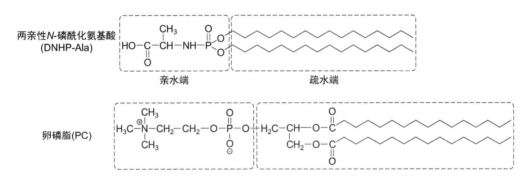

图 5-23　长链烷氧基 -N- 磷酰化氨基酸及生物膜磷脂的结构示意

5.4.2.2　两亲性 N- 磷酰化氨基酸的实验室合成

两亲性长链烷氧基 -N- 磷酰化氨基酸分子结构中，长链烷氧基具有疏水性，构成疏水的尾链；氨基酸部分具有亲水性，构成亲水的头基。利用 TODD 法，采用含有 16 个碳原子疏水链的二烷氧基亚磷酸酯使氨基酸 N 端磷酰化，例如丙氨酸，合成了含 16 碳疏水链的两亲性 N- 磷酰化丙氨酸（**5-1a**），具体合成方法如图 5-24 所示。

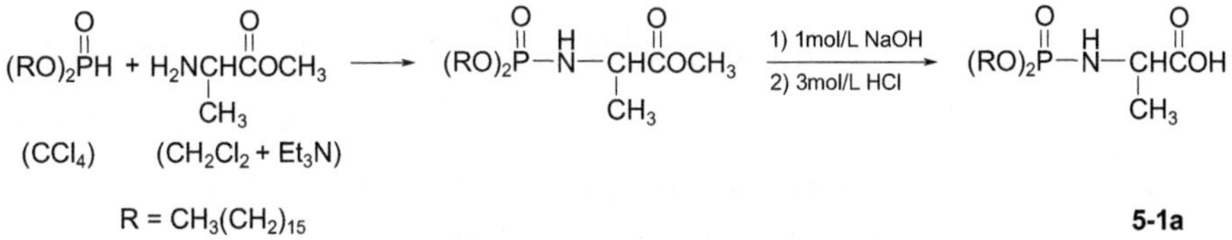

$$(RO)_2PH + H_2NCHCOCH_3 \xrightarrow[(CH_2Cl_2 + Et_3N)]{(CCl_4)} (RO)_2P-N-CHCOCH_3 \xrightarrow[2)\ 3mol/L\ HCl]{1)\ 1mol/L\ NaOH} (RO)_2P-N-CHCOH$$

$$R = CH_3(CH_2)_{15}$$

5-1a

图 5-24　两亲性 N- 磷酰化氨基酸的合成路线

5.4.2.3 两亲性 N- 磷酰化氨基酸在水中双分子膜——囊泡的形成及反应

(1) 囊泡的形成及表征

以化合物 **5-1a**(DNHP-Ala)为例，考察该两亲性分子在水中自组装成双分子膜即囊泡的可行性。分别采用超声振荡法、pH 控制超声振荡法 [72] 可将制备得到的 DNHP-Ala 分散成自组装的单室囊泡结构。囊泡的形貌和大小分布可以采用透射电子显微镜(TEM)进行观察表征，结果如图 5-25 所示。从图中可以明显看出，DNHP-Ala 在超声振荡和 pH 控制超声振荡两种制备条件下均能组装成为单室的球形囊泡。在 TEM 观察到的范围中，囊泡的粒径大小在 100nm 左右。

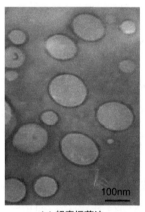
(a) 超声振荡法

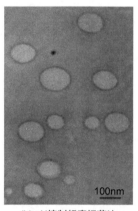
(b) pH控制超声振荡法

图 5-25　化合物 **5-1a** 制得囊泡的 TEM 图像

电镜技术可以直接地观察到囊泡的大小和形貌，而光散射技术还可以得到囊泡的粒径大小与分布情况，二者的结合可以对囊泡进行更全面的表征。多分散性(polydispersity)是囊泡的一个重要性质，它是通过分析粒径分布曲线得到的一个在 0 ～ 1 范围内的常数，体现了囊泡的粒径大小与分布情况，其数值越大表示体系中的粒径分布范围越广。

我们对两种方法制备的化合物 **5-1a** 的囊泡进行了激光动态光散射

(DLS)表征，得到的粒径分布柱状图如图 5-26 所示。

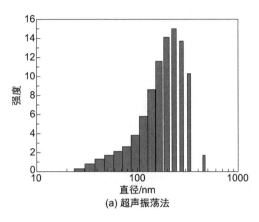
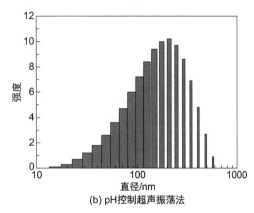

图 5-26　化合物 **5-1a**（DNHP-Ala）囊泡的粒径分布

激光动态光散射方法测得两种制备方法得到的 DNHP-Ala 囊泡的平均粒径以及粒径分布的多分散系数如表 5-1 所示。

表5-1　不同制备方法得到的化合物**5-1a**（DNHP-Ala）囊泡的粒径分布

制备方法	平均粒径 /nm	多分散系数
超声振荡法	212.5	0.35
pH 控制超声振荡法	196.0	0.38

此外，系统的研究表明 N-磷酰化氨基酸的用量、N-磷酰化氨基酸固体薄膜的制备和水化都是影响囊泡形成的关键因素。上述两种方法得到的囊泡在粒径大小及分布上十分相似，但是用 pH 控制超声振荡法得到的囊泡具有更好的稳定性。从表 5-1 可以看出，DNHP-Ala 囊泡的多分散系数高达 0.4 左右，说明 DNHP-Ala 的囊泡具有相当宽的粒径分布范围，因此透射电子显微镜观察到的局部区域内囊泡粒径数值与激光动态光散射得到的所有囊泡平均粒径数值有较大的差别。

(2) 囊泡体系中的缩合反应

两亲性分子在囊泡的闭合双分子层中有序排列，对于人工合成的含有特定官能团的磷脂来说，囊泡双分子层可以提供官能团的特定取向和紧密排列，有利于它们之间的相互反应。

利用 pH(pH=8.0) 控制超声振荡法制备 DNHP-Ala 的囊泡。化合物 **5-1a** 囊泡分散液在 40℃下保温振荡 48h，将保温后的囊泡分散液冷冻干燥，冻干后的固体产物溶解在甲醇当中，进行 ESI-MS 及 ESI-MS/MS 分析。从其负离子模式下的质谱图（图 5-27）可以看出，化合物 **5-1a** 原料的分子离子峰已经完全消失，出现了它的磷酰化二肽产物 N- 磷酰化 -Ala-Ala 的分子离子峰（m/z 687.6）以及水解产物 DNHP-OH 的分子离子峰（m/z 545.8）。

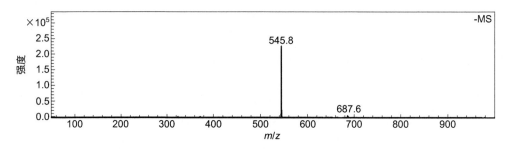

图 5-27　化合物 **5-1a** 囊泡保温后的 ESI-MS 图（负离子模式）

为了确认它的结构，对二肽产物的分子离子峰进行了二级质谱分析（图 5-28），二肽产物的二级质谱碎裂峰与化学合成的标准物 DNHP-Ala-Ala 相同，确认了界面缩合产物即 DNHP-Ala-Ala。

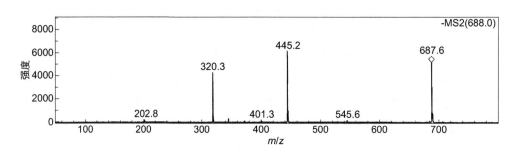

图 5-28　二肽产物的 ESI-MS/MS 图

另外，与水汽界面上的缩合反应类似，DNHP-Ala 在囊泡中的缩合反应同样仅仅生成磷酰化二肽，而没有更长肽链的高级产物生成，即囊泡双分子层内的缩合反应具有二肽选择性。

囊泡双分子层中的情况与水汽界面上的情况类似，缩合反应生成的磷酰化二肽及磷酸酯副产物都具有两亲性，反应发生后磷酰化二肽产物及磷酸酯副产物的疏水尾链在疏水相互作用的影响下"锁定"在双分子层中，保持了囊泡的闭合双层膜结构。反应副产物两亲性磷酸酯参与了闭合双层膜结构的构建，它间隔在磷酰化二肽产物之间，从空间上妨碍了磷酰化二肽的继续进攻，从而终止了磷酰化二肽的继续生长，使反应具有独特的二肽选择性。囊泡体系中副产物两亲性磷酸酯介入终止二肽产物增长的机理可以用图5-29中的图形象地说明。

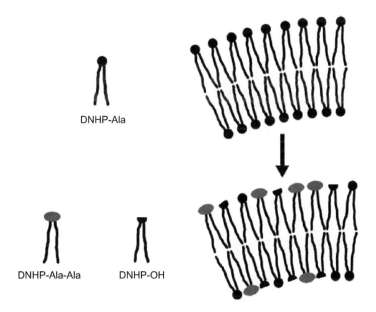

图 5-29　囊泡体系中两亲性磷酸酯介入终止二肽产物增长机理的示意

上述研究结果表明，两亲性 N- 磷酰化氨基酸在水相可以有效自组装成双分子膜——囊泡，并且能够选择性缩合成二肽。这些研究成果能够进一步补充并完善基于 N- 磷酰化氨基酸的"共同起源"模型，给有序界面上生物大分子的起源以及生物膜起源提供了一个新颖的研究思路，对理解原始细胞膜的化学起源分子机制具有重要的科学意义。

5.4.3 原始细胞膜的进化

细胞的产生与进化历经了数十亿年的历史。科学家们合成了多种磷脂类膜分子来研究人工膜与细胞膜的性质差异。与此同时，也逐渐完善了细胞膜的进化理论。Szostak 等通过实验研究发现，细胞膜也存在着自身进化的能力[73]。原始细胞膜也许仅仅是简单的线型磷脂分子，并不具备调节渗透压等现代细胞膜的性质。但是研究发现，在极稀浓度的磷脂溶液中，结构简单的线型分子膜会逐渐被游离的磷脂替换，从而达到富集与进化的目的(图 5-30)。该实验结果的发现也说明两亲性磷酰化氨基酸分子在细胞膜进化中可能存在重要作用。

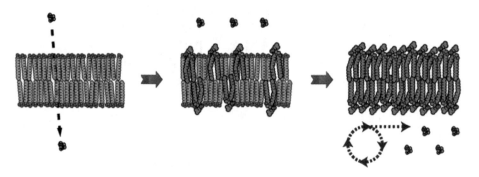

图 5-30　细胞膜的进化历程[73]（彩图 5）

灰色为两亲性分子中普通长链脂肪酸类亲油分子端；绿色为两亲性分子中磷脂类亲油分子端，红色圆点为两亲性分子的亲水端

5.4.4　基于 P-N 键的核酸、蛋白质、细胞膜共起源理论

几乎所有的生命都是由细胞构成的，大自然强调了细胞膜对于生命的重要性。细胞膜为生命提供了相对稳定的生存环境，细胞膜由简单到复杂逐渐进化产生功能。生物学家还发现膜与膜内的生命活动具有协同促进的作用[12]。生命对于膜的依赖以及膜环境对生命活动的促进作用，

促成了原始细胞的产生。

2001年，Szostak教授提出了"人工合成生命"的构想，并指出最原始的生命不仅需要具备遗传物质，还需要原始细胞膜和能调控膜生长的功能分子[74]。随着生命化学起源过程的深入研究，一些具备生物活性的短肽小分子逐渐被发现，其中，最为突出并被广泛关注的功能小肽就是丝组二肽。2009年Luisi等发现丝组二肽能催化肽键的生成（图5-31），如苯亮二肽的生成[75]。2013年Szostak教授领导的研究小组进一步研究发现在囊泡体系中，丝组二肽在原位催化苯亮二肽生成的同时，后者调控细胞膜的生长（图5-32）[76]。以上的实验结果充分说明在生命的化学起源过程中小肽也扮演着非常重要的角色，为核酸、蛋白质、细胞膜共起源提供了有力的证据。

$$\text{Ac—X—OEt} + \text{H—Y—NH}_2 \xrightarrow{\text{Ser-His}} \text{Ac—X—Y—NH}_2 + \text{EtOH}$$

图5-31　丝组二肽（Ser-His）催化肽键的生成反应式

X、Y代表两种不同的氨基酸残基，例如X为苯丙氨酸残基，Y为亮氨酸残基，即得苯亮二肽

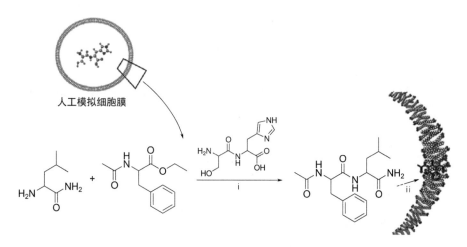

图5-32　丝组二肽催化肽键生成，生成的二肽促成人工细胞膜增殖[76]

丝组二肽（Ser-His）催化LeuNH$_2$和AcPheOEt反应生成AcPheLeuNH$_2$二肽（反应 i ），AcPheLeuNH$_2$二肽可以嵌入定位于双层分子膜中（反应 ii ）

2015年，Sutherland教授将HCN及其相关衍生物，在紫外线照射下，

H_2S 作为还原剂，Cu(Ⅰ)-Cu(Ⅱ)循环催化下，同时实现了 UMP、氨基酸以及脂质体的前体合成[52]。该研究工作一经发表，受到众多科学家的广泛关注，并在当月 *Science* 上发文高度评价这种"三合一"的生命起源设想[77]。

然而，上述核酸、蛋白质、细胞膜共起源的原始细胞设想，忽略了整个生命的化学起源过程中"磷"的参与及调控作用。*N*-磷酰化氨基酸可以将寡核苷酸、肽和磷脂的产生紧密关联起来，是一种潜在的"三合一"原始细胞的理想模型(图 5-33)[78]。从 *N*-磷酰化氨基酸介导核酸、蛋白质、细胞膜共起源的化学进化历程中可以看到，关键的反应驱动力就是基于高能 P-N 键的五元环中间体 CAPA。

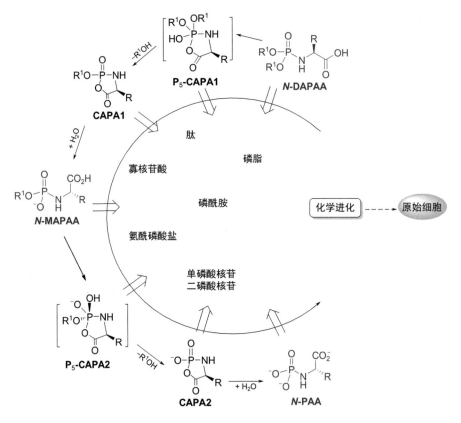

图 5-33　*N*-磷酰化氨基酸介导核酸、蛋白质、细胞膜共起源的化学进化历程[78]

2017 年，Krishnamurthy 等研究发现二氨基磷酸盐(diamidophosphate，DAP)，一种含有高能 P-N 键的前生源可有效获得、可生物利用的活性磷试剂，可以在前生源环境下，高效地实现核苷、氨基酸以及膜前体等生物大分子合成砌块的"single-pot"磷酰化，随后聚合成相应的高级结构，即寡聚核酸、蛋白质以及脂质体[79]。这一研究发现进一步证明了高能 P-N 键在生命的前生源化学起源过程中的重要性。

2023 年，刘艳等在传统的 P_3m 活化成肽反应体系中引入癸酸-癸醇囊泡膜前体，发现该体系中，不仅产生活性小肽，还产生了一种新的膜前体物质——N-癸酰氨基酸，即 N-酰基氨基酸(N-acyl amino acid，NAA)，且体系中 NAA 的产生一定需要 P_3m 的介导。NAA 的生成丰富了该体系中的膜前体类型，增加了脂肪酸囊泡膜的复杂性，降低了其临界囊泡浓度(critical vesicle concentration，CVC)，提高了囊泡稳定性[80]。

P_3m 活化氨基酸成肽以及磷酸化核苷获得核苷酸的相关研究已多有报道。P_3m 介导脂肪酸与氨基酸生成 NAA 的反应发现，进一步说明了磷元素具有触发核酸、蛋白质和细胞膜"三合一"共起源的能力，并且可以在功能化原始细胞的出现过程中发挥重要作用。

综上所述，我们推测高能 P-N 键，可以以磷酰化氨基酸分子为载体，积极参与前生源环境下关键生命物质的化学演化。在当代生物学，一些细胞过程仍然由 N-磷酸化蛋白质来调控，这些含 P-N 键的蛋白质可以认为是曾经参与化学进化过程中 N-磷酰化氨基酸分子的继承者。

总而言之，高能 P-N 键很可能在生命起源的化学演化过程中具有重要作用。N-磷酸化氨基酸这个模型系统可以在两个方面进一步发展下去：一方面需要寻找其他更便捷的磷酰化氨基酸的前生源获得路径；另一方面是以磷酸为桥梁，把氨基酸和核苷酸放置于同一个分子模型上，探讨它们之间的互相识别作用，从而开展遗传密码起源和同手性起源的研究。

参考文献

[1] Raulin-Cerceau F M, M C, Schneider J. Impacts of Darwin's Theory on « Origins of Life » and « Extraterrestrial Life » Debates, and some wider topics. Exobiology: Matter, Energy, and Information in the Origin and Evolution of Life in the Universe. Proceedings of the Fifth Trieste Conference on

Chemical Evolution: An Abdus Salam Memorial Trieste, Italy, 22–26 September, 1997: 175-180.
[2] Hunter T. Signaling - 2000 and beyond. Cell, 2000, 100 (1): 113-127.
[3] Huang B L, Liu Y, Yao H W, et al. NMR-based investigation into protein phosphorylation. International Journal of Biological Macromolecules, 2020, 145: 53-63.
[4] Schmidt A, Trentini D B, Spiess S, et al. Quantitative Phosphoproteomics Reveals the Role of Protein Arginine Phosphorylation in the Bacterial Stress Response. Molecular & Cellular Proteomics, 2014, 13 (2): 537-550.
[5] Balestrino M, Lensman M, Parodi M, et al. Role of creatine and phosphocreatine in neuronal protection from anoxic and ischemic damage. Amino Acids, 2002, 23 (1-3): 221-229.
[6] Ciesla J, Fraczyk T, Rode W. Phosphorylation of basic amino acid residues in proteins: important but easily missed. Acta Biochim Pol, 2011, 58 (2): 137-147.
[7] Fuhrmann J, Schmidt A, Spiess S, et al. McsB Is a Protein Arginine Kinase That Phosphorylates and Inhibits the Heat-Shock Regulator CtsR. Science, 2009, 324 (5932): 1323-1327.
[8] Elsholz A K W, Turgay K, Michalik S, et al. Global impact of protein arginine phosphorylation on the physiology of Bacillus subtilis. Proceedings of the National Academy of Sciences of the United States of America, 2012, 109 (19): 7451-7456.
[9] Trentini D B, Suskiewicz M J, Heuck A, et al. Arginine phosphorylation marks proteins for degradation by a Clp protease. Nature, 2016, 539 (7627): 48-53.
[10] Wakim B T, Aswad G D. Ca^{2+}-Calmodulin-Dependent Phosphorylation of Arginine in Histone-3 by a Nuclear Kinase from Mouse Leukemia-Cells. Journal of Biological Chemistry, 1994, 269 (4): 2722-2727.
[11] Boyer P D, Deluca M, Ebner K E, et al. Identification of phosphohistidine in digests from a probable intermediate of oxidative phosphorylation. Journal of Biological Chemistry, 1962, 237: PC3306-PC3308.
[12] Attwood P V, Piggott M J, Zu X L, et al. Focus on phosphohistidine. Amino Acids, 2007, 32 (1): 145-156.
[13] Mijakovic I, Grangeasse C, Turgay K. Exploring the diversity of protein modifications: special bacterial phosphorylation systems. FEMS Microbiol Rev, 2016, 40 (3): 398-417.
[14] Thakur R K, Yadav V K, Kumar P, et al. Mechanisms of non-metastatic 2 (NME2)-mediated control of metastasis across tumor types. Naunyn Schmiedebergs Arch Pharmacol, 2011, 384 (4-5): 397-406.
[15] Fuhs S R, Meisenhelder J, Aslanian A, et al. Monoclonal 1- and 3-Phosphohistidine Antibodies: New Tools to Study Histidine Phosphorylation. Cell, 2015, 162 (1): 198-210.
[16] Zetterqvist O, Engstrom L. Isolation of N-e-[32P]phosphoryl-lysine from rat-liver cell sap after incubation with [32P]adenosine triphosphate. Biochim Biophys Acta, 1967, 141 (3): 523-532.
[17] Besant P G, Attwood P V, Piggott M J. Focus on phosphoarginine and phospholysine. Curr Protein Pept Sci, 2009, 10 (6): 536-550.
[18] Attwood P V. P-N bond protein phosphatases. Biochim Biophys Acta, 2013, 1834 (1): 470-478.
[19] Sikorska M, Whitfield J F. Isolation and purification of a new 105 kDa protein kinase from rat liver nuclei. Biochim Biophys Acta, 1982, 703 (2): 171-179.
[20] Mojzsis S J, Arrhenius G, McKeegan K D, et al. Evidence for life on Earth before 3,800 million years ago (vol 384, pg 55, 1996). Nature, 1997, 386 (6626): 738-738.
[21] Miller S L, Urey H C. Organic compound synthesis on the primitive earth. Science, 1959, 130 (3370): 245-251.
[22] Johnson A P, Cleaves H J, Dworkin J P, et al. The Miller volcanic spark discharge experiment. Science, 2008, 322 (5900): 404.
[23] Kvenvolden K, Lawless J, Pering K, et al. Evidence for extraterrestrial amino-acids and hydrocarbons in the Murchison meteorite. Nature, 1970, 228 (5275): 923-926.

[24] Ruiz-Mirazo K, Briones C, de la Escosura A. Prebiotic Systems Chemistry: New Perspectives for the Origins of Life. Chemical Reviews, 2014, 114 (1): 285-366.

[25] Wang W Q, Kobayashi K, Ponnamperuma C. Prebiotic Synthesis in a Mixture of Methane, Nitrogen, Water, and Phosphine. Biochemistry, 1983, 22 (15): A34-A34.

[26] Martin R B. Free energies and equilibria of peptide bond hydrolysis and formation. Biopolymers, 1998, 45 (5): 351-353.

[27] Danger G, Plasson R, Pascal R. Pathways for the formation and evolution of peptides in prebiotic environments. Chemical Society Reviews, 2012, 41 (16): 5416-5429.

[28] Pascal R, Boiteau L, Commeyras A. From the prebiotic synthesis of alpha-amino acids towards a primitive translation apparatus for the synthesis of peptides. Prebiotic Chemistry: From Simple Amphiphiles to Protocell Models, 2005, 259: 69-122.

[29] Pasek M A. Rethinking early Earth phosphorus geochemistry. Proceedings of the National Academy of Sciences of the United States of America, 2008, 105 (3): 853-858.

[30] Pasek M, Block K. Lightning-induced reduction of phosphorus oxidation state. Nature Geoscience 2009, 2 (8): 553-556.

[31] Yamagata Y, Watanabe H, Saitoh M, et al. Volcanic Production of Polyphosphates and Its Relevance to Prebiotic Evolution. Nature, 1991, 352 (6335): 516-519.

[32] Pasek M. A role for phosphorus redox in emerging and modern biochemistry. Curr Opin Chem Biol, 2019, 49: 53-58.

[33] Rabinowitz J F J, Krebsbach R, Rogers G. Peptide formation in the presence of linear or cyclic polyphosphates. Nature, 1969, 224, 795-796.

[34] Ni F, Fu C, Sun S T, et al. Green Synthesis of N-Phosphono-Amino Acids by Trimetaphosphate (P3m), Phosphorus, Sulfur, and Silicon and the Related Elements, 2008, 183 (2-3): 773-774.

[35] Ying J C, Lin R C, Xu P X, et al. Prebiotic formation of cyclic dipeptides under potentially early Earth conditions. Sci Rep, 2018, 8: 936. https://doi.org/10.1038/s41598-018-19335-9.

[36] Ji G J X, C B, Zeng J N, et al. Synthesis of N-(O,O-diisopropyl) phosphoryl amino acid and peptides. Synthesis-Stuttgart, 1988, 6: 444-448.

[37] Lipmann F, Tuttle L C. The detection of activated carboxyl groups with hydroxylamine as interceptor. J. Biol. Chem, 1945, 161: 415.

[38] Zeng J N, Xue C B, Chen Q W, et al. A New Peptide Coupling Reagent - Dialkyl Phosphite. Bioorganic Chemistry, 1989, 17 (4): 434-442.

[39] Li Y M, Yin Y W, Zhao Y F. Phosphoryl Group Participation Leads to Peptide Formation from N-Phosphorylamino Acids. International Journal of Peptide and Protein Research, 1992, 39 (4): 375-381.

[40] Cheng C M, Liu X H, Li Y M, et al. N-phosphoryl amino acids and biomolecular origins. Origins of Life and Evolution of the Biospheres, 2004, 34 (5): 455-464.

[41] Gao X, Liu Y, Xu P X, et al. alpha-Amino acid behaves differently from beta- or gamma-amino acids as treated by trimetaphosphate. Amino Acids, 2008, 34 (1): 47-53.

[42] Fu H, Li Z L, Zhao Y F, et al. Oligomerization of N,O-bis(trimethylsilyl)-alpha-amino acids into peptides mediated by o-phenylene phosphorochloridate. Journal of the American Chemical Society, 1999, 121 (2): 291-295.

[43] Li Y M, Zhao Y F. The Bioorganic Chemical-Reactions of N-Phosphoamino Acids without Side-Chain Functional-Group Participated by Phosphoryl Group. Phosphorus Sulfur and Silicon and the Related Elements, 1993, 78 (1-4): 15-21.

[44] Xue C B, Yin Y W, Zhao Y F. Studies on Phosphoserine and Phosphothreonine Derivatives - N-Diisopropyloxyphosphoryl-Serine and N-Diisopropyloxyphosphoryl-Threonine in Alcoholic Media. Tetrahedron Lett, 1988, 29 (10): 1145-1148.

[45] Yang H J, Jian L, Zhao Y F. N → S Phosphoryl Migration in Phosphoryl Glutathione. International Journal of Peptide and Protein Research, 1993, 42 (1): 39-43.

[46] Zhou W H, Ju Y, Zhao Y F, et al. Simultaneous formation of peptides and nucleotides from N-phosphothreonine. Origins of Life and Evolution of the Biospheres, 1996, 26 (6): 547-560.

[47] Zhao Y F, Cao P S. Phosphoryl Amino-Acids - Common Origin for Nucleic-Acids and Protein. Journal of Biological Physics, 1994, 20 (1-4): 283-287.

[48] Landweber L F. Testing ancient RNA-protein interactions. Proceedings of the National Academy of Sciences of the United States of America, 1999, 96 (20): 11067-11068.

[49] Kitadai N, Maruyama S. Origins of building blocks of life: A review. Geoscience Frontiers, 2018, 9 (4): 1117-1153.

[50] Deamer D, Dworkin J P, Sandford S A, et al. The first cell membranes. Astrobiology, 2002, 2 (4): 371-381.

[51] Murillo-Sanchez S, Beaufils D, Manas J M G, et al. Fatty acids' double role in the prebiotic formation of a hydrophobic dipeptide (vol 7, pg 3406, 2016). Chem Sci, 2016, 7(6): 3934-3934.

[52] Deamer D W. The Molecular Origins of Life: Membrane compartments in prebiotic evolution [M]. Cambridge University Press, 1998: 189-205.

[53] Hargreaves W R, Mulvihill S J, Deamer D W. Synthesis of phospholipids and membranes in prebiotic conditions. Nature, 1977, 266 (5597): 78-80.

[54] Patel B H, Percivalle C, Ritson D J, et al. Common origins of RNA, protein and lipid precursors in a cyanosulfidic protometabolism. Nature Chemistry, 2015, 7 (4): 301-307.

[55] Apel C L, Deamer D W, Mautner M N. Self-assembled vesicles of monocarboxylic acids and alcohols: conditions for stability and for the encapsulation of biopolymers. Biochimica Et Biophysica Acta-Biomembranes, 2002, 1559 (1): 1-9.

[56] Maurer S E, Deamer D W, Boncella J M, et al. Chemical Evolution of Amphiphiles: Glycerol Monoacyl Derivatives Stabilize Plausible Prebiotic Membranes. Astrobiology, 2009, 9 (10): 979-987.

[57] Eichberg J, Sherwood E, Epps D E, et al. Cyanamide mediated syntheses under plausible primitive earth conditions. IV. The synthesis of acylglycerols. J Mol Evol, 1977, 10 (3): 221-230.

[58] Epps D E, Sherwood E, Eichberg J, et al. Cyanamide mediated syntheses under plausible primitive earth conditions. V. The synthesis of phosphatidic acids. J Mol Evol, 1978, 11 (4): 279-292.

[59] Rao M, Eichberg M R, Oro J. Synthesis of phosphatidylcholine under possible primitive earth conditions. J Mol Evol, 1982, 18 (3): 196-202.

[60] Gibard C, Bhowmik S, Karki M, et al. Phosphorylation, oligomerization and self-assembly in water under potential prebiotic conditions. Nature Chemistry, 2018, 10 (2): 212-217.

[61] Cornell C E, Black R A, Xue M J, et al. Prebiotic amino acids bind to and stabilize prebiotic fatty acid membranes. Proceedings of the National Academy of Sciences of the United States of America, 2019, 116 (35): 17239-17244.

[62] Hentrich C, Szostak J W. Controlled Growth of Filamentous Fatty Acid Vesicles under Flow. Langmuir, 2014, 30 (49): 14916-14925.

[63] Zhu T F, Szostak J W. Coupled Growth and Division of Model Protocell Membranes. Journal of the American Chemical Society 2009, 131 (15): 5705-5713.

[64] Mansy S S, Schrum J P, Krishnamurthy M, et al. Template-directed synthesis of a genetic polymer in a model protocell. Nature, 2008, 454 (7200): 122-U10.

[65] McCollom T M, Ritter G, Simoneit B R T. Lipid synthesis under hydrothermal conditions by Fischer-Tropsch-type reactions. Origins of Life and Evolution of the Biospheres, 1999, 29 (2): 153-166.

[66] Mansy S S, Szostak J W. Thermostability of model protocell membranes. Proceedings of the National Academy of Sciences of the United States of America, 2008, 105 (36): 13351-13355.

[67] Szostak J W. An optimal degree of physical and chemical heterogeneity for the origin of life?

Philosophical Transactions of the Royal Society B-Biological Sciences, 2011, 366 (1580): 2894-2901.
[68] Luisi P L, Walde P, Oberholzer T. Lipid vesicles as possible intermediates in the origin of life. Current Opinion in Colloid & Interface Science, 1999, 4 (1): 33-39.
[69] Davis B D. On the Importance of Being Ionized. Biologist, 1986, 33 (5): 291-295.
[70] Wang H Y, Li Y M, Xiao Y, et al. Condensation properties of vesicles formed from an amphiphilic N-phosphorylamino acid. J Colloid Interface Sci, 2005, 287 (1): 307-311.
[71] Li Y M, Zhao Y F. Effects of N-phosphoproline on the phospholipid of human erythrocytes membrane. Spectroscopy Letters, 2000, 33 (5): 653-659.
[72] Engberts J B F N, Hoekstra D. Vesicle-forming synthetic amphiphiles. Biochimica Et Biophysica Acta-Reviews on Biomembranes, 1995, 1241 (3): 323-340.
[73] Budin I, Szostak J W. Physical effects underlying the transition from primitive to modern cell membranes. Proceedings of the National Academy of Sciences of the United States of America, 2011, 108 (13): 5249-5254.
[74] Szostak J W, Bartel D P, Luisi P L. Synthesizing life. Nature, 2001, 409 (6818): 387-390.
[75] Gorlero M, Wieczorek R, Adamala K, et al. Ser-His catalyses the formation of peptides and PNAs. Febs Letters, 2009, 583 (1): 153-156.
[76] Adamala K, Szostak J W. Competition between model protocells driven by an encapsulated catalyst. Nature Chemistry, 2013, 5 (6): 495-501.
[77] Service R F. BIOCHEMISTRY Origin-of-life puzzle cracked. Science, 2015, 347 (6228): 1298.
[78] Ni F, Fu C, Gao X, et al. N-phosphoryl amino acid models for P-N bonds in prebiotic chemical evolution. Science China-Chemistry, 2015, 58 (3): 374-382.
[79] Clémentine Gibard S B, Megha Karki, Eun-Kyong Kim, et al. Phosphorylation, oligomerization and self-assembly in water under potential prebiotic conditions. Nature Chemistry, 2017, 10: 212-217.
[80] Chen Y Y, Yan L J, Chi Y, et al. Protocell self-assembly driven by sodium trimetaphosphate. Chem. Eur. J., 2023, 29: e202300512.

PHOSPHORUS 磷科学前沿与技术丛书

磷与生命起源

6

高能P—N键介导的功能二肽的发现

6.1 Ser-His 对 DNA 的水解活性
6.2 Ser-His 对蛋白质的水解活性
6.3 Ser-His 与底物蛋白质相互作用的双功能性
6.4 Ser-His 与丝氨酸蛋白水解酶的分子进化关系
6.5 丝组二肽——现代酶的原始进化雏形
6.6 丝组二肽新功能的发现

赵玉芬教授研究团队早期在研究 N- 磷酰化丝氨酸的生物活性时发现了一个特殊的二肽——L- 丝氨酰 -L- 组氨酸二肽(Ser-His)，其化学结构式如图 6-1 所示。Ser-His 是目前报道的具有多种水解活性的最小功能肽，它不仅能够水解 DNA，而且可以水解蛋白质[1]。

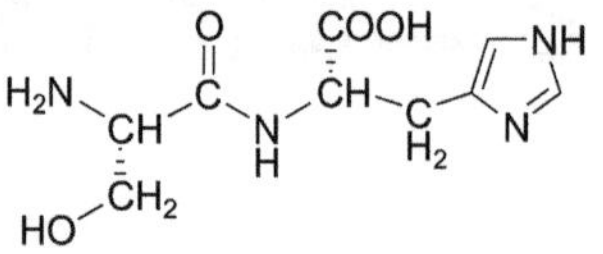

图 6-1　Ser-His 的化学结构式

6.1
Ser-His对DNA的水解活性

清华大学麻远等在研究 N- 磷酰化丝氨酸与 DNA 的相互作用时，发现久置的 N- 磷酰化丝氨酸的饱和组氨酸缓冲溶液能够水解 DNA，而新配制的溶液则不具有这种活性。随后的研究证明久置溶液中的真正活性成分是 Ser-His[2]。那么，久置 N- 磷酸化丝氨酸(N- 二异丙氧基磷酰化丝氨酸，N-DIPP-Ser)的组氨酸缓冲溶液中怎么会产生 Ser-His 呢？这是因为 N-DIPP-Ser 和缓冲溶液中的组氨酸，经长时间放置后，会发生成肽反应，先生成 N- 二异丙氧基磷酰化丝氨酰组氨酸(N-DIPP-Ser-His)，随后经水解脱去磷酸酯后得到 Ser-His。具体的成肽反应机制如图 6-2 所示。

2000 年，美国俄亥俄大学的陈小茁和清华大学的赵玉芬团队合作，将线型的噬菌体 λ-DNA 或环形的质粒 DNA pBR322 与 Ser-His 在恒温水浴中保温 72h 后，两者都可以被逐渐降解为长短不同的小碎片[3]。而且，Ser-His 可以在一个较宽的 pH 值范围(pH=5～9)内水解 DNA，在生理温度 37℃保温时，最佳的水解溶液 pH 值(pH=6)，接近组氨酸侧链咪唑基的 pK_a (pK_a=6)。此外，切割反应的快慢跟保温温度有关，在 50℃保温条件下的切割速度要比生理温度 37℃快得多。通过 ^{32}P 的同位素自显影技术标记 DNA 底物，发现 Ser-His 对 DNA 切割不具有序列选择性[3]。利用 T4 DNA 连接酶处理 Ser-His 对 DNA 切割产生的碎片，发现所产生的 DNA 碎片可以经 T4 DNA 连接酶连成较大的片段[3]。这说明 Ser-His 对 DNA 的切割可以产生自由的 3′- 羟基和 5′- 磷酸根，而这些基团只能通过磷酸二酯键的水解产生。这些实验结果说明，Ser-His 是以水解机制断裂 DNA 的，而非通常 DNA 的自由基断裂机制。

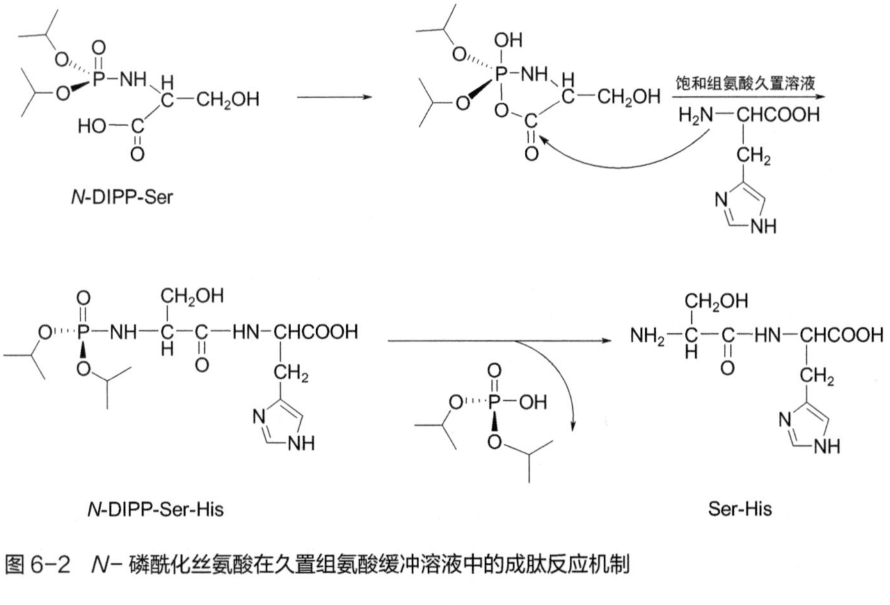

图 6-2 N- 磷酰化丝氨酸在久置组氨酸缓冲溶液中的成肽反应机制

然而，Ser-His 对 DNA 的水解活性相对于 DNA 核酸酶来说非常弱，37℃条件下，1.21μg/mL Ser-His 对 DNA 的水解活性相当于 1/1000 的

7×10^{-3} unit/mL 的 RQ1 DNA 核酸酶。

赵玉芬研究团队将 Ser-His 中的丝氨酸或组氨酸用其他氨基酸残基取代，或者在两者之间或在 Ser-His 的 N 末端或 C 末端加入一些其他氨基酸残基，考察这些 Ser-His 相关寡肽对 DNA 的水解活性。研究发现，当丝氨酸被除了半胱氨酸(Cys)、苏氨酸(Thr)以外的氨基酸取代时，其对 DNA 的水解活性消失。组氨酸若被其他较大体积的碱性氨基酸残基取代，比如带正电荷的赖氨酸(Lys)、精氨酸(Arg)，则其水解 DNA 的活性消失。但是，若是较小体积的丙氨酸(Ala)取代组氨酸残基，即 Ser-Ala，则其水解 DNA 的活性保持，但稍减弱[4]。组丝二肽(His-Ser)与 Ser-His 的化学组成相同，仅连接序列相反，但其不具有水解 DNA 的活性。Ser-His 的 N 端加上一个氨基酸残基时，其水解 DNA 的活性消失，但是在 C 端加上一个或多个氨基酸残基时，其水解 DNA 的活性保持，说明 Ser-His 具有进一步结构进化的潜质。此外，在 Ser-His 中间加上一个或多个氨基酸残基时，其水解 DNA 的活性同样保持。以上实验结果说明，N 端氨基酸残基的羟基(Ser、Thr)或巯基(Cys)是具有水解 DNA 活性的必需基团，而组氨酸的咪唑基不是必需基团，而是辅助基团，可以帮助提高水解 DNA 的能力，与现代生物酶促反应中的咪唑基作用一致[5]。

另外，一系列与 Ser-His 在结构上有不同相似度的物质对 DNA 的水解活性也做了系统研究[4]。Boc-Ser-His 不具有切割活性，而羧基端酯化后的 Ser-His-OMe、Ser-OMe、Thr-OMe 仍具有切割活性，但是其活性降低。这可能是因为羧基一旦酯化就降低了 Ser-His 等在水中的溶解度。另外，四种醇胺化合物同样具有切割活性。上述相关实验结果总结于图 6-3 中。这些结果说明，对 DNA 的水解过程，N 端氨基是具有活性的必需基团，而且氨基与羟基处于相邻碳原子上，而 C 端的羧基则不是必需基团。此外，相对 Ser-His 结构没有羧基的非肽酰胺——丝氨酰组酰胺(Ser-hismine amide) 同样具有 DNA 的水解活性[6]。

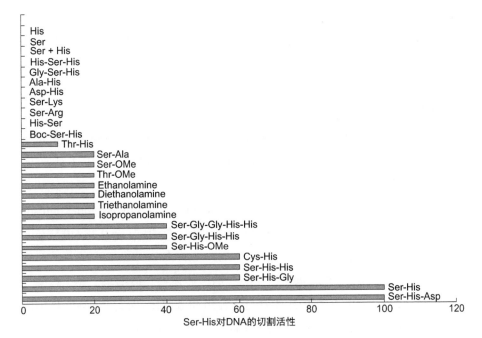

图 6-3 Ser-His 与相关寡肽及结构相关化合物对 DNA 的切割活性 [3, 7, 8]

纵坐标表示参与测试的Ser-His相关寡肽及胺类化合物种类；横坐标代表Ser-His对DNA切割活性的相对大小。Ethanolamine为乙醇胺，Diethanolamine为二乙醇胺，Triethanolamine为三乙醇胺，Isopropanolamine为异丙醇胺

6.2
Ser-His对蛋白质的水解活性

  作为生物体中最重要的两种物质，蛋白质和核酸决定了每一个生物体的共性与特性，也是生物学的主要研究对象。正如前文所述，Ser-His

对DNA具有水解活性，那么Ser-His是否对蛋白质也同样具有水解作用？

研究发现，在水解DNA的反应条件下，Ser-His对蛋白质也具有水解活性，能将牛血清白蛋白(BSA)[3, 9]、绿色荧光蛋白(GFP)[10]、亲环素A(CyPA)[11]等蛋白质水解成小的弥散肽段，而且随着保温时间的延长，水解现象越来越明显。水解蛋白质的最优反应条件与水解DNA的相似，在接近pH=6时，具有最佳的水解效果。水解反应速率的快慢取决于水解时的温度，在不使蛋白质变性凝固的前提下，温度越高，反应速率越快，较好的反应温度是50℃。但是，Ser-His的这种水解活性相对于传统的蛋白水解酶来说较弱，例如，在50℃，pH=6.5～7.5的Britton-Robinson(B-R)缓冲溶液中，1mmol Ser-His的水解活性相当于0.33×10^{-4} mmol 蛋白水解酶K的水解活性[10]。

B-R缓冲溶液、柠檬酸-柠檬酸三钠缓冲体系、磷酸氢二钠-磷酸二氢钠缓冲体系、Bis-Tris缓冲体系与不加缓冲液对比(所有缓冲液pH值均为6.0)，60℃下反应24h，考察Ser-His对BSA的水解活性。实验表明，这些常用的生化缓冲体系中，B-R缓冲液及磷酸盐缓冲液对水解有明显的促进作用，而柠檬酸盐缓冲液与Bis-Tris缓冲液则抑制反应进行；不加缓冲液(Ser-His自身具有一定的缓冲能力，在反应前后pH值基本保持在6.0左右)时，可看到加Ser-His后，BSA原料带变弱，但相对B-R缓冲液与磷酸盐缓冲液变化并不明显[12]。

为了研究Ser-His中各官能团在切割蛋白质时所起的作用，一系列与Ser-His相似的化合物，如组丝二肽(His-Ser)、丝丙二肽(Ser-Ala)、丙组二肽(Ala-His)、丝氨酸、组氨酸、丝氨酸甲酯、乙醇胺、二乙醇胺及三乙醇胺为对照，研究它们对BSA的水解作用[12]。研究结果表明：① Ala-His无水解活性，而Ser-Ala具有水解活性，但是相对Ser-His活性较弱。这说明丝氨酸侧链羟基是其具有水解活性的必需基团，而组氨酸的咪唑基则辅助增强水解活性。②丝氨酸、丝氨酸甲酯、乙醇胺、二乙醇胺及三乙醇胺对BSA无水解活性。这一结果与DNA的切割活性相反。考虑到Ser-Ala的微弱活性，说明二肽中的酰胺键及羧基对其水解活性有一定贡献。可能是这两种官能团与蛋白质骨架上的某些侧链官能团作用，从而使 Ser-His 分子接近于蛋白质并使水解反应成为可能。③ Ser 与 His 对 BSA 没有明显水解作用，说明 Ser-His 即使在反应中水解产生 Ser 与 His，其水解活性也不是由这两种物质引起的；④与 Ser-His 化学组成相同但序列相反的 His-Ser，对蛋白质同样不具有切割活性，这一结果与水解 DNA 一致。

6.3
Ser-His与底物蛋白质相互作用的双功能性

刘艳、施燕红等在研究 Ser-His 对亲环素 A 的切割活性时，发现随着保温时间的延长(pH=6, 37℃)，除了切割产物外，还观察到较亲环素 A 本身分子量更大蛋白质条带的产生，如图 6-4 [11] 所示，其可能是偶联产物。Ser-His 是否具有催化酰胺键生成的功能？蛋白水解酶本身就具有催化肽键形成的能力 [13]。基于微观可逆原理，推测 Ser-His 应该具有功能可逆性，即既能水解肽键，也能催化肽键的生成。有意思的是，意大利的 Luisi 教授研究发现 Ser-His 能够催化肽键及肽核酸 PNA 的生成 [14]。这一研究结果间接证明了关于 Ser-His 在切割亲环素 A 时有偶联产物生成的推断。

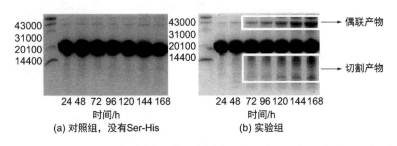

图 6-4 Ser-His 对亲环素 A 的切割活性研究 [11]

2009年的诺贝尔生理学或医学奖获得者，哈佛大学医学院 J. W. Szostak 教授利用 Ser-His 能催化肽键生成的功能，人工模拟原始细胞膜的生成[15]，并且研究发现利用脂肪酸囊泡的包封，更利于丝组二肽催化成肽功能的发挥。相关研究进一步说明 Ser-His 与底物蛋白质的相互作用具有双功能性。

6.4
Ser-His与丝氨酸蛋白水解酶的分子进化关系

Ser-His 既能水解肽键，又能催化肽键的生成，其双功能的生物活性与丝氨酸蛋白水解酶极其相似。丝氨酸蛋白水解酶是一种超家族蛋白水解酶，几乎占有总蛋白水解酶的 1/3，因其三元催化中心 Asp/His/Ser，含有关键氨基酸丝氨酸而得名。丝组二肽与丝氨酸蛋白水解酶的三元催化活性中心在结构组成上极具相似性（图 6-5）。

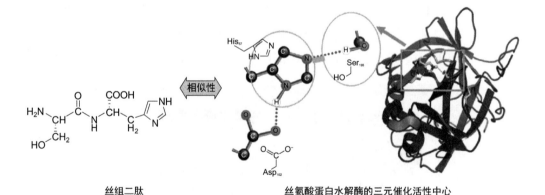

图 6-5　丝组二肽与丝氨酸蛋白水解酶三元催化活性中心的结构对比示意

现代的各种生物大分子都是由原始的、简单的化学小分子逐渐通过结构及功能的不断进化演变而来的，这一过程就是生命起源过程中的化学起源阶段。那么，Ser-His 是否是丝氨酸蛋白水解酶原始进化的分子雏形呢？为了回答这个问题，赵玉芬研究团队利用高分辨质谱技术结合生物信息学的数据分析手段，对 Ser-His 水解底物蛋白质的普适性以及对底物蛋白质一级序列的选择性进行了系统研究，从而进一步探讨 Ser-His 与丝氨酸蛋白水解酶的分子进化关系[16]。

(1) Ser-His 对底物蛋白质的水解功能具有广泛的普适性

绿色荧光蛋白(green fluorescent protein, GFP)、亲环素 A (Cyclophilin A, CyPA) 以及牛血清白蛋白(bovine serum albumin, BSA) 是已知的可被 Ser-His 水解的底物蛋白质，但是它们的三维结构彼此各不相同，其具体结构及蛋白质数据库(protein data bank, PDB) 编号如图 6-6 所示。厦门大学公共卫生学院夏宁邵教授馈赠的 GFPxm18，由于三维结构还未报道，采用同源建模的方式构建其三维结构，具体结构如图 6-6(a) 所示。从图中可以清晰看出 GFPxm18 是典型的 β- 桶状结构，其结构主要由 β- 片层构成，占 51%，α- 螺旋仅占 13%。CyPA 核磁溶液结构 [图 6-6(b)] 显示其含有 40% β- 片层、15% α- 螺旋及 33% 无规则卷曲，是类似 α/β- 蛋白质类型。BSA 的晶体结构 [图 6-6(c)] 显示其主要是 α- 螺旋结构，占 74%，只含有 3% β- 片层。上述三种蛋白质的三维结构差异显著，但是它们都能被 Ser-His 水解，说明 Ser-His 水解肽键的功能具有广泛的底物普适性。肌红蛋白(Mb)的晶体结构 [图 6-6(d)] 显示其三维结构特点和 BSA 相似，主要是 α- 螺旋结构，占 78%，不含有 β- 片层。BSA 能被 Ser-His 水解，那么推测 Mb 应该同样能被 Ser-His 水解。实验结果也证明 Ser-His 确实能够水解 Mb。

通过对 GFPxm18、CyPA、BSA 及 Mb 四种蛋白质的 Ser-His 水解产物进行高分辨多级质谱分析，结合生物信息学统计分析所得质谱数据，考察 Ser-His 对底物蛋白质的水解效率及对底物蛋白质二级结构、一级序列的水解偏好性。研究结果表明，Ser-His 对四种底物蛋白质的水解效率并不相同，对 Mb 的水解效率最高，而 BSA 最低。此外，四种底物蛋白质结构中，无论哪种二级结构（α-螺旋、β-片层、β-转角和环形及无规则卷曲），都可以被 Ser-His 水解，只不过其水解效率的大小取决于底物蛋白质的整体结构。以上实验结果进一步说明，Ser-His 水解底物蛋白质具有广泛的普适性（图 6-7）。

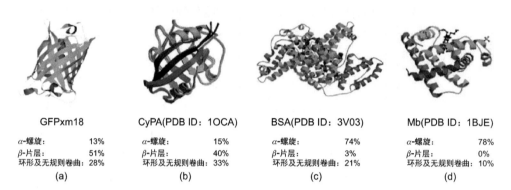

图 6-6　GFPxm18、CyPA、BSA 及 Mb 的三维结构示意[16]

GFPxm18 的 3D 结构是基于模型蛋白 1GFL-chain A 和 1EMB 的 3D 结构同源建模构建而获得的

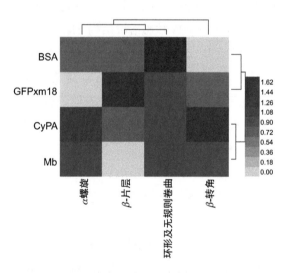

图 6-7　丝组二肽对四种底物蛋白质的二级结构水解效率[16]（彩图 6）

y 轴为 BSA、GFP、CyPA 及 Mb，x 轴为四种蛋白质的二级结构水平，两轴的数据集成是根据丝组二肽的蛋白质水解产物 C 末端氨基酸残基所在位置，采用分级群聚法，利用 Heatmap Illustrator 1.0.3 软件统计计算获得的

(2) Ser-His 对底物蛋白质的一级序列水解具有多样性

Ser-His 对底物蛋白质一级序列的相关水解效率及偏向性的统计分析结果(图6-8)说明，Ser-His 可以水解组成蛋白质的所有20种氨基酸残基，但是会因底物蛋白质的不同，表现出不同的水解效率。这说明 Ser-His 对底物蛋白质一级序列的水解具有多样性。但是，从图6-8 中还看出色氨酸(W)在 BSA 和 CyPA 中表现出较高的水解效率，而天冬酰胺(N)及苯丙氨酸(F)在所研究的这四个底物蛋白质中都表现出较高的水解效率。W、N、F 是生物体内较晚出现的氨基酸[17]，因而在蛋白质合成中较少使用，因而一级序列中含量较少。Ser-His 对其偶然水解，就会导致较高的水解偏向性。

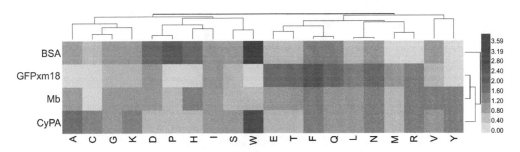

图6-8 Ser-His 对四种底物蛋白质一级序列的水解效率[16]（彩图7）

y轴为BSA、GFP、CyPA及Mb，x轴为四种蛋白质的一级结构水平——20种氨基酸残基。两轴的数据集成是根据丝组二肽的蛋白质水解产物C末端氨基酸残基所在位置，采用分级群聚法，利用Heatmap Illustrator 1.0.3软件统计计算获得的

(3) 丝氨酸蛋白水解酶的进化树分析

为了进一步探究 Ser-His 与丝氨酸蛋白水解酶的进化关系，赵玉芬、纪志梁等从低等到高等生物，以17种典型物种的340种蛋白水解酶为基础，利用生物信息技术研究 Ser-His 与丝氨酸蛋白水解酶的进化关系[16]。研究发现，蛋白水解酶的水解活性专一性确实有个由简单多样性到复杂专一性的进化过程；并且，从低等到高等生物，它们的活性中心口袋都含有一致的 Ser-[X]-His 活性区域，甚至也观察到没有中间 [X] 氨基酸残基的活性区域。上面的研究结果进一步说明 Ser-His 与现代蛋白水解酶之间存在着一定程度由简单到复杂的分子进化关系(图6-9)。

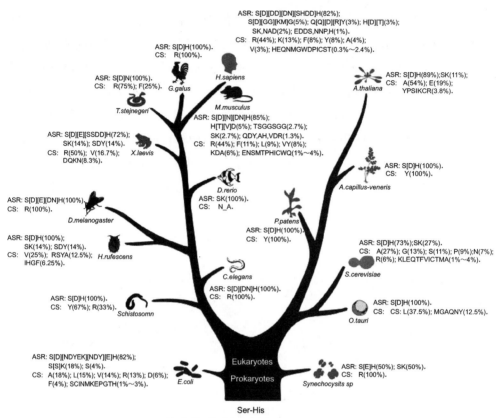

图6-9　丝氨酸蛋白水解酶的进化树[16]（彩图8）

ASRs (active-site residues) 代表所选17种典型物种340种丝氨酸蛋白水解酶活性中心的氨基酸残基，CSs (cleavage sites) 代表各种丝氨酸蛋白水解酶对底物的水解位点。方括号中氨基酸代表ASRs中可供选择的氨基酸残基，最常出现的ASRs 用绿色表示，最佳水解位点用粉色标注。Eukaryotes为真核生物，Prokaryotes为原核生物。17种代表物种分别为：铁线蕨(Adiantum capillus-veneris, A. capillus-veneris)，拟南芥(Arabidopsis thaliana, A. thaliana)，秀丽隐杆线虫(Caenorhabditis elegans, C. elegans)，斑马鱼(Danio rerio, D. rerio)，黑腹果蝇(Drosophila melanogaster, D. melanogaster)，赤子爱胜蚓(Eisenia fetida, E. fetida)，大肠杆菌(Escherichia coli, E. coli)，原鸡(Gallus gallus, G. gallus)，红鲍(Haliotis rufescens, H. rufescens)，人类(Homo sapiens, H. sapiens)，小家鼠(Mus musculus, M. musculus)，金牛驼球藻(Ostreococcus tauri, O. tauri)，苔藓(Physcomitrella patens, P. patens)，酵母菌(Saccharomyces cerevisiae, S. cerevisiae)，血吸虫集胞藻属(Schistosoma synechocystis sp)，竹叶青蛇(Trimeresurus stejnegeri, T. stejnegeri)和非洲爪蟾(Xenopus laevis, X.laevis)

6.5 丝组二肽——现代酶的原始进化雏形

Ser-His 是世界上最小的具有多种生物功能的活性肽,在较广的 pH 及温度范围内以水解机制切割 DNA、蛋白质以及对硝基苯乙酸酯。Ser-His 及相关类似物的多种生物活性详细总结于表 6-1 中 [3, 4, 6, 8, 12]。

表6-1 Ser-His及相关类似物的多种生物活性

编号	Ser-His及类似物	底物 DNA	底物 Protein	底物 p-NPA	编号	Ser-His及类似物	底物 DNA	底物 Protein	底物 p-NPA
1	乙醇胺	+	–	/	17	Cys-His	+	+	/
2	二乙醇胺	+	–	/	18	Thr-His	+	+	/
3	三乙醇胺	+	/	/	19	Asp-His	+	/	/
4	异丙醇胺	+	/	/	20	Ala-His	–	/	/
5	乙胺+乙醇	–	/	/	21	Ser-His-Asp	+	+	/
6	Ser	–	–	/	22	Ser-Gly-His-His	+	+	/
7	His	–	–	/	23	Ser-Gly-Gly-His-His	+	/	/
8	Ser+His	–	–	/	24	His-Ser	–	/	/
9	Ser-His	+	+	+	25	Ser-His+Fe^{2+}	+	+	/
10	Ser-Ala	+	/	/	26	Ser-His+Cu^{2+}	+	/	/
11	Ser-Arg	–	/	/	27	D-Ser-L-His-OMe	/	/	/
12	Ser-Lys	–	/	/	28	D-Ser-D-His-OMe	/	/	/
13	Ser-OMe	+	/	/	29	L-Ser-D-His-OMe	/	+	/
14	Ser-His-OMe	+	+	/	30	Ser-D-Phe	/	/	/
15	Boc-Ser-His	–	/	/	31	L-Ser-Hism	+	/	/
16	Thr-OMe	+	/	/	32	D-Ser-Hism	/	/	/

注:"+"有活性,"–"没有活性,"/"未评估。

Ser-His,这个神奇的功能小肽,水解底物蛋白质具有广泛的普适性,对底物蛋白质一级序列的水解断裂具有多样性,能够满足蛋白水解酶分子进化初期最为基础的消化功能。另外,在 Ser-His 的两个氨基酸残基中间增加氨基酸或在其 C 端增加氨基酸时,其仍具有相应的水解活性,这说明 Ser-His 具有非凡的进化能力。此外,Ser-His 具有酶的功能可逆性,即 Ser-

His 不仅能够催化肽键的水解，也能催化肽键的生成，这些特点与现代蛋白水解酶极其相似。通过丝氨酸蛋白水解酶的进化树分析，也可以进一步说明两者之间存在着由简单 Ser-His 到复杂丝氨酸蛋白水解酶的进化关系。

另外，Ser-His 对核酸不仅具有水解活性，同样也具有催化磷酸二酯键生成的能力[18]。因此，有理由相信 Ser-His 也同样是现代磷酸酯酶的原始进化雏形。

Ser-His 在前生源时期是否存在或许存在争议，因为丝氨酸是前生源时期的古老氨基酸[19]，而组氨酸不是。然而，目前已有许多关于组氨酸前生源合成的报道[20]。因此，Ser-His 是可能存在于生命之初的。舒婉云、刘艳等研究发现在前生源的水相反应体系中，有机磷试剂活化下 Ser-His 的生成具有一定的优先选择性[21]。2022 年，迟杨洋、刘艳等在两种典型的前生源环境下，即冰晶冷冻环境及水热环境，利用无机磷 P_3m 活化 Ser 和 His 有效获得 Ser-His[22]。相关研究进一步说明，Ser-His 在早期地球环境下是可以由有效非生物途径获得的。丝氨酸与组氨酸的成功组合正是大自然对酶不同功能基团重复选择的结果。无论从酶的分子结构进化，还是从其功能演化的角度考虑，都有理由相信 Ser-His 可能是潜在的现代酶原始进化雏形。

6.6
丝组二肽新功能的发现

2017 年 Wieczorek 等撰写综述，以丝组二肽为例，详细介绍了氨基酸或随机组装的小肽是一类重要的前生源环境下潜在的生化反应催化剂，以希望激发更多的学者广泛关注这个研究领域，挖掘更多 Ser-His 等随机小肽在前生源化学反应以及早期化学进化过程中的作用[23]。另外，寇晓虹等研究发现 Ser-His 是一种潜在抑制细胞增殖的抗癌因子[24]，这项研究必然会激发人们对 Ser-His 更广泛的应用探索。

参考文献

[1] Li Y S, Zhao Y F, Hatfield S, et al. Dipeptide seryl-histidine and refated oligopeptides cleave DNA, protein, and a carboxyl ester. Bioorgan Med Chem, 2000, 8 (12): 2675-2680.
[2] Zhao Y F. Discovery of Seryl-Histidine Dipeptide: From N-phosphoryl Amino Acids to Functional Dipeptides. University Chemistry, 34 (12): 86-90.
[3] Li Y S, Zhao Y F, Hatfield S, et al. Dipeptide seryl-histidine and related oligopeptides cleave DNA, protein, and a carboxyl ester. Bioorg Med Chem, 2000, 8 (12): 2675-2680.
[4] Wan R, Wang N, Zhao G, et al. Seryl-histidine dipeptide side chains effects on its DNA cleavage reaction. Chemical Journal of Chinese Universities-Chinese, 2000, 21 (12): 1864-1866.
[5] Santoro S W, Joyce G F, Sakthivel K, et al. RNA cleavage by a DNA enzyme with extended chemical functionality. Journal of the American Chemical Society, 2000, 122 (11): 2433-2439.
[6] Zhu C J, Lu Y, Du H L, et al. A pair of new enantiomeric amides with DNA-cleaving function. Chemical Journal of Chinese Universities-Chinese, 2004, 25 (6): 1065-1068.
[7] Wan R, Wang N, Zhao Y F. Studies on DNA cleaved by seryl-histidine dipeptide. Chemical Journal of Chinese Universities-Chinese, 2001, 22 (4): 598-600.
[8] Ma Y, Chen X, Sun M, et al. DNA cleavage function of seryl-histidine dipeptide and its application. Amino Acids, 2008, 35 (2): 251-256.
[9] Chen J, Wan R, Liu H, et al. Cleavage of BSA by a dipeptide seryl-histidine. Letters in Peptide Science, 2000, 7 (6): 325-329.
[10] Du H L, Wang Y T, Yang L F, et al. Appraisal of green fluorescent protein as a model substrate for seryl-histidine dipeptide cleaving agent. Letters in Peptide Science, 2002, 9 (1): 5-10.
[11] Liu Y, Shi Y H, Liu X X, et al. Evaluation of non-covalent interaction between Seryl-Histidine dipeptide and cyclophilin A using NMR and molecular modeling. Science China-Chemistry, 2010, 53 (9): 1987-1993.
[12] Chen J, Wan R, Liu H, et al. Studies on the cleavage of bovine serum albumin by Ser-His. Chemical Journal of Chinese Universities-Chinese, 2001, 22 (8): 1349-1351.
[13] Jakubke H D K P, Könecke A. Basic principles of proteasecatalyzed peptide bond formation. Angew Chem, Int Ed Engl, 1985, 24: 85-93.
[14] Gorlero M, Wieczorek R, Adamala K, et al. Ser-His catalyses the formation of peptides and PNAs. Febs Letters, 2009, 583 (1): 153-156.
[15] Adamala K, Szostak J W. Competition between model protocells driven by an encapsulated catalyst. Nature Chemistry, 2013, 5 (6): 495-501.
[16] Liu Y, Li Y B, Gao X, et al. Evolutionary relationships between seryl-histidine dipeptide and modern serine proteases from the analysis based on mass spectrometry and bioinformatics. Amino Acids, 2018, 50 (1): 69-77.
[17] Liu X X, Zhang J X, Ni F, et al. Genome wide exploration of the origin and evolution of amino acids. Bmc Evolutionary Biology, 2010: 10.
[18] Wieczorek R, Dorr M, Chotera A, et al. Formation of RNA Phosphodiester Bond by Histidine-Containing Dipeptides. Chembiochem, 2013, 14 (2): 217-223.
[19] Trifonov E N. Consensus temporal order of amino acids and evolution of the triplet code. Gene, 2000, 261 (1): 139-151.
[20] Shen C, Yang L, Miller S L, et al. Prebiotic Synthesis of Histidine. J Mol Evol, 1990, 31 (3): 167-174.
[21] Shu W Y, Yu Y F, Chen S, et al. Selective Formation of Ser-His Dipeptide via Phosphorus Activation. Origins of Life and Evolution of Biospheres, 2018, 48 (2): 213-222.
[22] Chi Y Y, Li X, Chen Y Y, et al. Prebiotic formation of catalytically active dipeptides via trimetaphosphate activation. Chem. Asian J., 2022, 17: e202200926.
[23] Wieczorek R, Adamala K, Gasperi T, et al. Small and Random Peptides: An Unexplored Reservoir of Potentially Functional Primitive Organocatalysts. The Case of Seryl-Histidine Life-Basel, 2017, 7 (2): 19.
[24] Xue Z H, Wen H C, Wang C, et al. CPe-Ⅲ-S Metabolism in Vitro and in Vivo and Molecular Simulation of Its Metabolites Using a p53-R273H Mutant. J Agric Food Chem, 2016, 64 (38): 7095-7103.

PHOSPHORUS 磷科学前沿与技术丛书

磷与生命起源

7

磷调控下的遗传密码
起源与同手性起源

7.1 遗传密码化学起源研究概况
7.2 N-磷酸化氨基酸与遗传密码起源
7.3 生命体同手性的自然选择

7.1
遗传密码化学起源研究概况

遗传密码起源是生命起源研究领域的重要课题之一，是人类真正理解生命本质所必须探索的重要问题。1961年，Crick在 *Nature* 上发表了关于蛋白质合成的一般遗传密码规律。作者在文中提到三个重点：①遗传密码由三个碱基组成一组，即三联体形式的遗传密码；②遗传密码之间的碱基是连续的，互不重叠的；③合成蛋白质序列时，阅读框起点在核苷碱基序列上是固定的。在生物学领域中，遗传密码规律的发现是具有里程碑意义的，它将核酸和蛋白质两类生物大分子联系在一起[1]。此后，各种氨基酸对应核苷碱基的密码被破译[2-11]，并最终得到如表7-1[12]的遗传密码表。

众所周知，遗传密码的生物学意义就是将核酸序列上的遗传信息转录到mRNA上，而后以mRNA序列为模板翻译成多肽序列。这一过程能够有效且精确地进行，得益于众多酶及辅助因子的协调参与。现代生物体内的中心法则就是在遗传密码规律下得以运行，控制生物体生长及繁殖等生物学过程，遗传密码无疑在生命科学中起着至关重要的作用。因此，遗传密码的起源问题也自然而然成了生命起源过程中最基本问题之一。

关于遗传密码起源，相关的理论和假说有很多[13-18]，主要有以下三种：① Crick提出的偶然事件冻结理论(frozen accident theory, "3读1"说)[19]，即密码与氨基酸对应关系的出现，纯粹是一种偶然现象；② Woese提出的立体化学相互作用理论(stereochemical theory, "3读3"说)[20]，即特定核苷酸三聚体与氨基酸的弱相互作用；③ Wong提出的遗传密码共进化理论(co-evolution theory)，该理论认为在早期生物化学体系中，遗传密码结构是由氨基酸进化出现顺序决定的，遗传密码的结构和氨基酸的出现是两者共同进化的结果[21]。

现代标准遗传密码已经被阐明。现存生物体内的遗传密码几乎一样，说明生物遗传密码具有普适性且很可能从一个共同的祖先进化而来。虽然遗传密码早已被破译，其转录和翻译合成蛋白质过程的基本特征也已被研究，但人们并不清楚遗传密码为什么按如此规律分布，也不清楚遗传密码从其起源表现形式发展到现存生物体内蛋白质生物合成调控形式，经历了哪些过程。

Crick 提出冻结学说已经过去 50 多年，该理论不涉及氨基酸与密码任何具体的交互作用，只是默认密码的任何改变将是非常有害的；Woese 的立体化学学说强调氨基酸与密码间的立体化学亲和力，但似乎没有强有力的实验数据去支持它，不能很好解释密码的起源和进化过程[22]。Amirnovin 利用理论计算方法对 Wong 的共进化理论进行验证[23]，通过对相关数值比较，发现原始氨基酸出现顺序对密码结构是有很大影响的。然而，Wong 的共进化理论只是对遗传密码表进行非随机特征的归类分析，为其理论提供一定的合理解释，并未有实验数据支持其理论推导及分析过程。

总之，以上三个理论都强调密码的重要性，但都未提供令人信服的明确解释。同时，Hartman 认为密码起源初期只有鸟嘌呤(G)核苷酸和胞嘧啶(C)核苷酸，由它们调控最古老的氨基酸(Gly、Pro、Ala、Arg)，而后出现腺嘌呤(A)核苷酸，继而调控更多的氨基酸，最后出现尿嘧啶(U)核苷酸，最终形成现代遗传密码体系(64 种遗传密码调控 20 种氨基酸)[12]。遗传密码及氨基酸进化过程具体见表 7-1，不同颜色所表示的是氨基酸进化顺序，即位于表 7-1 中间的密码及氨基酸先出现，而后出现位于表 7-1 左边和上方的密码及氨基酸，最后出现位于表 7-1 右边和下方的密码及氨基酸。同时，从表 7-1 密码进化出现顺序可知，具有调控功能的起始密码(AUG)和终止密码(UAA / UAG / UGA)是进化后期产物，这说明密码在进化早期没有调控机制，每个密码都能对应一种氨基酸，而在密码进化后期，随着密码数量的增多，需要一定的机制对生物化学过程进行调控，因此在密码进化后期出现起始密码和终止密码等调控机制。

表7-1 现代生物体遗传密码表（彩图9）

第一位碱基	第二位碱基									第三位碱基
	A		G		C		U			
A	AAA	Lys	AGA	Arg	ACA	Thr	AUA	Ile		A
	AAG		AGG		ACG		AUG	Met		G
	AAC	Asn	AGC	Ser	ACC		AUC	Ile		C
	AAU		AGU		ACU		AUU			U
G	GAA	Glu	GGA	Gly	GCA	Ala	GUA	Val		A
	GAG		GGG		GCG		GUG			G
	GAC	Asp	GGC		GCC		GUC			C
	GAU		GGU		GCU		GUU			U
C	CAA	Gln	CGA	Arg	CCA	Pro	CUA	Leu		A
	CAG		CGG		CCG		CUG			G
	CAC	His	CGC		CCC		CUC			C
	CAU		CGU		CCU		CUU			U
U	UAA	终止	UGA	终止	UCA	Ser	UUA	Leu		A
	UAG		UGG	Trp	UCG		UUG			G
	UAC		UGC		UCC		UUC			C

注：Hartman 认为密码并不是同时出现的[12]，初期只有鸟嘌呤（G）核苷酸和胞嘧啶（C）核苷酸，而后出现腺嘌呤（A）核苷酸，最后出现尿嘧啶（U）核苷酸，那么其指导的氨基酸也有先后顺序，表中用不同颜色标注出氨基酸出现的先后顺序。棕色代表最古老氨基酸，黄色代表随后出现的氨基酸，绿色代表最晚出现的氨基酸

7.2

N-磷酸化氨基酸与遗传密码起源

7.2.1 化学起源模型的建立

在所有生命体中，RNA 指导蛋白质的合成是最为重要的生物合成过

程。Crick 中心法则阐述了遗传信息在核酸和蛋白质之间的传递，而遗传密码在遗传信息的表达中起着关键的作用。自从 Nirenberg 和 Matthaei 在 1961 年首次发现苯丙氨酸的密码为 UUU 后[24]，其余的三联体密码得以归属于相应的氨基酸从而完成了遗传密码表[25]。在生物体中，遗传密码表作为一个"词典"来指导蛋白质的合成。但是为什么遗传密码表会如此适用于生命体呢？核苷和氨基酸之间必然存在着一定的关系，关于肽与 RNA 之间的相互作用已经提出很多的假设[26]。但大多数的研究工作主要集中在结合 RNA 与氨基酸连接在一起的晶体结构以及核磁数据来推测特定 RNA 和氨基酸之间的相互作用，都没有直接指出肽的生成和核苷的关系[27]。而关于可能的前生源化学，广泛的研究提出 RNA、蛋白质、脂质和一些代谢物是早期生命的基础[28, 29]。已有研究报道在潜在的前生源条件下，氨基酸[30]和核苷[31]都能够生成，而磷在形成二肽[32]以及核苷酸[33]的过程中起着非常重要的作用。如要更好地解释基于 RNA 世界的生命起源，必然存在一些化学过程来克服前生源化学所造成的混乱[34, 35]。最近，Richert 课题组[36]报道在高浓度盐的液体缓冲液中，无需酶参与的条件下，核苷酸能够促进肽链的增长（图 7-1）。

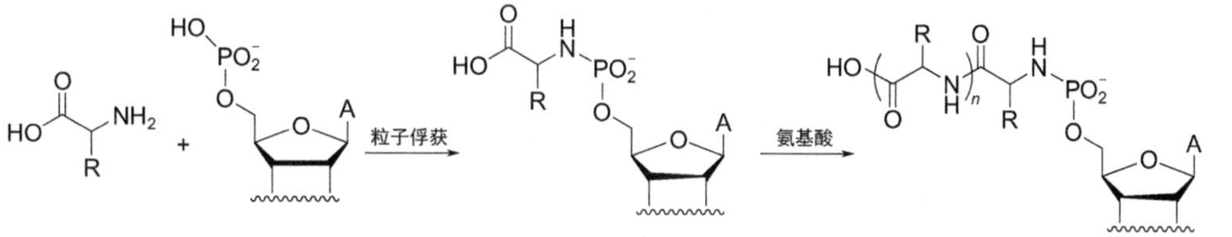

图 7-1 核苷酸能够促进肽链的增长

而从酶解反应的中间体——氨酰基腺苷酸（图 7-2），作为起始原料来研究前生源下 RNA 诱导肽的形成展示了一个复杂的体系，通常该原料的合成也带来了一些麻烦[37]。

由于生物体中很多生物过程都经历了五配位磷历程，五配位磷中间体在 ATP 能量转移、RNA 水解以及磷酰基转移反应中都有着重要的作用[38-41]。赵玉芬课题组[42]对五配位磷化学有着深入研究，在 1999 年就报道了五配位的含磷氨基酸混酐能够自催化形成一个肽库（图 7-3），质谱分析可以检测到八肽，但是反应中没有涉及核苷的影响。

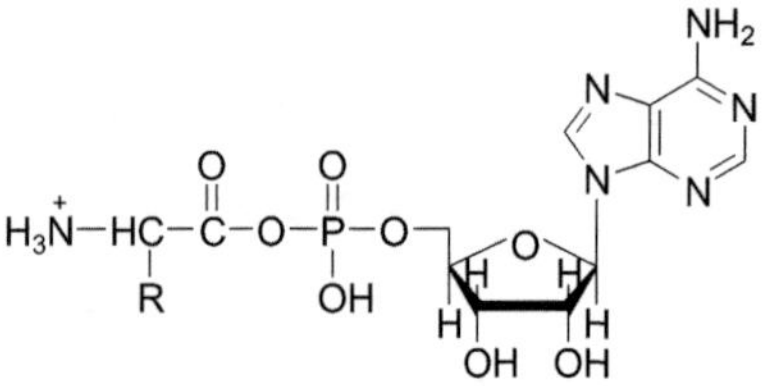

图 7-2 氨酰基腺苷酸

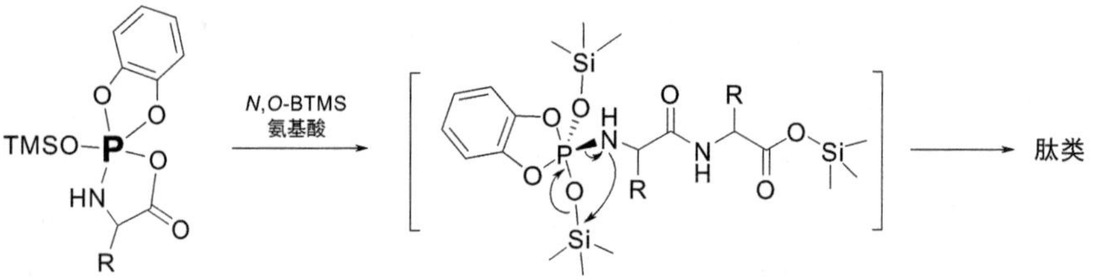

图 7-3 五配位的含磷氨基酸混酐自催化成肽（N,O-BTMS: N,O-二（三甲基硅烷基）; TMS: 三甲基硅烷基）

赵玉芬课题组随后提出了三元体系（氨基酸、核苷和磷试剂），研究核苷对肽生成的调控作用。在磷试剂的作用下探讨核苷对氨基酸成肽量的影响，从而可以更为直接地为遗传密码起源提供有力的证据。根据不同氨基酸在不同核苷下二肽产量的多少来解释遗传密码起源（图 7-4）。

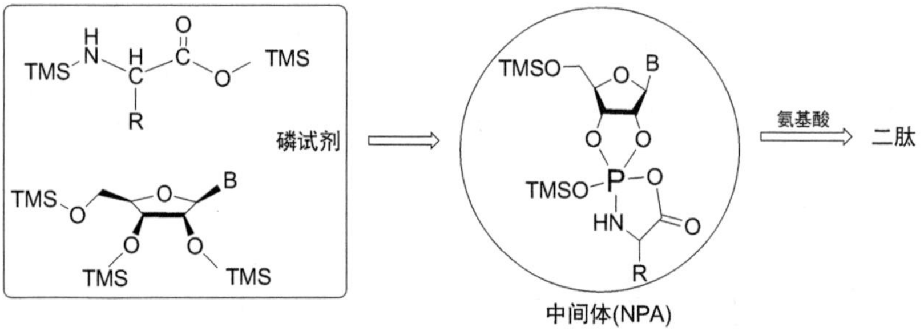

图 7-4 核苷调控氨基酸成肽化学模型（B: 核苷碱基，Base；TMS: 三甲基硅烷基）

通过氨基酸、核苷、磷试剂这样一个三组分反应体系，赵玉芬课题组提出了一个可行的、简单的化学模型来研究遗传密码起源。核苷能够调控氨基酸"翻译产物"二肽的生成量并且六种氨基酸"翻译产物"二肽的生成量与核苷的关系都有所不同。经过机理研究表明（图 7-5），在没有核苷存在的条件下，氨基酸可以形成相应的二肽（途径 A）；在核苷存在下，

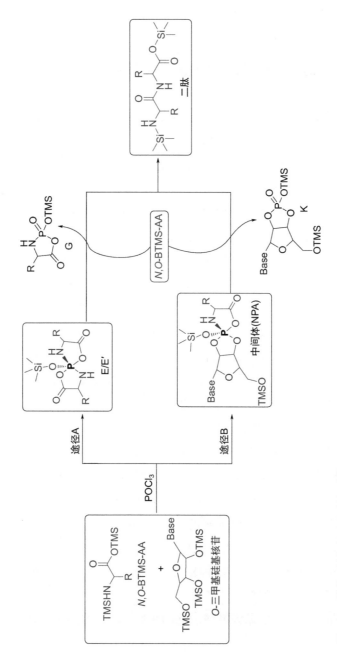

图 7-5 核苷调控氨基酸成肽的可能机理

7 磷调控下的遗传密码起源与同手性起源

该反应过程中核苷-五元双螺环五配位磷-氨基酸(NPA)是其关键的中间体,正是由于这一中间体的存在很好地解释了为什么核苷可以调控二肽的生成量,从而为研究遗传密码起源提供了很好的线索(途径 B)。

7.2.2 核苷与二肽生成量的关系评价

肽是生物体内非常重要的活性物质,肽作为生命的化学信使,可携带信息通过信号传导由膜受体进入细胞,在人体内参与至关重要的过程,如血压调节、呼吸、消化、代谢、繁殖、免疫防御以及疼痛的敏感性。在医药领域也起着关键的作用,肽的研究一直是生命科学领域研究热点之一。天然植物中提取和化学合成是目前肽来源的主要途径。

HPLC-MS 是分离、检测多肽的重要工具[43]。在天然活性多肽(毒素肽、神经肽、抗原)的研究中,Hunt 等[44]通过对 MHC class I 上肽链的研究,确定抗原肽序列信息。Wan[45]首次通过毛细管液相色谱-质谱联用(HPLC-MS^2)的方法,推断肽的断裂,导出肽序列,确定了阿片肽类似物。Borchers[46]将 HPLC-MS^2 用于磷酸肽的分离和鉴定,从而确定磷酸化的位点。对于含二硫键的毒素肽,通过 HPLC-MS 可以确定二硫键的位置[47, 48]。除此以外,合成肽、抗菌肽以及蛋白激酶 A 磷酸肽等在 HPLC-MS 方法中都得到了很好的应用[49, 50]。

核苷上碱基的差异作为分离的极性差异在反相色谱分离过程中有很大的影响。1967 年 Horvath 等使用 HPLC 实现了对核苷的分离[51]。Driessche 等[52]通过 HPLC-MS^2 实现了对修饰核苷酸的分离和结构鉴定。2003 年 Haink 等在 4min 内成功分离出 9 种核苷酸[53]。大量的文献报道,充分体现了 HPLC-MS 自身的优势,可作为强有力的工具在研究蛋白质、肽以及核苷(酸)中发挥着重大作用。

赵玉芬课题组报道了四种核苷 A、G、C、U 对氨基酸合成二肽的产率有着不同程度的影响。

对带有芳香环的苯丙氨酸 [Phe,图 7-6(a)],核苷 A、U 存在下,二肽产率明显比 G、C 存在下高。而核苷对脂肪族缬氨酸 [Val，图 7-6(b)] 二肽产率的影响就不同于 Phe，核苷 A、G、U 都得到明显高于 C 存在下的产率。对于另一个脂肪族亮氨酸 [Leu，图 7-6(c)]，在 A、G、C、U 分别存在下，得到了类似的结果。这些结果表明这三个非极性氨基酸虽然都是疏水性的，但是核苷对其成肽量的影响却都不同。

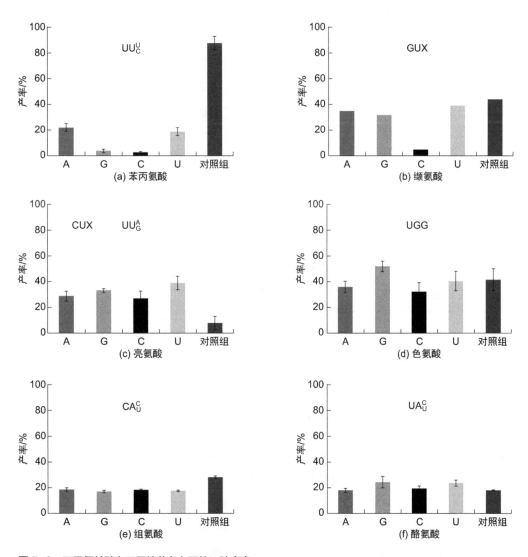

图 7-6　不同氨基酸在不同核苷存在下的二肽产率

而对于极性氨基酸 [Trp, 图 7-6(d)]，核苷对其合成二肽产率高低影响顺序为 G > U > A > C。酪氨酸 [Tyr, 图 7-6(f)] 得到的结果也与色氨酸类似。但是对于有着更高极性的组氨酸 [His, 图 7-6(e)]，四种核苷对组氨酸二肽的生成基本上产生了一样的效应。

为了进一步阐述产生这些重要结果的原因，利用 ^{31}P-^1H NMR 技术及磷谱追踪技术对硅醚保护的氨基酸、硅醚保护的核苷分别单独与三氯氧磷反应以及硅醚保护的氨基酸、硅醚保护的核苷一起与三氯氧磷反应进行分析。首先，0.2mmol 硅醚保护的核苷 U 与 0.1mmol $POCl_3$ 于室温下在 0.5mL 氘代氯仿中进行反应。如图 7-7 所示，经过磷谱跟踪 24h，发现 $POCl_3$ 的磷谱信号峰保持不变而没有其他新的磷谱信号出现，由此可以认为硅醚保护的核苷 U 在该条件下不能与 $POCl_3$ 反应。

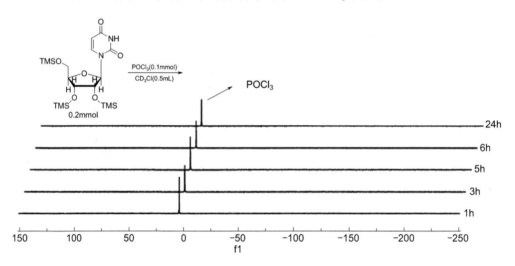

图 7-7　硅醚保护的核苷 U 与 $POCl_3$ 反应磷谱叠加图

0.2mmol 硅醚保护的亮氨酸与 0.1mmol $POCl_3$ 于室温下在 0.5mL 氘代氯仿中反应的磷谱跟踪如图 7-8 所示。在反应开始 15min 后，原料 $POCl_3$ 的峰就完全消失，在化学位移 δ=13.8、17.2、-59.9、-60.2 处出现新的磷谱信号。随着时间的延长，13.8 以及 17.2 处的峰逐渐消失，而 -59.9、-60.2 处的峰逐渐变高，同时在反应时间为 30min 左右时，-10.8 处出现一新峰并不断升高。

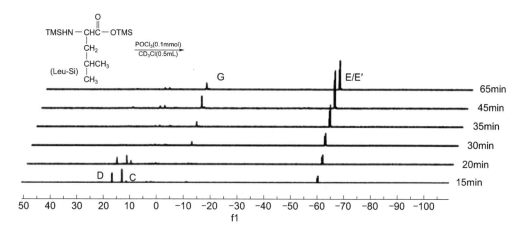

图 7-8 硅醚保护的亮氨酸 0.2mmol 与 POCl₃ 0.1mmol 反应磷谱叠加图

由硅醚保护 ^{15}N 标记的亮氨酸与 POCl₃ 反应的磷谱分析可知，在 δ=13.8 处的峰被裂分为两重峰，其耦合常数 J_{N-P} = 15.2Hz，证明化合物 C 中有一个 P-N 键存在（图 7-9）。在 δ=17.2 处的峰被裂分为三重峰，其耦合常数 J_{N-P} = 23.3Hz，说明化合物 D 中存在两个等价的 P-N 键。

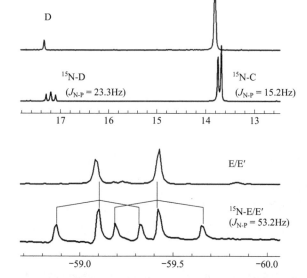

图 7-9 硅醚保护 ^{15}N 标记的亮氨酸 0.2 mmol 与 POCl₃ 0.1 mmol 反应磷谱分析

而化学位移值在 −59.1、−59.4 处的峰都被裂分为三重峰并且有着相同的耦合常数 J_{N-P} = 53.2Hz，根据已有实验结果 [15]，磷谱信号在如此高场的化合物 E/E′，认为其是一组非对映异构体，可能为包含两个氨基酸的五配位含磷螺环化合物。

为了进一步证实化合物 E/E′的结构，经原位的 ^{31}P-^{1}H HMBC 谱，如图 7-10 所示，在 −59.9、−60.2 处的磷信号与亮氨酸的 α-H 以及 NH 都有着明显的相关性，而与亮氨酸的 β-H 以及硅甲基 H 的相关性也能看得到。由此认为化合物 E/E′是包含有两个亮氨酸的五配位含磷螺环化合物。

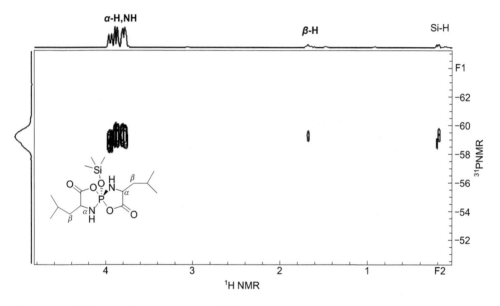

图 7-10　化合物 E/E′ 的 ^{31}P-^{1}H HMBC 图谱

硅醚保护的亮氨酸与 $POCl_3$ 在反应 24h 后加入异丙醇猝灭，经过 ESI 质谱正离子模式分析发现，其分子离子峰 296.08 和 591.16 可能为化合物单异丙氧基磷酸化亮氨酸异丙酯的 [M + H]$^+$ 峰和 [2M + H]$^+$ 峰（图 7-11），该化合物可能由化合物 G 醇解而来，由此推断化合物 G 可能为四配位的环状含磷化合物。

随后，将 0.2mmol 硅醚保护的亮氨酸、0.2mmol 硅醚保护的核苷 U、0.1mmol $POCl_3$ 于室温下在 0.5mL 氘代氯仿中进行反应，如图 7-12(a)

所示，反应一开始，磷谱信号在 10 ～ 20 之间出现很多小峰，这些小峰在 45min 左右消失，推测是在氨基酸活化磷试剂后，核苷参与了反应，由核苷糖环上反应位点较多所产生的。而随着原料 POCl$_3$ 峰的逐渐消失，磷谱中化学位移在 8.4 处的化合物 K 逐渐增多并一直稳定存在至反应结束。值得注意的是，在高场区域，除了 -59.9、-60.2 处的一对含有两个亮氨酸的五配位磷烷的峰之外，在 -43.5 处还有一个小峰在反应一开始的时候就出现，反应 45min 的时候量达到最多，随后慢慢消失，这些是氨基酸或核苷单独与磷试剂反应所没有的现象。硅醚保护 ^{15}N 标记的亮氨酸、硅醚保护的核苷 U 与 POCl$_3$ 反应的磷谱表明，化学位移在 -43.5 处的峰被裂分为两重峰，其耦合常数为 J_{N-P} = 54.7Hz，由此得知化合物 I 中只有一个 P-N 键存在 [图 7-12(b)]。而化学位移在 8.4 处的峰没有被分裂表明化合物 K 中没有 P-N 键存在。而通过原位的 ^{31}P -^{1}H HMBC 分析，化学位移在 -43.5 处的磷信号可能与核苷 U 糖环上 2-H、3-H 以及亮氨酸的 α-H、NH 有着较好的相关性(图 7-13)。由此推断化合物 I 可能是另一种同时包含着核苷 U 以及亮氨酸的五配位磷烷。该化合物是该模型中的重要中间体，为解释氨基酸成肽量会与核苷的影响有关提供了实验支持。

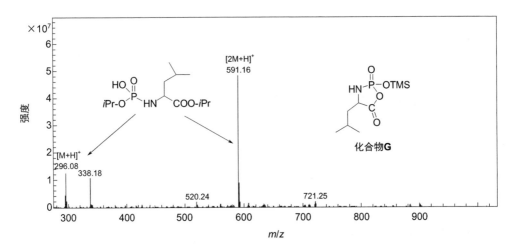

图 7-11　硅醚保护 ^{15}N 标记的亮氨酸 0.2mmol 与 POCl$_3$ 0.1mmol 反应 24h 后异丙醇猝灭后质谱分析

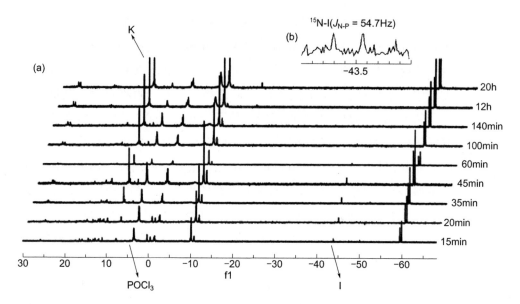

图 7-12 磷谱跟踪反应进程

（a）硅醚保护的亮氨酸0.2mmol、硅醚保护的核苷U 0.2mmol与POCl₃ 0.1mmol反应的磷谱叠加图；
（b）硅醚保护¹⁵N标记的亮氨酸0.2mmol、硅醚保护的核苷U 0.2mmol与POCl₃ 0.1mmol反应在 −43.5处的磷谱

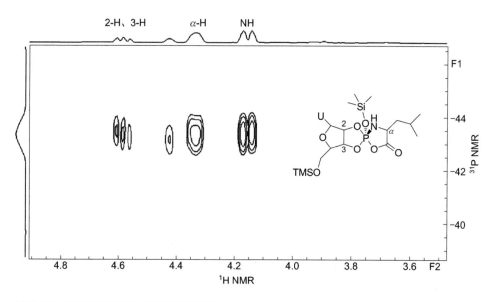

图 7-13 化合物 I 的 $^{31}P-^{1}H$ HMBC 图谱

由于已经断定化合物 K 中没有 P-N 键，所以该化合物可能只与核苷有关，而其磷谱化学位移在 8.4 处的化合物，根据已有研究基础，推断其为带有三甲基硅氧基的四配位环磷酸化合物。通过 ^{31}P-^{1}H HMBC 分析对该化合物结构有了进一步验证，其化学位移在 5.0～5.4 处的磷谱信号可能与核苷的 2-H 以及 3-H 信号有着很强的相关性，同时与硅甲基上氢的相关性也能看得见（图 7-14）。

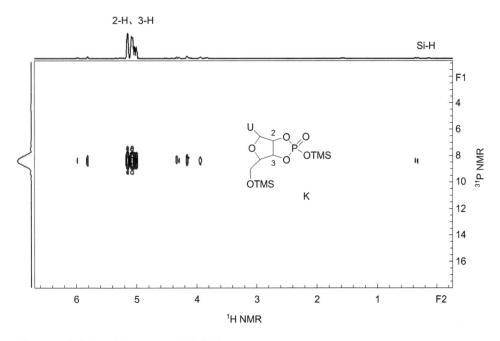

图 7-14　化合物 K 的 ^{31}P-^{1}H HMBC 图谱

反应 24h 后，加水猝灭反应，通过 LC-MS 检测分析，在核苷 U 的出峰时间旁边，还有其他三个小峰，其中一个分子离子峰可能为 2′,3′-尿苷环磷酸的 [M + H]$^+$ 峰以及 [M + Na]$^+$ 峰。另外两个峰对应着相同的分子量，可能为 2′,3′-尿苷环磷酸的水解产物 2′-磷酸化核苷 U 以及 3′-磷酸化核苷 U 的 [M + H]$^+$ 峰以及 [M + Na]$^+$ 峰（图 7-15）。这一实验结果更加证明了化合物 K 存在的可能性。

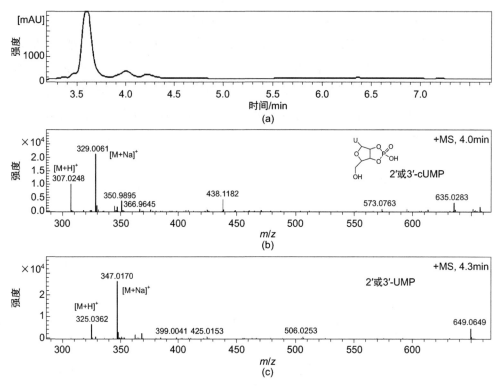

图 7-15　硅醚化亮氨酸、硅醚化核苷 U 与 POCl₃ 反应结束后加水猝灭 LC-MS 分析

（a）反应体系色谱分析图；（b）4.0min 处色谱峰对应质谱图；（c）4.3min 处色谱峰对应质谱图

根据以上实验结果，核苷对氨基酸与磷试剂反应成肽影响的可能机理见图 7-16。

在无核苷影响下，硅醚保护的氨基酸可与 POCl₃ 反应生成连有两个氨基酸的磷酰氯 D 和连有一分子氨基酸的环状磷酰氯 C，C 随后与另一分子氨基酸反应生成包含两个氨基酸的五配位磷烷 E。D 也可以通过分子内异构化从而很快转变为中间体 E。另一分子氨基酸的氨基进攻化合物 E 的羧基可得中间体 F，F 经过分子内自身转化从而生成硅醚保护的二肽同时释放出化合物 G。在硅醚保护核苷的存在下，化合物 C 可以与其反应生成既连有核苷又同时连氨基酸的五配位磷烷 I(NPA)，I 随后接受另一分子氨基酸的进攻可得中间体 J。J 经过分子内自身转化从而生成硅醚保护的二肽同时释放出化合物 K。正是中间体 I 的存在，才使得在不同核苷影响下，氨基酸的成肽量有所不同。同时不同氨基酸与不同核苷的作用不同，也使得核苷对不同氨基酸的影响不同。

氨基酸在不同核苷影响下的成肽量所表现出来的关系几乎都不相同。从遗传密码表中分析得出，氨基酸的编码与遗传密码三联体中间的核苷有直接关系。因此，通过研究肽的生成量与核苷之间的关系来推断遗传密码的起源，将是一种便捷、有效的研究策略，对研究生命起源过程具有重要意义。

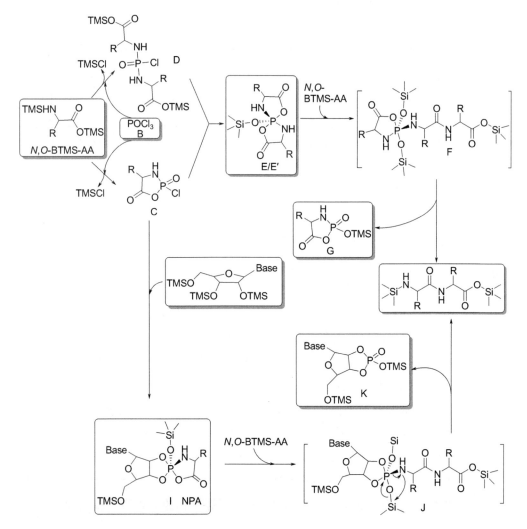

图 7-16　核苷调控氨基酸成肽的可能反应机理

7.3
生命体同手性的自然选择

7.3.1 氨基酸、核苷的同手性选择

蛋白质和核酸是两类重要的生物大分子，为何组成蛋白质的氨基酸手性是 L 型的，而组成核酸的核苷手性是 D 型的？生物合成蛋白质时，氨基酸按照遗传信息序列（核酸序列）进行脱水缩合形成多肽（蛋白质）。这一过程必然涉及氨基酸与核苷的手性互相选择问题，而这正是现代生物遗传密码能够行之有效的分子基础之一。生物体内的氨基酸和核苷单一手性的形成不是一蹴而就的，必然经过长期化学和生物进化过程，最终大自然选择了 L-氨基酸用来合成蛋白质，而使用含 D-核糖（包括 D-脱氧核糖）的核苷来合成核酸[54]。那么在生命出现之前的化学进化初期，L-氨基酸和 D-核苷的手性又是如何被互选的？

分子的手性识别在生命活动中起着重要的作用。近年来与手性技术相关科学的研究得到蓬勃发展，甚至 2001 年诺贝尔化学奖就与构建手性中心及立体化学方面有关[55]，从手性层次上了解分子的结构和性能，已成为化学、材料和生命科学深入研究的课题。

分子的手性性质在生命活动中扮演着重要角色。自从 1854 年 Pasteur 分离得到左旋酒石酸以来[56]，光学活性分子的研究以及由此产生立体化学的研究就被人们广泛关注。很多药物的活性都与相应的异构体息息相关。组成生命物质的小分子氨基酸（除了甘氨酸）也具有手性，并且天然氨基酸大多是 L 构型的 α-氨基酸。而蛋白质的二级结构主要为右手 α-螺旋构象。核酸中的手性问题也是人们关注的重点。组成核苷酸的糖类单元都是 D-核糖，DNA 呈右手双螺旋构象。值得一提的是，朱听

课题组通过人工改造技术,展现了一个镜像的生物世界,即利用 D- 氨基酸合成的 DNA 合成酶利用 L- 核苷酸合成左旋 DNA,进一步合成左旋 RNA[57]。

与生命体相关的手性问题一直是研究人员关注的焦点,伴随着生物化学过程中一些五配位磷中间体被提出并证明,例如生物大分子磷酸酶的去磷酸化过程[58],五配位磷化合物的手性问题也慢慢引起科研工作者的关注。

7.3.2 五配位磷中心的手性研究

在分子水平上对生命体系进行研究时,发现磷元素参与了包括蛋白质的生物合成、DNA 的复制与修复、RNA 的转录与水解、信息传递过程中的"蛋白质可逆磷酸化"及细胞第二代谢网络中各种酶的活化与去活化等几乎全部的生物化学过程。对这些生物化学过程的研究表明:磷原子可以通过形成五配位甚至六配位过渡态(中间体)来影响生物化学反应的进程和方向,并起着重要的调控作用。例如,蛋白质可逆磷酸化过程中的磷酰基转移过程具有五配位磷中间体(图 7-17)[59],整个过程中 Arg_{409}(氨基酸后面的数字表示该氨基酸是多肽链上的第几个氨基酸)和 Trp_{354} 都起着稳定结构的作用,Thr_{410} 在 E-P 水解过程中起到了稳定五配位磷过渡态的作用。cAMP 参与生化过程的五配位磷中间体现象,利用同位素标记的方法对酶催化 cAMP 的水解过程进行研究时发现,水解过程中磷上的立体构型发生了翻转,从而提出了两种可能的水解途径(图 7-18)[60]。同时,RNA 的非酶促水解过程[61]、RNA 的酶促水解过程[62,63]和 PKA 参与蛋白质磷酸化过程[64]等都存在五配位磷中间体现象。为了对这些生命过程的本质进行研究和探讨,化学家们设计并合成出了许多高配位磷模型化合物,并对其进行研究来模拟上述的生物化学过程,探讨其本质。

2003 年,Allen 等首次在乳酸乳球菌(*Lactococcus lactis*)中的 β- 葡萄

糖磷酸变位酶(β-phospho-glucomutase，β-PGM)催化下，于 1-磷酸化-β-葡萄糖(G1P)到 6-磷酸化-β-葡萄糖(G6P)异构化的过程中获得了稳定的五配位磷中间体晶体，从而有力证明了在酶催化下磷酰基转移过程中五配位磷中间体存在的事实[38]。

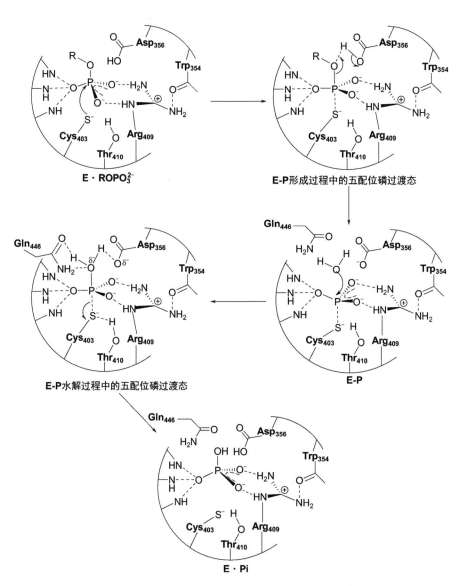

图 7-17　耶尔森氏菌属(*Yersinia*)内酪氨酸磷酸酯酶参与下蛋白质的去磷酸化过程(E-P：磷酸酶中间体)

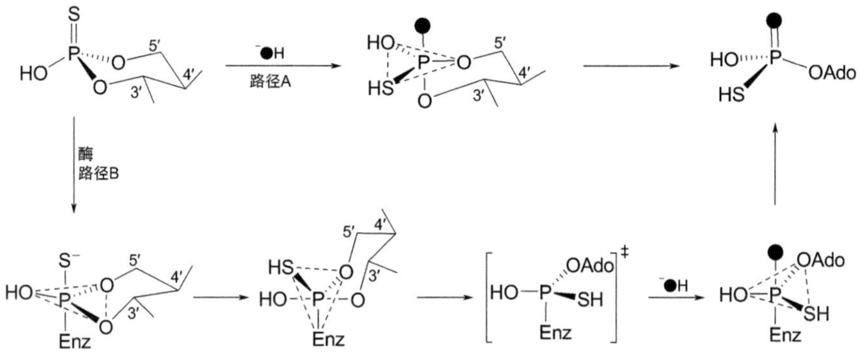

图 7-18 酶催化 cAMP 的水解机理

●表示同位素标记的 ^{18}O；Ado 表示腺嘌呤核苷

那么，何为"五配位磷化合物"呢？磷原子以 sp^3d 杂化轨道通过五条 σ 键与五个基团相连所形成的化合物，称作五配位磷化合物 (pentacoordinate phosphorus compounds)，又叫作磷烷 (phosphoranes)。它是从 20 世纪 60 年代发展起来的一类新型有机磷化合物，并同时带动了包括六配位磷在内的高配位有机磷化学的发展。磷烷及其衍生物在生物化学中具有特殊重要的地位，研究磷烷就一定要提到 Westheimer 和 Ramirez 两位科学家的贡献。前面已经讲述 Westheimer 根据研究结果提出了在五元环磷酸酯水解过程中可能经过了五配位磷过渡态的反应机理，并认为成环有利于磷烷的稳定，结合五元环磷酸酯环内水解和部分环外水解的实验结果，利用 Berry 假旋转理论成功解释了磷酸酯的水解过程[65]。该结论被其他科学家所接受并采纳，他的工作奠定了磷烷在有机磷化学领域中的地位，使得五配位有机磷化合物被科学家们所重视。Ramirez 则成功合成出了稳定的五配位有机磷化合物，建立了一套环状烷氧磷烷形成的规则，总结了五配位磷化合物的结构特点和合成环状五配位磷化合物的方法[66-68]。随着五配位磷化合物研究领域的不断扩大，在其合成、生物学性质以及空间结构方面都做了比较深入的研究。

手性 (chirality) 是自然界的本质属性之一。手性分子与其对映体如同人们的左右手一样，互为镜像但又不能完全重合，目前针对手性的研究已经超越局限于对分子立体结构的描述范畴。构成生物大分子的基本结构单元，大部分都具有手性特征，即手性均一性。例如：天然氨基酸主要由 L 构型的 α- 氨基酸所构成，蛋白质的二级结构主要为右手 α- 螺旋构型；核酸的结构骨架中糖类单元则为 D- 核糖；DNA 呈右手双螺旋构型。在宏观世界中也同样存在着明显的手性特征，例如：在植物世界中多数藤本植物的茎蔓是右旋的，左旋的藤本植物相对要少得多；在动物世界中海螺的螺壳大部分都是右旋的，出现左旋螺壳的概率是百万分之一。自然界对某一种手性的偏爱以及生物进化对于手性依赖和选择的原因，迄今为止还未有令人信服的解释。

与生命体相关的手性问题一直是研究人员关注的热点，由于生物化学过程中一些五配位磷中间体或过渡态逐渐被发现，五配位磷化合物的手性研究，结合五配位磷化合物的假旋转机理，可以很好地解释一些生物化学过程特别是磷酰基转移过程中手性变化的问题。

五配位磷化合物在生命科学以及合成化学中都具有重要作用，同时相关手性问题也逐渐被人们所重视。然而遗憾的是，关于手性五配位磷化合物的研究，特别是针对磷原子中心手性的研究却没有系统而全面地展开。如前所述，氨基酸是生命体中重要的物质，在生物化学过程特别是磷酰基转移过程中都需要许多氨基酸的参与，其中包括了五配位磷中间体或过渡态的形成。以双氨基酸五配位氢膦烷为研究模型，对具有三角双锥构型五配位磷原子的手性及其立体化学开展相应的研究，可以为了解生命过程中磷的转移等生化反应过程中的五配位磷原子手性的选择与调控提供科学依据。

赵玉芬课题组利用 Garrigue 方法，以手性氨基酸为原料合成，并经柱色谱分离出 16 个单一手性构型的双氨基酸五配位氢膦烷 **3a ～ 10b**，如图 7-19 和表 7-2 所示。通过 OD-H 和 AS-H 手性色谱柱对所得化合物的光学纯度进行鉴定，并在普通硅胶柱色谱纯化的基础上进行单晶培养和晶体结构分析，为该类化合物绝对构型研究奠定了物质基础。

对上述合成的双氨基酸五配位氢膦烷进行固体 ECD 光谱测试，通过 Cotton 效应对其绝对构型进行关联，从而获得全部化合物中手性原子的绝对构型。

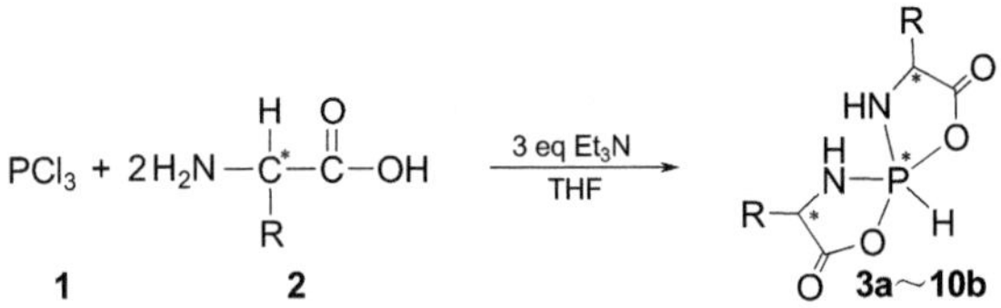

$PCl_3 + 2H_2N-\overset{H}{\underset{R}{C^*}}-\overset{O}{C}-OH \xrightarrow[THF]{3\ eq\ Et_3N}$ **3a~10b**

1　　　　　**2**

| L-缬氨酸 | **3a/3b** | L-亮氨酸 | **5a/5b** | L-苯甘氨酸 | **7a/7b** | L-苯丙氨酸 | **9a/9b** |
| D-缬氨酸 | **4a/4b** | D-亮氨酸 | **6a/6b** | D-苯甘氨酸 | **8a/8b** | D-苯丙氨酸 | **10a/10b** |

图 7-19　双氨基酸五配位氢膦烷的合成

表7-2　双氨基酸五配位氢膦烷磷谱化学位移及磷谱产率

合成原料	产物	化学位移 ^{31}P	磷谱产率 /%
L- 缬氨酸 (L-Val)	**3a**	-64.80	38
	3b	-61.68	62
D- 缬氨酸 (D-Val)	**4a**	-64.79	35
	4b	-61.70	65
L- 亮氨酸 (L-Leu)	**5a**	-64.50	46
	5b	-63.83	54
D- 亮氨酸 (D-Leu)	**6a**	-64.54	49
	6b	-63.83	51
L- 苯甘氨酸 (L-PhGly)	**7a**	-63.73	47
	7b	-61.57	53
D- 苯甘氨酸 (D-PhGly)	**8a**	-63.50	42
	8b	-61.34	58
L- 苯丙氨酸 (L-Phe)	**9a**	-63.03	55
	9b	-60.03	45
D- 苯丙氨酸 (D-Phe)	**10a**	-63.15	44
	10b	-60.09	56

3a 和 **4a** 的绝对构型已经通过晶体数据确定出来 [**3a**(Λ_P, S_C, S_C)、**4a**(Δ_P, R_C, R_C)]，二者的固体 ECD 光谱也呈现出非常完美的镜像对称（图 7-20）[9]，从而再一次证明了二者互为对映异构体的关系。

因为 **5a**～**6b** 的氨基酸侧链较长、柔性较大的缘故，培养得到的晶体均为针状物，无法满足 X 射线单晶衍射的测试要求，因此只能通过固体 ECD 光谱关联的方法来确定绝对构型。实际测试获得的固体 ECD 光谱与理论推测相一致,3个手性中心绝对构型相同的化合物,固体 ECD 曲线具有很好的相似性,因此可以通过 **3a** ~ **4b** 的绝对构型推测出 **5a** ~ **6b** 的绝对构型:**5a**(Λ_P, S_C, S_C)、**5b**(Δ_P, S_C, S_C)、**6a**(Δ_P, R_C, R_C)、**6b**(Λ_P, R_C, R_C)(图 7-21)[16]。

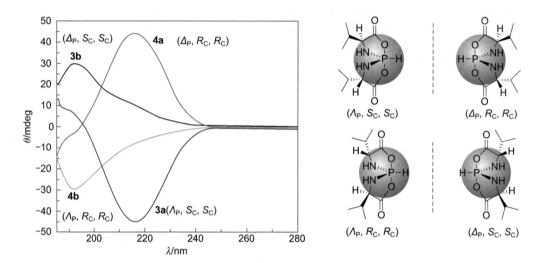

图 7-20 双缬氨酸五配位氢膦烷 **3a** ~ **4b** 的固体 ECD 光谱(1000mdeg=1°)

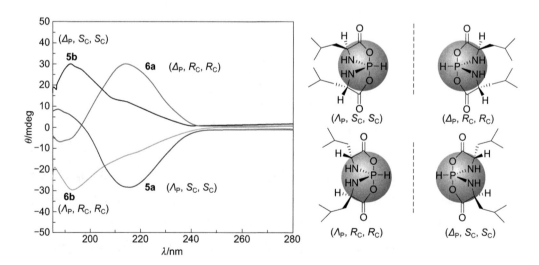

图 7-21 双亮氨酸五配位氢膦烷 **5a** ~ **6b** 的固体 ECD 光谱

9a～10b 和 **3a～4b** 类似，通过获得的晶体结构可确定出 **9a** 和 **10a** 的绝对构型 [**9a**($\mathit{\Lambda}_P$, S_C, S_C), **10a**($\mathit{\Delta}_P$, R_C, R_C)]。根据固体 ECD 光谱的 Cotton 效应及合成过程中苯丙氨酸 α 位碳原子手性保持不变的实验事实，可以通过 **9a** 和 **10a** 构型研究的结果关联 **9b** 和 **10b** 的绝对构型（图 7-22）: **9b**($\mathit{\Delta}_P$, S_C, S_C), **10b**($\mathit{\Lambda}_P$, R_C, R_C)。

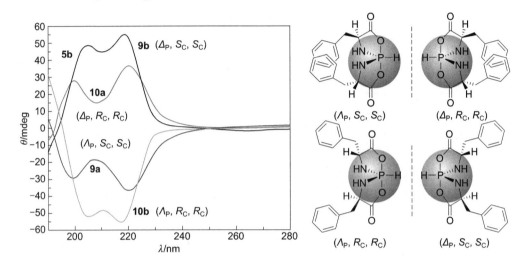

图 7-22 双苯丙氨酸五配位氢膦烷 **9a～10b** 的固体 ECD 光谱

总之，通过晶体结构确定及固体 ECD 光谱分析，上述 16 种双氨基酸五配位氢膦烷分子中手性原子的绝对构型都可以确定出来，相关信息总结于表 7-3。通过固体 ECD 光谱关联法确定出各绝对构型的对比，发现它们的固体 ECD 信号具有一定的规律性：中心磷原子的绝对构型对该类型化合物固体 ECD 光谱的 Cotton 效应承载着主要的影响作用。

表7-3　固体ECD光谱关联双氨基酸五配位氢膦烷绝对构型

化合物	合成原料	固体 ECD 信号	绝对构型
3a[①]	L-Val	−	($\mathit{\Lambda}_P$, S_C, S_C)
3b	L-Val	+	($\mathit{\Delta}_P$, S_C, S_C)
5a	L-Leu	−	($\mathit{\Lambda}_P$, S_C, S_C)
5b	L-Leu	+	($\mathit{\Delta}_P$, S_C, S_C)
7a[①]	L-PhGly	−	($\mathit{\Lambda}_P$, S_C, S_C)
7b[①]	L-PhGly	−(205～225nm) +(225～260nm)	($\mathit{\Delta}_P$, S_C, S_C)

续表

化合物	合成原料	固体 ECD 信号	绝对构型
9a[①]	L-Phe	−	(Λ_P,S_C,S_C)
9b	L-Phe	+	(Δ_P,S_C,S_C)
4a[①]	D-Val	+	(Δ_P,R_C,R_C)
4b	D-Val	−	(Λ_P,R_C,R_C)
6a	D-Leu	+	(Δ_P,R_C,R_C)
6b	D-Leu	−	(Λ_P,R_C,R_C)
8a[①]	D-PhGly	+	(Δ_P,R_C,R_C)
8b[①]	D-PhGly	+(205~225nm) −(225~260nm)	(Λ_P,R_C,R_C)
10a[①]	D-Phe	+	(Δ_P,R_C,R_C)
10b	D-Phe	−	(Λ_P,R_C,R_C)

①表示绝对构型通过晶体结构进行确定。

  在双缬氨酸五配位氢膦烷 **3a** ~ **4b** 和双亮氨酸五配位氢膦烷 **5a** ~ **6b** 中，该类型化合物氨基酸侧链都是饱和脂肪酸，固体 ECD 光谱的 Cotton 效应主要受到中心磷原子绝对构型的影响，氨基酸 α 位手性碳原子的影响在固体 ECD 光谱的 Cotton 效应中很难体现。无论氨基酸 α 位碳原子的绝对构型是 R 还是 S，当中心磷原子的绝对构型是 Δ_P 时，主要呈现出正 Cotton 效应；当中心磷原子的绝对构型是 Λ_P 时，则表现出负 Cotton 效应。

  而对于双苯甘氨酸五配位氢膦烷 **7a** ~ **8b** 而言，并没有上述的规律。对其结构进行分析后认为，相比 **3a** ~ **6b**，在 **7a** ~ **10b** 结构中都含有苯环这类强的生色团，并且在 **7a** ~ **8b** 中苯环与氨基酸的 α 位手性碳原子直接相连成键，因此受到 α 位手性碳原子的影响也比较大（邻位效应），中心磷原子与氨基酸 α 位手性碳原子的绝对构型共同作用对苯环产生影响，所以固体 ECD 光谱表现出特殊的形式。

  从结构上观察，双苯丙氨酸五配位氢膦烷 **9a** ~ **10b** 中的苯环与氨基酸的 α 位手性碳原子之间相隔了一个—CH$_2$ 基团，受到 α 位手性碳原子的影响比 **7a** ~ **8b** 要小很多，但由于苯环属于强生色团，所以 α 位手性碳原子对苯环还是存在着邻位效应。因此，**9a** ~ **10b** 的固体 ECD 信号仍受到中心磷原子和氨基酸 α 位手性碳原子绝对构型的共同影响，但光谱形式与前面所述都不相同，从固体 ECD 光谱的 Cotton 效应来看，它受到中心磷原子绝对构型的影响更大，在 ECD 光谱表现出的规律上与 **3a** ～ **6b** 具有一定的相似性。

在生命过程中，五配位磷化合物经常以中间体或过渡态的形式出现，它的空间构型很可能影响着整个化学反应的方向。针对含有五配位磷原子手性中心三角双锥模型化合物展开的相关研究，可为更好地理解生物化学过程中磷酰基的转移机制等生命科学问题提供新的研究思路和理论依据。

7.3.3　氨基酸与核苷酸的相互作用

遗传密码就是把 mRNA 或 tRNA 的核苷酸序列正确转换为蛋白质的氨基酸序列，mRNA 分子上从起始密码 AUG 开始，每三个连续排列的核苷酸组成的三联体构成一个密码或反密码编码一种氨基酸。生物体在合成蛋白质过程中，原料编码氨基酸和 mRNA 上的核苷酸之间的结合是具有选择性的，其特异性结合是在特定对映体结构协助下完成的[69]。

生命有机体中蛋白质的合成，不能通过氨基酸简单地直接缩合而成，而是氨基酸以核酸为模板，有序脱水缩合而成。该过程涉及将核酸序列信息编码成氨基酸序列信息(即蛋白质一级结构序列)，这一精确高效的调控机制基于遗传密码规律，并在多种酶蛋白和辅酶因子共同参与下实现。那么遗传密码在前生源阶段是如何起源的呢？这也是生命起源领域非常关注的科学问题之一。针对这一问题，相关的假说或理论层出不穷。

氨基酸与核苷酸之间的相互作用在结构上是多样的。早期主要存在两种理论：1966 年，Woese 提出了立体化学相互作用理论(stereochemical theory)[70]和 1968 年，Crick 提出偶然冻结理论(the ancient frozen theory)[19]。前者认为遗传密码与相对应氨基酸之间的立体化学相互作用直接相关[71]，后者认为密码与相对应的氨基酸，原本是一种偶然现象，是在进化过程中某个时间被固定下来，并且很难改变。偶然冻结理论是猜测出来的，尽管无法辩驳，但由于无法找到实验依据，因此无法证实偶然冻结理论起源的真实性。立体化学相互作用理论可以进行实验验证，在早期实验中可以观察到不同氨基酸与核苷酸选择性相互作用的痕迹[72, 73]。

虽然这些相互作用比传统中典型的结合相互作用弱,但最终也形成了准确的翻译系统,并且大量重现性数据也证实了这种在水溶液中核苷酸与不同氨基酸之间的弱相互作用[74]。核磁共振(NMR)波谱是研究溶液中弱相互作用的最合适方法之一,对水溶液中核苷酸组分与氨基酸衍生物之间的相互作用已进行系统的 NMR 研究[75]。

核苷单磷酸与氨基酸的结合常数表明存在核苷酸 - 氨基酸选择性相互作用[76]。基于核酸 - 蛋白质相互作用的观点,核苷酸 - 氨基酸相互作用已经进行广泛的研究[77]。在单体水平上,已经通过 NMR 研究酪氨酸和色氨酸与核苷酸的相互作用,AMP- 酪氨酸的结合常数为 $0.9mol^{-1}$,AMP- 色氨酸的结合常数为 $6.4mol^{-1}$ [78, 79]。另外,对诱导偶极的诱导力同时也进行了解释,色氨酸与 GMP、AMP、TMP、UMP 和 CMP 的结合常数分别为 $13.1mol^{-1}$、$10.4mol^{-1}$、$4.4mol^{-1}$、$2.9mol^{-1}$ 和 $2.4mol^{-1}$ [80]。从热力学数据计算出色氨酸与核苷酸亲和力的大小顺序为: GMP > AMP > TMP > UMP > CMP,说明色氨酸与嘌呤类核苷酸的亲和力比与嘧啶类核苷酸更强[81]。在 AMP 与色氨酸甲酯的 NMR 相互作用研究中,以 1∶1 的化学计量比,并通过化学位移的变化分析获得了两者的结合常数为 $6.4mol^{-1}$ [82]。有时在 NMR 波谱中核苷酸诱导氨基酸质子化学位移太小,无法产生准确的解离常数。例如,AMP 与组氨酸相互作用,组氨酸环上质子共振的化学位移变化仅为 0.05[83]。因此,需要增大测定的浓度来进一步研究核苷酸与氨基酸的相互作用[84]。核苷酸 - 氨基酸相互作用证明了遗传密码化学进化过程的可能性,但如果要更加确认这些相互作用与遗传密码起源之间的关系,还需考虑更多氨基酸与核苷酸之间的相互作用,从中找出更广泛的对应关系规律。

7.3.4　基于磷化学同手性起源化学模型的建立

在遗传密码和手性选择的起源阶段,化学进化应该占主导作用,且两者可能是协同进化的。遗传密码早期的表现形式可能存在着有利于寡聚核苷酸和氨基酸立体化学相互作用的匹配构型,其中涉及的立体化学相互作用将可能影响核苷和氨基酸的手性互相选择。因此，有人推测生命物质的手性选择可能伴随着遗传密码起源而发生[85]，也就是说核苷与氨基酸的特定空间取向以及相互作用，导致两者的手性选择并最终固化成现存的单一手性现状。

"遗传密码起源"是生命起源研究领域的最基础课题之一，是人类揭示生命奥秘所必须探索的重要科学问题。核酸序列上的遗传信息转录到 mRNA 上，而后以 mRNA 序列为模板依照遗传密码表翻译成多肽序列，这是极其精确和复杂的过程。然而，对于生命起源初期，很可能有更为简单的内在反应系统来推动化学进化过程。因此，基于简单的化学模型，研究氨基酸和核苷的手性互选与遗传密码起源的关系，具有重大的实验和科学意义。

赵玉芬课题组建立遗传密码起源的化学模型(图 7-23)，首次发现，苯丙氨酸(Phe)成肽量与密码子或反密码子的 2 号位核苷正相关。从表 7-1 密码三联体中分析，起关键作用的是 2 号位核苷，而第三个核苷是可变动的[86]。所以，通过该化学模型研究氨基酸和核苷酸直接相互作用，为前生源时期氨基酸与核苷的手性相互选择与遗传密码起源研究提供了一个新的思路。

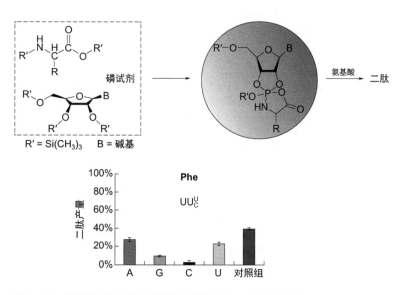

图 7-23 遗传密码起源的化学模型及核苷对 Phe 成肽的影响

参考文献

[1] Crick F H C, Brenner B L S, Watts-Tobin R J. General nature of the genetic code for proteins. Nature, 1961, 192: 1227-1232.
[2] Nirenberg M W, Matthaei J H. The Dependence of Cell- Free Protein Synthesis in *E. coli* upon Naturally Occurring or Synthetic Polyribonucleotides. Proc Natl Acad Sci U S A, 1961, 47(10): 1588-1602.
[3] Lengyel P, Speyer J F, Ochoa S. Synthetic polynucleotides and the amino acid code. Proc Natl Acad Sci U S A, 1961, 47(12): 1936-1942.
[4] Speyer J F, Lengyel P, Basilio C, et al. Synthetic polynucleotides and the amino acid code. Ⅱ. Proc Natl Acad Sci U S A, 1962, 48(1): 63-68.
[5] Lengyel P, Speyer J F, Basilio C, et al. Synthetic polynucleotides and the amino acid code. Ⅲ. Proc Natl Acad Sci U S A, 1962, 48(2): 282-284.
[6] Speyer J F, Lengyel P, Basilio C, et al. Synthetic polynucleotides and the amino acid code. Ⅳ. Proc Natl Acad Sci U S A, 1962, 48(4): 441-448.
[7] Basilio C, Wahba A J, Lengyel P, et al. Synthetic polynucleotides and the amino acid code. Ⅴ. Proc Natl Acad Sci U S A, 1962, 48(4): 613-616.
[8] Wahba A J, Basilio C, Speyer J F, et al. Synthetic polynucleotides and the amino acid code. Ⅵ. Proc Natl Acad Sci U S A, 1962, 48(9): 1683-1686.
[9] Speyer J F, Lengyel P, Basilio C, et al. Synthetic polynucleotides and the amino acid code. Ⅶ. Proceedings of the National Academy of Sciences, 1963, 48(4): 2087-2094.
[10] Wahba A J, Gardner R S, Basilio C, et al. Synthetic polynucleotides and the amino acid code. Ⅷ. Proc Natl Acad Sci U S A, 1963, 49(1): 116-122.
[11] Wahba A J, Miller R S, Basilio C, et al. Synthetic polynucleotides and the amino acid code. Ⅸ. Proc Natl Acad Sci U S A, 1963, 49(6): 880-885.
[12] Hartman H. Speculations on the origin of the genetic code. J Mol Evol, 1995, 40(5): 541-544.
[13] Prieur B. A stereochemical relationship could explain the origin of the genetic code. Comptes Rendus De Lacadémie Des Sciences Série III Sciences De La Vie, 1992, 314(6): 245-252.
[14] Root-Bernstein R S. On the origin of the genetic code. Febs Letters, 1982, 94(4): 895-904.
[15] Szathmáry E. The origin of the genetic code: amino acids as cofactors in an RNA world. Trends in Genetics, 1999, 15(6): 223-229.
[16] Di G M. The origin of the genetic code: theories and their relationships, a review. Biosystems, 2005, 80(2): 175-184.
[17] Copley S D, Smith E, Morowitz H J. A mechanism for the association of amino acids with their codons and the origin of the genetic code. Proc Natl Acad Sci U S A, 2005, 102(12): 4442-4447.
[18] Higgs P G. A four-column theory for the origin of the genetic code: tracing the evolutionary pathways that gave rise to an optimized code. Biology Direct,4,1(2009-04-24), 2009, 4(1): 29.
[19] Crick F H. The origin of the genetic code. Journal of Molecular Biology, 1968, 38(3): 367-379.
[20] Woese C R. On the evolution of the genetic code. Proc Natl Acad Sci U S A, 1965, 54(6): 1546-1552.
[21] Wong J T. A co-evolution theory of the genetic code. Proc Natl Acad Sci U S A, 1975, 72(5): 1909-1912.
[22] Koonin E V. Frozen Accident Pushing 50: Stereochemistry, Expansion, and Chance in the Evolution of the Genetic Code. Life (Basel), 2017, 7(2): 22.
[23] Amirnovin R. An Analysis of the Metabolic Theory of the Origin of the Genetic Code. J Mol Evol, 1997, 44(5): 473-476.
[24] Nirenberg M W, Matthaei J H. The dependence of cell-free protein synthesis in *E. coli* upon naturally occurring or synthetic polyribonucleotides. Proceedings of the National Academy of Sciences, 1961, 47(10): 1588-1602.

[25] Bernhardt H S, Patrick W M. Genetic code evolution started with the incorporation of glycine, followed by other small hydrophilic amino acids. J Mol Evol, 2014, 78(6): 307-309.

[26] Morgens D W. The protein invasion: a broad review on the origin of the translational system. J Mol Evol, 2013, 77(4): 185-196.

[27] Yarus M, Widmann J J, Knight R. RNA-amino acid binding: a stereochemical era for the genetic code. J Mol Evol, 2009, 69(5): 406-429.

[28] Patel B H, Percivalle C, Ritson D J, et al. Common origins of RNA, protein and lipid precursors in a cyanosulfidic protometabolism. Nat Chem, 2015, 7(4): 301-307.

[29] Coggins A J, Powner M W. Prebiotic synthesis of phosphoenol pyruvate by alpha-phosphorylation-controlled triose glycolysis. Nat Chem, 2017, 9(4): 310-317.

[30] Miller S L. A production of amino acids under possible primitive earth conditions. Science, 1953, 117(3046): 528-529.

[31] Powner M W, Gerland B, Sutherland J D. Synthesis of activated pyrimidine ribonucleotides in prebiotically plausible conditions. Nature, 2009, 459(7244): 239-242.

[32] Rabinowitz J, Flores J, Kresbach R, et al. Peptide formation in the presence of linear or cyclic polyphosphates. Nature, 1969, 224(5221): 795-796.

[33] Akouche M, Jaber M, Maurel M C, et al. Phosphoribosyl Pyrophosphate: A Molecular Vestige of the Origin of Life on Minerals. Angew Chem Int Ed Engl, 2017, 56(27): 7920-7923.

[34] Joyce G F. The antiquity of RNA-based evolution. Nature, 2002, 418(6894): 214-221.

[35] Griesser H, Tremmel P, Kervio E, et al. Ribonucleotides and RNA Promote Peptide Chain Growth. Angew Chem Int Ed Engl, 2017, 56(5): 1219-1223.

[36] Griesser H, Bechthold M, Tremmel P, et al. Amino Acid-Specific, Ribonucleotide-Promoted Peptide Formation in the Absence of Enzymes. Angewandte Chemie, 2017, 129(5): 1244-1248.

[37] Paecht-Horowitz M, Berger J, Katchalsky A. Prebiotic synthesis of polypeptides by heterogeneous polycondensation of amino-acid adenylates. Nature, 1970, 228(5272): 636-639.

[38] Lahiri S D, Zhang G, Dunaway-Mariano D, et al. The pentacovalent phosphorus intermediate of a phosphoryl transfer reaction. Science, 2003, 299(5615): 2067-2071.

[39] Tremblay L W, Zhang G, Dai J, et al. Chemical confirmation of a pentavalent phosphorane in complex with beta-phosphoglucomutase. J Am Chem Soc, 2005, 127(15): 5298-5299.

[40] Cleland W W, Hengge A C. Enzymatic mechanisms of phosphate and sulfate transfer. Chem Rev, 2006, 106(8): 3252-3278.

[41] Ni F, Gao X, Zhao Z X, et al. On the electrophilicity of cyclic acylphosphoramidates (CAPAs) postulated as intermediates. European Journal of Organic Chemistry, 2009, 2009(18): 3026-3035.

[42] Fu H, Li Z L, Zhao Y F, et al. Oligomerization of *N, O*-Bis (Trimethylsilyl)-α-amino acids into peptides mediated by o-phenylene phosphorochloridate. Journal of the American Chemical Society, 1999, 121(2): 291-295.

[43] Vestal M L. High-performance liquid chromatography-mass spectrometry. Science, 1984, 226(4672): 275-281.

[44] Hunt D F, Henderson R A, Shabanowitz J, et al. Characterization of peptides bound to the class I MHC molecule HLA-A2.1 by mass spectrometry. Science, 1992, 255(5049): 1261-1263.

[45] Wan H, Umstot E S, Szeto H H, et al. Quantitative analysis of [Dmt1] DALDA in ovine plasma by capillary liquid chromatography-nanospray ion-trap mass spectrometry. Journal of Chromatography B, 2004, 803(1): 83-90.

[46] Borchers C, Parker C E, Deterding L J, et al. Preliminary comparison of precursor scans and liquid chromatography-tandem mass spectrometry on a hybrid quadrupole time-of-flight mass spectrometer. J Chromatogr A, 1999, 854(1-2): 119-130.

[47] Jones A, Bingham J P, Gehrmann J, et al. Isolation and characterization of conopeptides by high-

performance liquid chromatography combined with mass spectrometry and tandem mass spectrometry. Rapid Commun Mass Spectrom, 1996, 10(1): 138-143.

[48] Nakamura T, Yu Z, Fainzilber M, et al. Mass spectrometric-based revision of the structure of a cysteine-rich peptide toxin with gamma-carboxyglutamic acid, TxVIIA, from the sea snail, Conus textile. Protein Sci, 1996, 5(3): 524-530.

[49] Shen J, Smith R A, Stoll V S, et al. Characterization of protein kinase A phosphorylation: multi-technique approach to phosphate mapping. Anal Biochem, 2004, 324(2): 204-218.

[50] Daoud R, Dubois V, Bors-Dodita L, et al. New antibacterial peptide derived from bovine hemoglobin. Peptides, 2005, 26(5): 713-719.

[51] Horvath C G, Preiss B A, Lipsky S R. Fast liquid chromatography: an investigation of operating parameters and the separation of nucleotides on pellicular ion exchangers. Anal Chem, 1967, 39(12): 1422-1428.

[52] van den Driessche B, Lemiere F, van Dongen W, et al. Structural characterization of melphalan modified 2′-oligodeoxynucleotides by miniaturized LC-ES MS/MS. J Am Soc Mass Spectrom, 2004, 15(4): 568-579.

[53] Haink G, Deussen A. Liquid chromatography method for the analysis of adenosine compounds. J Chromatogr B Analyt Technol Biomed Life Sci, 2003, 784(1): 189-193.

[54] Bonner W A. Parity violation and the evolution of biomolecular homochirality. Chirality, 2000, 12(3): 114-126.

[55] 刘厚淳，奇云．开创手性催化反应研究的新领域——2001年诺贝尔化学奖评介．生物化学与生物物理进展, 2001, 28(6): 778-780.

[56] Pasteur L. Memoires sur la relation qui peut exister entre la forme crystalline et al composition chimique, et sur la cause de la polarization rotatoire. Compt rend, 1848, 26: 535-538.

[57] Wang Z, Xu W, Liu L, et al. A synthetic molecular system capable of mirror-image genetic replication and transcription. Nature Chemistry, 2016, 8(7): 698-704.

[58] Yu Z H, Zhang Z Y. Regulatory Mechanisms and Novel Therapeutic Targeting Strategies for Protein Tyrosine Phosphatases. Chem Rev, 2018, 118(3): 1069-1091.

[59] Zhang Z Y. Chemical and mechanistic approaches to the study of protein tyrosine phosphatases. Accounts of Chemical Research, 2003, 36(6): 385-392.

[60] Burgers P, Eckstein F, Hunneman D, et al. Stereochemistry of hydrolysis of adenosine 3′,5′-cyclic phosphorothioate by the cyclic phosphodiesterase from beef heart. Journal of Biological Chemistry, 1979, 254(20): 9959-9961.

[61] Corcoran R, Labelle M, Czarnik A W, et al. An assay to determine the kinetics of RNA cleavage. Analytical Biochemistry, 1985, 144(2): 563-568.

[62] Usher D, Richardson D I, Eckstein F. Absolute stereochemistry of the second step of ribonuclease action. Nature, 1970, 228(5272): 663-665.

[63] Raines R T. Ribonuclease a. Chemical Reviews, 1998, 98(3): 1045-1066.

[64] Ni F, Li W, Li Y M, et al. Analysis of the phosphoryl transfer mechanism of c-AMP dependent protein kinase (PKA) by penta-coodinate phosphoric transition state theory. Curr Protein Pept Sci, 2005, 6(5): 437-442.

[65] Westheimer F H. Pseudo-rotation in the hydrolysis of phosphate esters. Accounts of Chemical Research, 1968, 1(3): 70-78.

[66] Hamilton W C, LaPlaca S J, Ramirez F. The Structure of a Pentaoxyphosphorane by X-Ray Analysis1. Journal of the American Chemical Society, 1965, 87(1): 127-128.

[67] Hamilton W C, La Placa S J, Ramirez F, et al. Crystal and molecular structures of pentacoordinate-Group V compounds. I. 2, 2, 2-Triisopropoxy-4,5-(2′,2″-biphenyleno)-1,3,2-dioxaphospholene. Orthoshombic. Journal of the American Chemical Society, 1967, 89(10): 2268-2272.

[68] Spratley R D, Hamilton W C, Ladell J. Crystal and molecular structures of pentacoordinated Group VA compounds. II. 2,2,2-Triisopropoxy-4,5-(2′,2″-biphenyleno)-1,3,2-dioxaphospholene. Monoclinic. Journal of the American Chemical Society, 1967, 89(10): 2272-2278.

[69] Hobish M, Wickramasinghe N, Ponnamperuma C. Direct interaction between amino acids and nucleotides as a possible physicochemical basis for the origin of the genetic code. Advances in Space Research, 1995, 15(3): 365-382.

[70] Woese C R, Dugre D H, Dugre S A, et al. On the fundamental nature and evolution of the genetic code. Cold Spring Harb Symp Quant Biol, 1966, 31: 723-736.

[71] Woese C R. The problem of evolving a genetic code. Bioscience, 1970, 20(8): 471-485.

[72] Hopfield J J. Origin of the genetic code: a testable hypothesis based on tRNA structure, sequence, and kinetic proofreading. Proc Natl Acad Sci U S A, 1978, 75(9): 4334-4338.

[73] Balasubramanian R, Seetharamulu P, Raghunathan G. A conformational rationale for the origin of the mechanism of nucleicacid-directed protein synthesis of 'living' organisms. Origins of life, 1980, 10(1): 15-30.

[74] Jeong E, Kim H, Lee S W, et al. Discovering the interaction propensities of amino acids and nucleotides from protein-RNA complexes. Mol Cells, 2003, 16(2): 161-167.

[75] Reuben J, Polk F E. Nucleotide-amino acid interactions and their relation to the genetic code. Journal of Molecular Evolution, 1980, 15(2): 103-112.

[76] Saxinger C, Ponnamperuma C, Woese C. Evidence for the interaction of nucleotides with immobilized amino-acids and its significance for the origin of the genetic code. Nat New Biol, 1971, 234(49): 172-174.

[77] Helene C. Selective recognition of nucleic-acids by proteins. Recherche, 1977, 8(75): 122-132.

[78] Dimicoli J L, Hélène C. Interactions entre acides aminés et acides nucléiques. III —Etude par absorption et résonance magnétique nucléaire de la formation de complexes entre le tryptophane et les constituants des acides nucléiques. Biochimie, 1971, 53(3): 331-345.

[79] Hélène C, Montenay-Garestier T, Dimicoli J L. Interactions of tyrosine and tyramine with nucleic acids and their components: Fluorescence, nuclear magnetic resonance and circular dichroism studies. Biochimica et Biophysica Acta (BBA)-Nucleic Acids and Protein Synthesis, 1971, 254(3): 349-365.

[80] Wagner K, Lawaczeck R. NMR study on the interaction of nucleotides with aromatic amino acid derivatives. Journal of Magnetic Resonance (1969), 1972, 8(2): 164-174.

[81] Morita F. Molecular complex of tryptophan with ATP or its analogs. Biochim Biophys Acta, 1974, 343(3): 674-681.

[82] de Fontaine D, Ross D, Ternai B. Two improved methods for the determination of association constants and thermodynamic parameters. The interaction of adenosine 5′-monophosphate and tryptophan. The Journal of Physical Chemistry, 1977, 81(8): 792-798.

[83] Mantsch H H, Neurohr K. Base stacking interactions of L-histidine and thyrotropin-releasing hormone with adenosine-5′-monophosphate. FEBS Lett, 1978, 86(1): 57-60.

[84] Deranleau D A. Theory of the measurement of weak molecular complexes. I. General considerations. Journal of the American Chemical Society, 1969, 91(15): 4044-4049.

[85] Root-Bernstein R. Simultaneous origin of homochirality, the genetic code and its directionality. Bioessays, 2007, 29(7): 689-698.

[86] Woese C, Dugre D, Saxinger W, et al. The molecular basis for the genetic code. Proceedings of the National Academy of Sciences, 1966, 55(4): 966-974.

8

ATP 等辅因子与蛋白质起源

8.1 ATP- 氨基酸相互作用
8.2 最古老的蛋白质——ATP 结合蛋白的发现及意义

8.1
ATP-氨基酸相互作用

ATP 在生命活动中扮演着重要角色，ATP 与蛋白质间的相互作用决定了蛋白质的生物功能。氨基酸是蛋白质的基本组成单元，研究 ATP 与氨基酸之间的相互作用具有重要的基础科学意义。

8.1.1　ATP 的结构及与氨基酸的相互作用

三磷酸腺苷(adenosine 5′-triphosphate，ATP，图 8-1)是生物体内分布最广和最重要的一种核苷类小分子。它不仅是生物体内重要的能量载体，还通过参与蛋白质的磷酸化，调节生物体内的多种生命活动。因此，研究生命活动中特殊的蛋白质——酶对 ATP 的识别对研究这些生物过程的机理具有重要意义[1]。研究表明，酶对 ATP 的识别是通过酶活性中心的关键氨基酸残基与 ATP 分子间的弱相互作用，包括分子间氢键、范德华力、疏水作用、芳香体系的 π-π 相互作用系统(π-π interactions of aromatic systems)等实现的[2-4]。因此，研究氨基酸(图 8-1，分子量等见表 8-1)与 ATP 的弱相互作用有利于判断酶对 ATP 的识别机理。

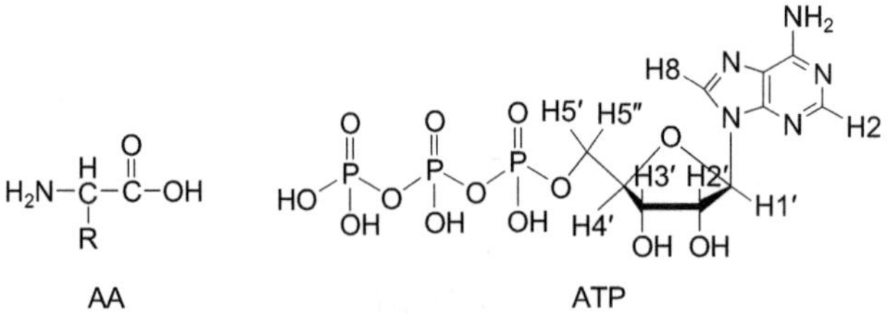

图 8-1　氨基酸（AA）与 ATP 的结构式[1]

表8-1 二十种天然氨基酸的分子量与R基团

名称	缩写	分子量	R
甘氨酸	Gly	75.1	—H
丙氨酸	Ala	89.1	—CH_3
缬氨酸	Val	117.1	—$CH(CH_3)_2$
亮氨酸	Leu	131.2	—$CH_2CH(CH_3)_2$
异亮氨酸	Ile	131.2	—$CH(CH_3)CH_2CH_3$
丝氨酸	Ser	105.1	—CH_2OH
苏氨酸	Thr	119.1	—$CHOHCH_3$
半胱氨酸	Cys	121.2	—CH_2SH
蛋氨酸	Met	149.2	—$(CH_2)_2SCH_3$
脯氨酸	Pro	115.1	—$(CH_2)_3$—
天冬氨酸	Asp	133.1	—CH_2COOH
天冬酰胺	Asn	132.1	—CH_2CONH_2
谷氨酸	Glu	147.1	—CH_2CH_2COOH
谷氨酰胺	Gln	146.1	—$CH_2CH_2CONH_2$
苯丙氨酸	Phe	165.2	—C_6H_5
酪氨酸	Tyr	181.2	—C_6H_4OH
色氨酸	Trp	204.1	—$CH_2C_8H_6N$
赖氨酸	Lys	146.2	—$(CH_2)_4NH_2$
精氨酸	Arg	174.1	—$(CH_2)_3NHC(NH)NH_2$
组氨酸	His	155.2	—$CH_2C_3H_3N_2$

注：为方便起见，下面提到氨基酸时均采用缩写。

8.1.2 基于质谱技术的 ATP 与氨基酸的弱相互作用研究

ESI-MS 作为一种"软电离"技术，具有样品量少、特异性好、灵敏度高、测试速度快等特点，在研究分子间的弱相互作用方面得到了广泛应用[5-7]。随着质谱技术的发展和人们研究的深入，ESI-MS 还可通过测定结合常数来判断弱相互作用的强弱、研究分子间弱相互作用的选择性、考察复合物中分子结合位点等[8-10]。

刘继红等利用 ESI-MS 技术，对 19 种氨基酸与 ATP 的弱相互作用进行了研究。研究结果发现，Gly、Ala、Val 未观察到与 ATP 弱相互作用复合离子的形成，其余氨基酸均与 ATP 形成一系列复合离子，根据复合物的分子量判断，二者的化学计量比是 1∶1。结果见表 8-2。

表8-2 质谱中AA与ATP形成的复合离子

氨基酸名称	络合离子 m/z			
	[ATP-2Na+AA]⁺	[ATP-3Na+AA]⁺	[ATP-4Na+AA]⁺	[ATP-5Na+AA]⁺
Ile	—	705	727	749
Leu	—	705	727	749
Ser	—	679	701	723
Thr	—	693	715	737
Met	—	723	745	767
Pro	—	689	711	733
Asp	—	707	729	751
Asn	—	706	728	750
Glu	—	721	743	765
Gln	—	720	742	764
Phe	—	739	761	783
Tyr	—	755	777	799
Trp	—	778	800	822
Lys	698	720	—	—
Arg	726	748	—	—
His	707	729	—	—

为了进一步得到复合物的结构信息，对复合离子进行多级质谱分析。由于不同氨基酸与 ATP 的弱相互作用强度不同，因而所形成复合离子的稳定性也不同。在 19 种氨基酸与 ATP 所形成的复合离子中，只有苯丙氨酸与 ATP 复合离子足够稳定，从而可以被选作目标离子进行二级质谱

分析，结果如图 8-2 所示。复合离子碎裂时，均失去质量为 165Da 的中性分子，得到碎片离子。根据中性分子和碎片离子的质量判断，离去的中性基团为苯丙氨酸，碎片离子则为 ATP 的相应离子，这说明碎裂过程中两分子间的弱相互作用受到破坏。二级质谱结果进一步说明，苯丙氨酸与 ATP 是以 1∶1 的比例形成复合物的。

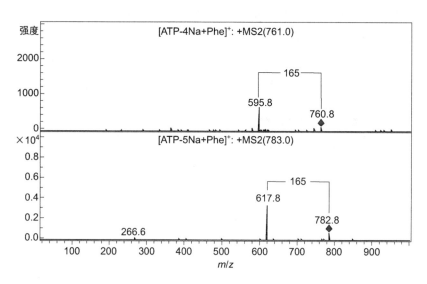

图 8-2　Phe 与 ATP 复合离子的 ESI-MS/MS 图谱 [11]

质谱仪的 Cone 电压对弱相互作用形成复合离子的稳定性有较大的影响。随着 Cone 电压的增大，弱相互作用被破坏，导致复合离子逐渐消失，因此可用复合物消失时的 Cone 电压大小比较不同分子间弱相互作用的强弱 [12]。总结氨基酸与 ATP 弱相互作用消失时的 Cone 电压，数据见表 8-3。由表 8-3 可以看出，ATP 与侧链无官能团的氨基酸相互作用最弱，侧链具有—OH、—SH、—COOH、—CONH$_2$、—NH$_2$ 等官能团的氨基酸次之，苯丙氨酸最强。结合氨基酸的结构，分析影响相互作用强弱的因素。在无官能团的氨基酸中，Gly、Ala、Val 未发现与 ATP 的弱相互作用，而 Ile、Leu、Pro 却存在相互作用，这可能是因为随着侧链烷基链的增长，疏水作用增强引起的。氨基酸的侧链基团对氨基酸与 ATP 弱相互作用的强弱影响较大。Ser、Thr、Met、Asp、Asn、Glu、Gln、Arg、

Lys、His 的官能团都具有氢键的受体和供体，可与 ATP 形成较强的氢键，使相互作用增强。从质谱结果来看，与 ATP 相互作用强弱顺序为 Met、Ser、Thr ＜ Asp、Glu、Lys ＜ Asn、Gln、Arg、His，根据它们侧链基团的结构，可得到侧链基团对弱相互作用的影响顺序为：R=C—NH_2 ＞—RCOOH、—R—NH_2 ＞—RSH、—ROH。Phe 侧链苯基的强疏水作用以及可能与 ATP 腺嘌呤环的 π-π 堆积作用都会大大增强与 ATP 的弱相互作用，这可能是导致 Phe 与 ATP 形成的复合物最稳定的原因。由上所述，可总结出侧链基团对弱相互作用影响顺序为：苯基＞ R=C—NH_2 ＞—RCOOH、—R—NH_2 ＞—RSH、—ROH ＞—R（长链）＞—R（短链）。

表8-3　AA与ATP弱相互作用消失时的Cone电压[11]

氨基酸名称	弱相互作用消失时 Cone 电压 /V	氨基酸名称	弱相互作用消失时 Cone 电压 /V
Gly[①]	—	Asn	180.3
Ala[①]	—	Glu	170.4
Val[①]	—	Gln	191.0
Ile	132.7	Phe	210.4
Leu	139.2	Tyr[②]	—
Ser	156.0	Trp[②]	—
Thr	148.3	Lys	169.5
Met	154.8	Arg	185.3
Pro	140.6	His	185.3
Asp	164.7		

① Gly、Ala、Val 未发现与 ATP 的弱相互作用形成的复合离子。
② Tyr、Trp 与 ATP 的复合离子处有干扰离子，无法判断复合物消失时的 Cone 电压。

8.1.3　基于荧光光谱技术的 ATP 与氨基酸的弱相互作用研究

含有芳香环的氨基酸具有较强的荧光，加入 ATP 后，Phe 和 Trp 发生荧光猝灭现象[13,14]，刘继红等用荧光光谱法测定了ATP与Trp、Phe的结合常数(Tyr由于在水中的溶解性不好，未进行分析)。不同浓度ATP导致Phe、Trp的荧光猝灭如图8-3和图8-4所示。质谱结果表明ATP与氨基酸是按1∶1的比例形成复合物的，因而采用按1∶1比例形成复合物的结合常数公式(1)计算出解离常数[13]，再根据公式(2)得到结合常数：

$$I = (I_0 + I_\infty [L]/K_d) / (1+[L]/K_d) \tag{8-1}$$

$$K = 1/K_d \tag{8-2}$$

式中，I_0为未加ATP时的荧光强度；I_∞为ATP与氨基酸完全结合时的荧光强度；[L]为ATP浓度；K_d为解离常数；K为结合常数。

计算结果见表8-4，Phe与ATP弱相互作用的结合常数为38.47 mmol^{-1}，Trp与ATP弱相互作用的结合常数为39.23 mmol^{-1}。结合常数越大表明弱相互作用越弱，因此与ATP的弱相互作用Trp＞Phe。

表8-4　ATP与Phe、Trp弱相互作用的解离常数与结合常数[11]

氨基酸名称	激发波长/nm	K_d/mmol	K/mmol^{-1}
Phe	258	0.026	38.47
Trp	280	0.025	39.23

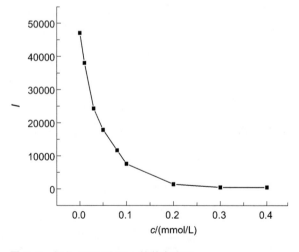

图8-3　加入ATP后Phe的荧光猝灭

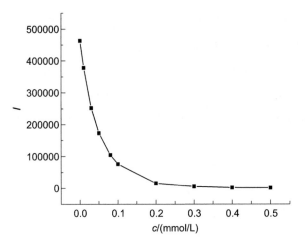

图 8-4 加入 ATP 后 Trp 的荧光猝灭

8.1.4 基于核磁共振技术的 ATP 与氨基酸的弱相互作用研究

ATP 与芳香性氨基酸都具有芳香环结构。有文献报道,在蛋白质识别 ATP 时,芳香性氨基酸与 ATP 的腺嘌呤环存在 π-π 堆积作用[15]。刘继红等用 NMR 技术对这一现象进行了研究(酪氨酸的溶解性不好,无法进行核磁分析),结果见表 8-5 和表 8-6[11]。表 8-5 表明不同浓度配比的 Phe 与 ATP 混合溶液中 ATP 中质子化学位移的变化。Phe 的存在使 ATP 腺嘌呤环上 H2 和 H8 的化学位移向高场移动,并且 Phe 的浓度越大,化学位移向高场移动越多。这是因为 Phe 的苯基与 ATP 的腺嘌呤环发生 π-π 堆积作用,H2、H8 受到 Phe 中苯基的电子环流磁各向异性效应的影响,使 H2、H8 的化学位移发生了变化。

表8-5 Phe存在下ATP中H化学位移变化

化合物名称(浓度比)	δ_{H8}	δ_{H2}	$\delta_{H1'}$
ATP	8.601	8.437	6.123
ATP + Phe(1∶1)	8.592	8.398	6.108

续表

化合物名称（浓度比）	δ_{H8}	δ_{H2}	$\delta_{H1'}$
$\Delta\delta$	-0.009	-0.039	-0.015
ATP + Phe（1∶2）	8.58	8.361	6.092
$\Delta\delta$	-0.021	-0.076	-0.031

由于 Trp 在水中的溶解度较小，只得到了 $c_{ATP}:c_{Trp}=1:1$ 条件下，ATP 中 H 化学位移变化（见表 8-6）。Trp 存在下，ATP 中 H8、H2、H1′受到 Trp 中电子环流磁各向异性效应的影响，化学位移都移向高场，H2 的化学位移变化最大，达 0.275。比较同浓度下 Trp、Phe 导致 ATP 中 H 化学位移变化数据，发现 Trp 对 ATP 的影响大于 Phe，由此可以得出结论，与 ATP 中芳香环的 π-π 堆积作用，Trp > Phe。

表8-6　Trp存在下ATP中H化学位移变化

化合物名称	δ_{H8}	δ_{H2}	$\delta_{H1'}$
ATP	8.595	8.432	6.116
ATP + Trp	8.494	8.157	6.008
$\Delta\delta$	-0.101	-0.275	-0.108

8.1.5　ATP与氨基酸的弱相互作用的理论分析

刘继红等选择几种具有不同官能团的氨基酸进行了分子模拟，研究它们与 ATP 的相互作用。采用 Sybyl 7.1 软件 Dock 方法得到最佳的复合物模型，如图 8-5～图 8-9 所示[11]。分析模型中分子间的作用力，发现氨基酸与 ATP 之间可形成多个氢键，结果见表 8-7。Ala 与 ATP 形成的复合物中，丙氨酸主链上的 C=O 和 N—H 分别与 ATP 中腺嘌呤环上氨基的 N—H、三磷酸链中 P(γ)—O 形成 2 个较强的氢键；Phe 只有主链上的 C=O 与 ATP 中腺嘌呤环上氨基的 N—H 形成 1 个氢键；Asp、Ser 的主侧链基团与 ATP 的组成基团可形成 3 个氢键；Asn 与 ATP 的复合物中则有 4 个氢键存在。这些分子间氢键使复合物得以稳定存在。

表8-7　ATP与氨基酸复合物中存在的分子间氢键情况

复合物名称	氢键信息				
	L-AA	ATP	长度 /Å	角度 /(°)	X-Y
ATP-Ala	C=O①	N—H③	1.640	163.04	2.644
	N—H①	P(γ)—O	1.856	160.39	2.851
ATP-Phe	C=O①	N—H③	1.675	135.18	2.515
ATP-Asn	C=O①	N—H③	1.643	165.73	2.658
	N—H①	P(γ)—O	2.571	132.66	3.359
	C=O②	P(γ)—ONa	2.146	120.56	2.755
	N—H②	P(γ)=O	1.605	130.47	2.395
ATP-Asp	C=O①	N—H③	1.653	144.23	2.567
	C=O②	N—H③	1.623	169.75	2.649
	C=O②	P(γ)—ONa	1.838	136.34	2.612
ATP-Ser	C=O（1）	N—H③	1.640	168.90	2.660
	N—H①	P(γ)—ONa	1.903	152.82	2.684
	C—O②	N—H③	2.013	139.25	2.708

① 氨基酸主链上基团。
② 氨基酸侧链上基团。
③ ATP 中腺嘌呤环上 NH₂。

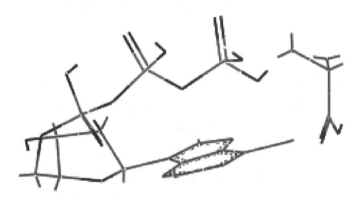

图 8-5　ATP 与 Ala 的复合物模型[11]

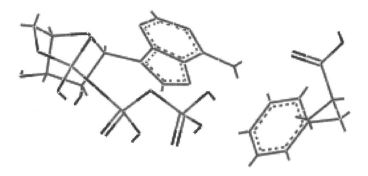

图 8-6　ATP 与 Phe 的复合物模型 [11]

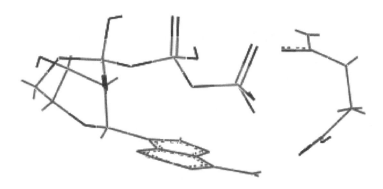

图 8-7　ATP 与 Asn 的复合物模型 [11]

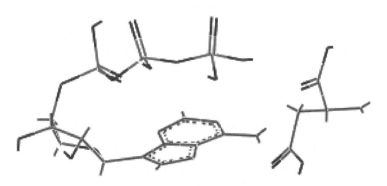

图 8-8　ATP 与 Asp 的复合物模型 [11]

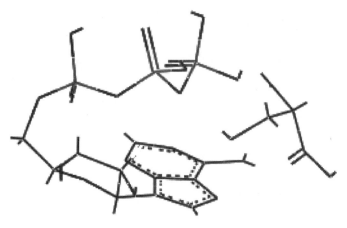

图 8-9 ATP 与 Ser 的复合物模型 [11]

  对复合物、氨基酸、ATP 的模型用 Tripos 力场进行结构优化，计算得到相互作用的结合能，如表 8-8 所示。与 ATP 相互作用时结合能最小的是 Asn，为 -17.702kJ/mol，然后依次是 Asp、Ser、Phe，Ala 的最大，为 -6.555kJ/mol，这也可能是采用质谱无法观测到 ATP 与 Ala 复合物的原因。结合能值越负，说明形成的复合物能量越低，得到的复合物越稳定，分子间弱相互作用越强。由此可知，与 ATP 相互作用强弱顺序为：Asn > Asp > Ser > Phe > Ala。除去 Phe，其他氨基酸与 ATP 弱相互作用强弱顺序与质谱结果相同。考虑到我们采用的计算化学理论是分子力学，而 Phe 与 ATP 相互作用中起很大作用的应是芳香体系的 π-π 相互作用，核磁结果也证明 Phe 与 ATP 间确实存在 π-π 堆积作用，π-π 堆积作用主要是电子环流在起作用，而分子力学主要考虑的不是电子，因此此模拟方法可能不适用于模拟 Phe 与 ATP 的相互作用。

表8-8　ATP与氨基酸弱相互作用中的结合能　　　　单位：kJ/mol

与 ATP 作用的化合物	能量			
	$E_{\text{A-ATP}}$	E_{A}	E_{ATP}	ΔE
Ala	-54.278	1.931	-49.654	-6.555
Phe	-58.994	1.841	-49.654	-11.181

续表

与ATP作用的化合物	能量			
	$E_{\text{A-ATP}}$	E_{A}	E_{ATP}	ΔE
Asp	−75.174	−8.199	−49.654	−17.321
Asn	−77.262	−9.906	−49.654	−17.702
Ser	−57.950	7.264	−49.654	−15.56

总之，氨基酸与ATP的弱相互作用在蛋白质对ATP的分子识别中具有重要作用，上述相关研究结论对预测蛋白质与ATP的结合位点及研究ATP的识别机理都将提供重要参考。生物小分子和生物大分子一样，都蕴含着很多生命的奥秘，甚至是地球环境变化的奥秘，只要借助合适的理论和实验方法就可以进行有效的解读。

8.2

最古老的蛋白质——ATP结合蛋白的发现及意义

ATP广泛存在于所有已知生物中，它不仅是生命通用的"能量货币"，亦是许多蛋白质不可或缺的辅因子。ATP的极端保守性显示了对它的利用发生于生命起源进化的早期阶段，同时也使其成为蛋白质研究中重要的分子化石。近年来，基因组学、结构组学等各种"组学"的快速发展为蛋白质进化历史研究提供了新的数据。基于这些数据，研究者们鉴别出了一些在系统发育树所有分支中广泛分布的保守蛋白质序列和结构单元，这些保守而古老的成分也可以作为分子化石来回溯蛋白质的起源和进化。有趣的是，不同研究中鉴别出的蛋白质序列和结构分子化石都指向ATP结合蛋白是最古老的蛋白质。

8.2.1 蛋白质序列和结构分子化石

一些蛋白质中存在着在各物种广泛分布且高度保守的序列。Trifonov 等通过在 131 个原核蛋白质组中搜索共有氨基酸序列，发现有些序列在蛋白质组中是很保守的，而且序列的起源顺序早晚和保守程度之间存在一定的对应关系（图 8-10）[16,17]。这些发现有力地表明，最广泛分布的序列起源于一个共同祖先，并且序列越保守，其所对应的基序（motif）也就越古老。进一步研究发现，多数最保守的基序分属两个类型：P-loop NTP 酶（P-loop NTPases）和 ABC 转运蛋白（ABC transporters）[17,18]，这两种蛋白质均能够结合 ATP。这一研究还发现了其他一些保守的蛋白质序列分子化石，它们主要存在于氨酰 tRNA 合成酶（aminoacyl tRNA synthetase）、RNA 聚合酶（RNA polymerases）以及蛋白质翻译延伸因子（elongation factors）中。

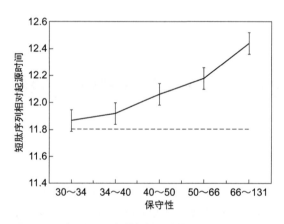

图 8-10　序列的相对年龄与其保守性的相关性 [16]

将 2091 个保守蛋白质序列按照其保守程度进行排序，分为五个大小几乎相等的组，30～34 代表最不保守的蛋白质组，66～131 代表最保守的蛋白质组，每组约 400 个序列。虚线表示蛋白质组的平均相对年龄。蛋白序列相对起源时间根据其中氨基酸起源时间计算得到，数值越大表示肽越古老，可以看出，序列的相对起源时间和保守程度之间存在一定的相关性

相比于蛋白质序列，蛋白质的结构更加保守。不同研究者对一种蛋白质二级结构拓扑分类——蛋白质折叠类型进行了大规模系统发生基因组分析（phylogenomic analysis），并重建了覆盖全部已知结构蛋白

质的系统进化树来描述蛋白质的进化[19-21]。该方法有两个基本的前提假设：①蛋白质结构远比序列要保守，并且携带了足够多的进化信息；②蛋白质折叠类型在自然界中存在越普遍说明它越古老。根据全局范围的折叠类型分布数据重建的系统进化树显示了比较清晰的进化模式。在进化树中，能与 ATP 结合的 P-loop NTP 酶对应的蛋白质折叠类型 c.37 位于进化树的根部，显示其可能是最早出现的蛋白质结构。其他古老的蛋白质折叠类型还包括 c.1、c.2、c.23、c.26 等（图 8-11）[22]。该研究还显示原始蛋白质的功能与嘌呤、嘧啶、卟啉等的代谢有关[23]。Trifonov 及其合作者在分析了一系列蛋白质的序列与结构特征后也提出 c.37 折叠类型是最早产生的观点，并且还发现最原始的蛋白质需要 ATP 作为辅因子[18]。

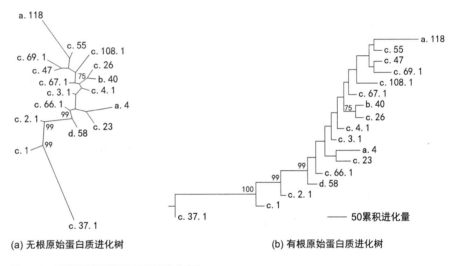

图 8-11　原始蛋白质折叠类型的演变[22]

在较小的空间尺度上，如在蛋白质折叠片段内部，肽可利用的构象数量是有限的[24,25]。这意味着蛋白质结构间的相似性可能是由物理约束引起而非同源关系的缘故。而蛋白质的序列空间巨大，其中的相似性更可能来源于同源关系，故序列相似性更适于评价蛋白质之间的同源关系。Alva 等同时使用序列和结构上的相似性作为标准，鉴定了在不同折叠类型间存在最为广泛的 40 个具有相同序列和结构特征的蛋白质片段[26]。其中一些蛋白质片段普遍存在于之前发现的最古老折叠类型中，包括结合 ATP 的 c.37 和结合 NAD(P) 的 c.2 等[27-30]，再次验证了它们的古老起源。

基于不同类型的分子化石，上述相互独立的研究都得出了相同的结论，即最原始的蛋白质属于 c.37、c.1、c.2 等折叠类型，而这些蛋白质能够结合 ATP、NAD、NADP 等小分子[31]。这一发现引发了一系列更具挑战性的问题，例如：为什么这些折叠类型最先产生？为什么这些蛋白质需要 ATP、NAD 和 NADP 作为辅因子，以及能否用实验方法证明 c.37、c.1 和 c.2 折叠类型确实是最原始的蛋白质结构？

8.2.2 辅因子分子化石和蛋白质起源的小分子诱导/选择模型

注意到早起源蛋白质都包含通用的辅酶或辅因子，而后者的起源早于蛋白质，张红雨课题组提出进化保守的小分子可以作为分子化石，用于推断蛋白质的起源[32]。通过分析 PDB 数据库中 2000 多种小分子在蛋白质空间中的分布模式，该课题组发现配体与蛋白质(结构域、折叠类型层次)之间的映射存在幂律关系(power-law)关系(图 8-12)，即少数小分子(包括 ATP、NAD(P)、FAD 和 FMN 等)可以与多种蛋白质结合，而大多数配体只与少数甚至一种蛋白质结合。该现象可以用"优先添加原则(preferential attachment principle)"予以解释。这意味着小分子在蛋白质空间中的分布模式记录了小分子与蛋白质结合的演化历程，分布越广泛的小分子与蛋白质结合越早。据此推断 ATP、NAD(P)、FAD 和 FMN 是最早与蛋白质结合的小分子配体，相应的原始蛋白质属于 c.37、c.2、c.3、c.23 和 c.26 折叠类型[32]，与前述基于序列和结构推断的原始蛋白质起源历程一致。

研究者认为上述一致性并非偶然，最好的解释是蛋白质的起源与小分子的相互作用有关。据此，张红雨课题组提出了"蛋白质起源的小分子诱导/选择模型",即原始蛋白质的产生是小分子配体从随机肽库（random peptide pool）中诱导、选择的结果，最早的蛋白质（属于 c.37 折叠类型）源自 ATP 的选择。

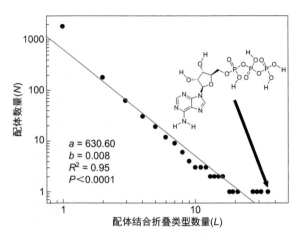

图 8-12　小分子配体与蛋白质映射的幂律关系（power-law）[33]

这一模型得到许多理论与实验证据的支持。基于蛋白质的构象多样性，Tokuriki 和 Tawfik 也提出了类似的原始蛋白质进化方式：小分子配体的结合可以从无序的多肽库中选择蛋白质的构象和功能[34]。理论分析亦显示最古老的酶是 ATP 磷酸水解酶（EC 3.6.3.49）[35]。Szostak 课题组采用 mRNA 展示技术，从库容为 $6×10^{12}$ 的随机肽库中筛选了能与 ATP 结合的肽[36]。在筛选得到的四类 ATP 结合蛋白中，有一类成功测定了晶体结构（图 8-13）。该蛋白质在结构上与 c.37 折叠类型最为接近[37]，同时具有水解 ATP 磷酸的活性[38]。

Szostak 等使用的随机蛋白质序列文库由 20 个标准氨基酸组成。然而根据前生物合成氨基酸的数量和遗传密码的共同进化理论，一般认为在原始世界中能够通过以 Miller-Urey 实验为代表的化学方法合成的氨基酸（如 Gly、Ala、Val、Asp、Pro、Ser、Glu、Leu、Thr 和 Ile）丰度较高，因此更可能被早起源蛋白质利用[39]。基于这一认识，张红雨课题组基于 cDNA 展示技术在主要由前生物合成的氨基酸组成的随机肽库中（库容约 10^{13}）进行了原始蛋白质形成模拟[40]。以 ATP 为诱饵进行 6 轮筛选后

(图 8-14),最终产物中序列数量与序列频率间呈幂律关系。其中丰度最高的蛋白质占最终序列池的 13% 以上。该蛋白质的 ATP 亲和力 (K_d) 为 (0.313 ± 0.073) μmol/L,并具有 ATP 水解活性,表明在全部 20 个标准氨基酸出现之前就能够产生 ATP 结合蛋白。

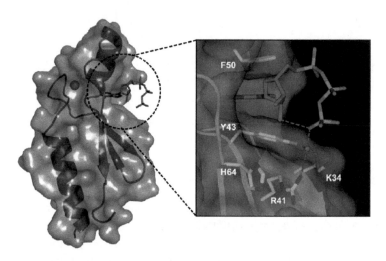

图 8-13　随机肽库中筛选得到的 ATP 结合蛋白结构 [38]

所示蛋白质为Szostak课题组从随机肽库中筛选得到的ATP结合蛋白的人工进化产物

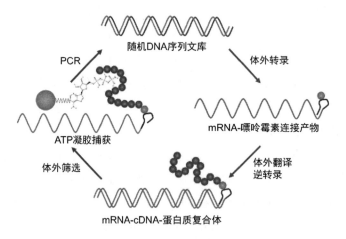

图 8-14　基于 cDNA 展示技术的 ATP 结合蛋白体外筛选 [33]

将编码前生物合成氨基酸的随机DNA序列文库转录成mRNAs,并与嘌呤霉素接头连接。然后将连接产物进行体外翻译和逆转录。用ATP琼脂糖凝胶对获得的蛋白质进行筛选,并对筛选出的蛋白质进行cDNA-Tag扩增,作为下一轮筛选的模板进一步的分析显示,丰度最高的蛋白质中包含 P-loop NTP 酶和 ABC 转运蛋白的序列类似物(图 8-15),这些序列可能在蛋白质结合 ATP 时发挥了重要作用。

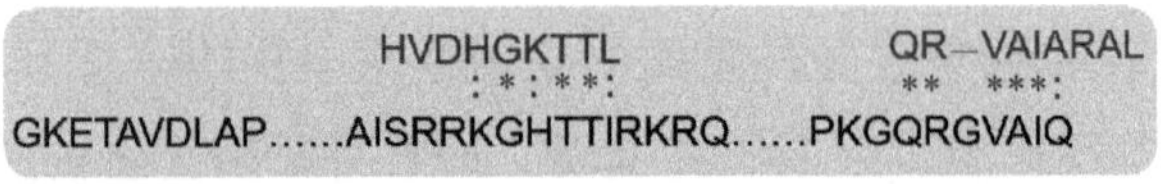

```
              HVDHGKTTL              QR--VAIARAL
              :::::                  ** ***:
GKETAVDLAP......AISRRKGHTTIRKRQ......PKGQRGVAIQ
```

图 8-15 体外筛选获得的 ATP 结合蛋白 [33]（彩图 10）
该蛋白质（黑色）可以结合并水解 ATP。在其序列中发现了两种最古老的蛋白质序列类似物：P-loop NTP 酶（蓝色）和 ATP 结合转运蛋白（ABC 转运蛋白，绿色）

8.2.3 辅因子促进原始蛋白质形成

前述模型将 c.37 等蛋白质结构最早出现解释为 ATP 等有机小分子的诱导/选择作用,而这些小分子对蛋白质起源如此重要的原因可能源于更为古老的 RNA 世界。1976 年 White 提出一些蛋白质可能含有通用的核苷酸辅因子,如 ATP、NAD、NADP、FAD 和辅酶 A,这些辅因子可能是比蛋白质更古老的核酶的遗迹 [41]。原始蛋白质中有机辅因子普遍存在的原因可能是原始世界中缺少结合金属辅因子所需的还原氨基酸,而用于固定有机辅因子的近中性氨基酸含量相对更为丰富 [42]。有机辅因子结构中通常包含 AMP,AMP 是 RNA 的组成部分之一,而且某些含核苷酸的辅因子(如 NAD)可能通过核酶合成 [43,44]。这说明正如 White 的观点所述,含核苷酸的辅因子可能是 RNA 世界的遗迹。这些原本是核酶辅因子的分子,后来在由 RNA 世界向蛋白质世界过渡时逐步为蛋白质所用。因此,由它们选择、诱导产生蛋白质是完全可能的。

ATP 等含核苷酸的辅因子可能对于原始蛋白质的功能十分重要。第一,大多数蛋白质的活性依赖于其结构,折叠的蛋白质比未折叠的蛋白质更稳定,更有可能具有催化活性。如前所述,在 RNA 世界中,含有核苷酸的辅因子可能是最丰富的,并具备促进原始蛋白质折叠的功能。这些辅因子与蛋白质的结合自由能多在 15kcal/mol 左右[45]，与蛋白质折叠所需要的自由能(10～20kcal/mol)相近[46]，因此这些辅因子在结合过程中释放的自由能有助于原始蛋白质的折叠。第二，对于耗能较高的反应，还需要外部能源。ATP、NAD、NADP 中所含的高能磷酸键可为耗能反应提供能量，这可能促进蛋白质酶的功能扩展[47]。第三，大多数蛋白质在溶解状态发挥作用。近期研究发现，ATP 可以阻止蛋白质聚集和沉淀，对维持蛋白质的功能非常重要[48,49]。在适当的浓度下，ATP 可促进多肽 -DNA 复合物的液 - 液相分离[50]，这可能为酶催化反应创造一个良好的环境，因此 ATP 的助溶剂特性在生命起源中发挥着重要的作用[51]。

在蛋白质与 ATP 等含核苷酸辅因子的相互作用中，磷发挥了十分关键的作用。人工合成模拟最简单 P-loop 序列的六肽，能够通过主链 NH 基团和磷酸 O 原子之间的氢键与无机磷酸结合(图 8-16)，代表了蛋白质与这类辅因子的原始相互作用机制[52,53]。这一磷酸依赖的机制在蛋白质 - 辅因子相互作用中很常见。最近的一项研究发现，含磷辅因子结合可能是最古老的酶功能，P-loop NTP 酶则可能是最古老的含磷辅因子结合蛋白之一[54]。

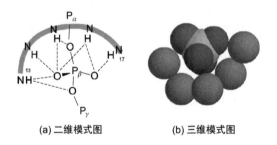

(a) 二维模式图　　(b) 三维模式图

图 8-16　P-loop 主链 NH 基团与 GDP 的 β- 磷酸结合模式图[42]（彩图 11）
虚线表示氢键，蓝色表示氮、橙色表示磷、红色表示氧

8.2.4　小分子标定的蛋白质结构分子钟

小分子的保守性不仅有助于追溯蛋白质起源，也有助于阐释蛋白质

的大尺度进化。众所周知，蛋白质结构的进化十分缓慢，这意味着标记了时间刻度的蛋白质结构可以作为分子钟使用。许多生物有机小分子（如卟啉类化合物、甾醇类化合物、黄酮类化合物等）保守性很强，有明确的地质年代记录，同时它们的合成酶结构独特，因此这些小分子可以在蛋白质结构与地质年代之间建立联系，用于确定蛋白质结构的演化时间。Caetano-Anollés课题组建立了1030个蛋白质折叠类型和1730个超家族（super family）的演化序列，张红雨课题组用小分子的地质年代标定了它们的时间刻度，建立了基于蛋白质结构的分子钟，并解析了其中记录的重要进化事件（图8-17）[55]。在这一演化序列中，能够结合磷酸基团的P-loop折叠类型的起源最早。

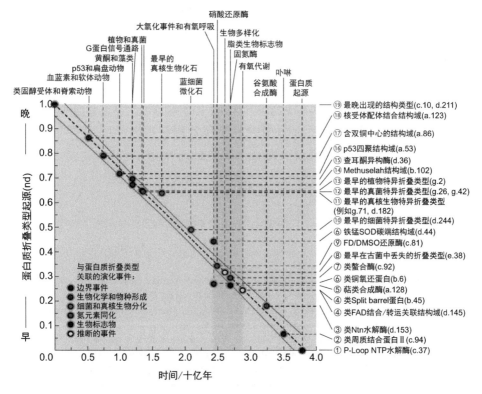

图8-17 蛋白质折叠类型分子钟记录的进化事件（彩图12）

8.2.5 使用金属辅因子的早起源蛋白质

除有机小分子外,铁(Fe)、锰(Mn)、铜(Cu)、锌(Zn)等金属离子亦是重要的辅因子。蛋白质对金属辅因子的选择反映了地球环境的变化。早期地球上氧气稀少,整体处于还原性环境,元素多以低价态形式存在[56,57]。低价的铁、锰溶解度高,故在原始水环境中较为丰富,易于为原始蛋白质所利用。而低价态的铜则难溶于水,故难以被蛋白质使用。在光合作用出现后,氧气含量上升,地球环境转变为氧化性环境。此时高价态的铁和锰难以溶解,而高价态的铜易溶于水。这一金属元素丰度的变化导致了大量利用铜的蛋白质出现,而部分原本使用含铁或锰辅因子的蛋白质也转而使用其他更易获得的金属[58-62]。

按照 Caetano-Anollés 等推定的蛋白质结构起源顺序,最古老的结合金属的蛋白质结构使用锰和铁,但其出现晚于前述结合有机小分子的蛋白质结构[43,63]。但 Raanan 等通过结构和序列相似性分析了氧化还原酶类的进化历程后发现,使用 FeS 作为辅因子的铁氧化还原蛋白(ferredoxin)与结合 NAD(P) 的 Rossmann 折叠类型(c.2)同样古老,且二者可能源自同一祖先蛋白质。研究者认为这一共同祖先可能就是第一个蛋白酶[64]。

参考文献

[1] Chène P. ATPases as drug targets: learning from their structure. Nature Reviews Drug Discovery, 2002, 1: 665-673.

[2] Xiao B, Heath R, Saiu P, et al. Structural basis for AMP binding to mammalian AMP-activated protein kinase. Nature, 2007, 449: 496-500.

[3] Wong L, Jennings P A, Adams J A. Communication pathways between the nucleotide pocket and distal regulatory sites in protein kinases. Accounts of Chemical Research, 2004, 37: 304-311.

[4] Gradia S, Subramanian D, Wilson T, et al. hMSH2-hMSH6 forms a hydrolysis-independent sliding clamp on mismatched DNA. Molecular Cell, 1999, 3: 255-261.

[5] Wang W, Donini O, Reyes C M, et al. Biomolecular simulations: recent developments in force fields, simulations of enzyme catalysis, protein-ligand, protein-protein, and protein-nucleic acid noncovalent interactions. Annual Review of Biophysics and Biomolecular Structure, 2001, 30: 211-243.

[6] PaulaáLei Q. New mass spectrometric methods for the study of noncovalent associations of biopolymers. Chemical Society Reviews, 1997, 26: 191-202.

[7] Fenn J B, Mann M, Meng C K, et al. Electrospray ionization for mass spectrometry of large biomolecules. Science, 1989, 246: 64-71.

[8] Guo M, Zhang S, Song F, et al. Studies on the non-covalent complexes between oleanolic acid and

cyclodextrins using electrospray ionization tandem mass spectrometry. Journal of Mass Spectrometry, 2003, 38: 723-731.

[9] Gabelica V, Galic N, Rosu F, et al. Influence of response factors on determining equilibrium association constants of non-covalent complexes by electrospray ionization mass spectrometry. Journal of Mass Spectrometry, 2003, 38: 491-501.

[10] Kempen E C, Brodbelt J S. A method for the determination of binding constants by electrospray ionization mass spectrometry. Analytical Chemistry, 2000, 72: 5411-5416.

[11] Liu J H, Cao S X, Jia B, et al. Studies of Non-covalent Interactions between Adenosine 5′-Triphosphateand Amino Acids by ESIMS/MS and Theoretical Calculation. Journal of Instrumental Analysis, 2009, 28: 757-763.

[12] Pramanik B N, Bartner P L, Mirza U A, et al. Electrospray ionization mass spectrometry for the study of non-covalent complexes: an emerging technology. Journal of Mass Spectrometry, 1998, 33: 911-920.

[13] Butterfield S M, Sweeney M M, Waters M L. The recognition of nucleotides with model beta-hairpin receptors: investigation of critical contacts and nucleotide selectivity. The Journal of Organic Chemistry, 2005, 70: 1105-1114.

[14] Hiromasa Y, Roche T E. Critical role of specific ions for ligand-induced changes regulating pyruvate dehydrogenase kinase isoform 2. Biochemistry, 2008, 47: 2298-2311.

[15] Cochran A G, Skelton N J, Starovasnik M A. Tryptophan zippers: stable, monomeric beta-hairpins. Proceedings of the National Academy of Sciences of USA, 2001, 98: 5578-5583.

[16] Sobolevsky Y, Trifonov E N. Conserved sequences of prokaryotic proteomes and their compositional age. Journal of Molecular Evolution, 2005, 61: 591-596.

[17] Trifonov E N. Early molecular evolution. Israel Journal of Ecology and Evolution, 2006, 52: 375-387.

[18] Trifonov E N, Gabdank I, Barash D, et al. Primordia vita. Deconvolution from modern sequences. Origins of Life and Evolution of Biospheres, 2006, 36: 559-565.

[19] Galtier N, Tourasse N, Gouy M. A nonhyperthermophilic common ancestor to extant life forms. Science, 1999, 283: 220-221.

[20] Bada J L, Lazcano A. Origin of life. Some like it hot, but not the first biomolecules. Science, 2002, 296: 1982-1983.

[21] Becerra A, Delaye L, Lazcano A, et al. Protein disulfide oxidoreductases and the evolution of thermophily: was the last common ancestor a heat-loving microbe? Journal of Molecular Evolution, 2007, 65: 296-303.

[22] Caetano-Anollés G, Caetano-Anollés D. Universal sharing patterns in proteomes and evolution of protein fold architecture and life. Journal of Molecular Evolution, 2005, 60: 484-498.

[23] Caetano-Anollés G, Kim H S, Mittenthal J E. The origin of modern metabolic networks inferred from phylogenomic analysis of protein architecture. Proceedings of the National Academy of Sciences of USA, 2007, 104: 9358-9363.

[24] Salem G M, Hutchinson E G, Orengo C A, et al. Correlation of observed fold frequency with the occurrence of local structural motifs. Journal of Molecular Biology, 1999, 287: 969-981.

[25] Fernandez-Fuentes N, Dybas J M, Fiser A. Structural characteristics of novel protein folds. PLoS Computational Biology, 2010, 6: e1000750.

[26] Alva V, Söding J, Lupas A N. A vocabulary of ancient peptides at the origin of folded proteins. Elife, 2015, 4: e09410.

[27] Caetano-Anollés G, Caetano-Anollés D. An evolutionarily structured universe of protein architecture. Genome Research, 2003, 13: 1563-1571.

[28] Caetano-Anollés G, Caetano-Anollés D. Universal sharing patterns in proteomes and evolution of protein fold architecture and life. Journal of Molecular Evolution, 2005, 60: 484-498.

[29] Kim H S, Mittenthal J E, Caetano-Anollés G. MANET: tracing evolution of protein architecture in metabolic networks. BMC Bioinformatics, 2006, 7: 351.
[30] Wang M, Yafremava L S, Caetano-Anollés D, et al. Reductive evolution of architectural repertoires in proteomes and the birth of the tripartite world. Genome Research, 2007, 17: 1572-1585.
[31] Ma B G, Chen L, Ji H F, et al. Characters of very ancient proteins. Biochemical and Biophysical Research Communications, 2008, 366: 607-611.
[32] Ji H F, Kong D X, Shen L, et al. Distribution patterns of small-molecule ligands in the protein universe and implications for origin of life and drug discovery. Genome Biology, 2007, 8: R176.
[33] Chu X Y, Zhang H Y. Cofactors as molecular fossils to trace the origin and evolution of proteins. ChemBioChem, 2020, 21: 3161-3168.
[34] Tokuriki N, Tawfik D S. Protein dynamism and evolvability. Science, 2009, 324: 203-207.
[35] Kim K M, Qin T, Jiang Y Y, et al. Protein domain structure uncovers the origin of aerobic metabolism and the rise of planetary oxygen. Structure, 2012, 20: 67-76.
[36] Keefe A D, Szostak J W. Functional proteins from a random-sequence library. Nature, 2001, 410: 715-718.
[37] Caetano-Anollés G, Kim K M, Caetano-Anollés D. The phylogenomic roots of modern biochemistry: origins of proteins, cofactors and protein biosynthesis. Journal of Molecular Evolution, 2012, 74: 1-34.
[38] Simmons C R, Stomel J M, McConnell M D, et al. A synthetic protein selected for ligand binding affinity mediates ATP hydrolysis. ACS Chemical Biology, 2009, 4: 649-658.
[39] Trifonov E N. Consensus temporal order of amino acids and evolution of the triplet code. Genes (Basel), 2000, 261: 139-151.
[40] Kang S K, Chen B X, Tian T, et al. ATP selection in a random peptide library consisting of prebiotic amino acids. Biochemical and Biophysical Research Communications, 2015, 466: 400-405.
[41] White H B 3rd. Coenzymes as fossils of an earlier metabolic state. Journal of Molecular Evolution, 1976, 7: 101-104.
[42] Ji H F, Chen L, Zhang H Y. Organic cofactors participated more frequently than transition metals in redox reactions of primitive proteins. Bioessays, 2008, 30: 766-771.
[43] Cleaves H J, Miller S L. The nicotinamide biosynthetic pathway is a by-product of the RNA world. Journal of Molecular Evolution, 2001, 52: 73-77.
[44] Huang F, Bugg CW, Yarus M. RNA-Catalyzed CoA, NAD, and FAD synthesis from phosphopantetheine, NMN, and FMN. Biochemistry, 2000, 39: 15548-15555.
[45] Wang R, Fang X, Lu Y, et al. The PDBbind database: methodologies and updates. Journal of Medicinal Chemistry, 2005, 48: 4111-4119.
[46] Dobson C M, Šali A, Karplus M. Protein Folding: a perspective from theory and experiment. Angewandte Chemie International Edition, 1998, 37: 868-893.
[47] Tian T, Chu X Y, Yang Y, et al. Phosphates as Energy Sources to Expand Metabolic Networks. Life (Basel), 2019, 9: 43.
[48] Patel A, Malinovska L, Saha S, et al. ATP as a biological hydrotrope. Science, 2017, 356: 753-756.
[49] Rice A M, Rosen M K. ATP controls the crowd. Science, 2017, 356: 701-702.
[50] Shakya A, King J T. DNA Local-flexibility-dependent assembly of phase-separated liquid droplets. Biophysical Journal, 2018, 115: 1840-1847.
[51] Matveev V V. Cell theory, intrinsically disordered proteins, and the physics of the origin of life. Progress in Biophysics and Molecular Biology, 2019, 149: 114-130.
[52] Bianchi A, Giorgi C, Ruzza P, et al. A synthetic hexapeptide designed to resemble a proteinaceous P-loop nest is shown to bind inorganic phosphate. Proteins, 2012, 80: 1418-1424.
[53] Milner-White E J. Protein three-dimensional structures at the origin of life. Interface Focus, 2019, 9: 20190057.

[54] Longo L M, Petrović D, Kamerlin S C L, et al. Short and simple sequences favored the emergence of N-helix phospho-ligand binding sites in the first enzymes. Proceedings of the National Academy of Sciences of USA, 2020, 117: 5310-5318.

[55] Wang M, Jiang Y Y, Kim K M, et al. A universal molecular clock of protein folds and its power in tracing the early history of aerobic metabolism and planet oxygenation. Molecular Biology and Evolution, 2011, 28: 567-582.

[56] Holland H D. The oxygenation of the atmosphere and oceans. Philosophical Transactions of the Royal Society B, 2006, 361: 903-915.

[57] Anbar A D. Oceans. Elements and evolution. Science, 2008, 322: 1481-1483.

[58] Steitz T A. DNA polymerases: structural diversity and common mechanisms. Journal of Biological Chemistry, 1999, 274: 17395-17398.

[59] Saito M A, Sigman D M, Morel F M. The bioinorganic chemistry of the ancient ocean: the co-evolution of cyanobacterial metal requirements and biogeochemical cycles at the archean-proterozoic boundary. Inorganica Chimica Acta, 2003, 356: 308-318.

[60] Doherty A J, Dafforn T R. Nick recognition by DNA ligases. Journal of Molecular Biology, 2000, 296: 43-56.

[61] Yin Y W, Steitz T A. The structural mechanism of translocation and helicase activity in T7 RNA polymerase. Cell, 2004, 116: 393-404.

[62] Reinhard C T, Planavsky N J, Gill B C, et al. Evolution of the global phosphorus cycle. Nature, 2017, 541: 386-389.

[63] Ji H F, Chen L, Jiang Y Y, et al. Evolutionary formation of new protein folds is linked to metallic cofactor recruitment. Bioessays, 2009, 31: 975-980.

[64] Raanan H, Poudel S, Pike D H, et al. Small protein folds at the root of an ancient metabolic network. Proceedings of the National Academy of Sciences of USA, 2020, 117: 7193-7199.

9 磷与代谢起源——系统生物学研究

9.1 磷在原始代谢中的作用
9.2 磷与代谢网络构建
9.3 磷依赖代谢网络起源
9.4 磷依赖代谢网络功能分析
9.5 磷对代谢网络扩张的热力学影响

9.1
磷在原始代谢中的作用

磷是生命必需元素之一，在现代生物代谢中发挥着重要作用。生命的遗传物质 DNA 和 RNA 是磷酸二酯；大多数辅酶，如焦磷酸硫胺素 (TPP)、磷酸吡哆醛、辅酶 B 等，是磷酸酯及焦磷酸酯；生化能量的主要储存分子，如三磷酸腺苷 (ATP)、磷酸肌酸和磷酸烯醇丙酮酸等也是磷酸酯；而许多磷酸酯、磷酸盐及焦磷酸盐是生化反应中必不可少的中间代谢产物。含磷化合物在生物化学中无处不在，几乎参与了所有生物学过程。因此，磷在原始代谢起源过程中应该发挥了重要作用。

磷具有适于生物利用的物理化学性质。1958 年，Davis 发表的《离子化的重要性》一文可以部分解释磷酸盐在生命中的重要性 [1]。Davis 认为如果原始生命体内的代谢物通过生物膜扩散到环境中，那么它们将会被胞外的水稀释而丢失。大多数离子化的分子不溶于脂质，因此离子化的代谢物不易跨膜，从而可以保留在细胞内。为了确保在生理 pH (pH = 7) 下生物体内大部分化合物保持离子化状态，酸的解离常数 (pK_a) 通常小于 4，而碱的 pK_a 则大于 10。多数磷酸盐在水中高度可溶，在生物体中主要以磷酸酯和酸酐形式存在，除此之外在自然界中还发现了氨基磷酸酯、硫代磷酸酯和磷酸酯。在生理条件下，ATP 作为磷酸盐供体及酶的催化剂很容易生成磷酸酯。磷酸盐具有 3 个 pK_a，分别为 2.2、7.2 和 12.4。磷酸、磷酸单酯以及磷酸二酯的 pK_a 约为 2，因此磷酸盐在生理 pH 下可以解离并被保留在细胞内。此外，在生理 pH 下，磷酸单酯与磷酸二酯均具有两个负电荷，它们携带的负电荷会排斥诸如氢氧根离子之类的亲核试剂，从而极大地降低了阴离子亲核试剂对酯的攻击速率。因此，磷酸酯一旦形成，它们在 pH 为 7 的水溶液中具有良好的化学稳定性，例如磷酸单酯在 25℃的水溶液中半衰期约为 10^{12} 年 [2]。这些特性使得磷酸盐成为生物分子的理想选择。

磷可能在 RNA 及其前体的前生源合成中扮演了重要角色。无机磷酸盐和磷酸是核糖核苷前生源合成的重要原材料，最早用于核苷前生源磷酸化的是尿素和无机磷酸盐的混合物。碱性二氢磷酸在甲酰胺中可以实现核苷或脱氧核苷的磷酸化，生成环核苷酸、一磷酸核苷和二磷酸核苷等[3]。无机磷酸盐与氰胺、氰乙炔、乙醛、甘油醛在甲酰胺中也能反应生成核糖核苷[4,5]。在水微滴中，以磷酸、D-核糖以及尿嘧啶为原材料可以合成尿嘧啶糖苷[6]。当磷酸盐与 2-氨基噻唑结合后还可以成为 C_2、C_3 醛糖积累和纯化的催化剂，有利于后续核苷酸的组装[7]。此外，3′，5′-磷酸二酯键在 RNA 的非酶聚合中也十分关键[8]。磷酰咪唑被多次用于 RNA 的前生源合成[9-16]。在多个核苷酸非酶合成模型中，核苷酸的延伸均依赖于前体携带的磷酸基团[17]。

磷对肽的前生源合成可能亦十分重要。磷酸盐可以通过对氨基酸的活化引发多肽的产生。例如，环状三偏磷酸盐可以将甘氨酸和丙氨酸活化为环化中间体，最终使氨基酸缩合形成二肽[18]；环状三偏磷酸盐的氨解产物——DAP 也可以活化氨基酸并产生多肽[19]；磷结合 α-丙氨酸后可以引发氨基酸的自组装并形成多肽[20]；N-磷酰化氨基酸和核糖核苷作用也可以生成小肽[21]；氨基酸被 AMP 的氨基酰磷酸盐活化后，可以在蒙脱土表面产生多肽[22,23]。此外，一些含磷矿物，如羟基磷灰石等也可以促进氨基酸低聚物的形成[24]。

磷元素在蛋白质修饰中也具有特殊地位。磷酸化是生命体最重要的蛋白质翻译后修饰之一。这一过程中磷酸基团通常由 ATP、三磷酸鸟苷 (GTP) 或磷酸烯醇丙酮酸提供。同时，通过蛋白磷酸酶的催化水解很容易实现蛋白质的去磷酸化。磷酸化氨基酸是一种不同于任何天然氨基酸的新化学实体，它可以增加蛋白质表面化学性质的多样性。磷酸化氨基酸与天然氨基酸相比，具有更多的负电荷及更大的水化层。与蛋白质连接的磷酸基团可以在分子内或分子间形成氢键或盐桥。特别的是，双电荷的磷酸基团可以与精氨酸的胍基在生理 pH 下形成定向氢键，较天然氨基酸之间形成的氢键更强、更稳定[25]。

另外，磷还可能促进了原始的能量代谢。ATP 是生物体内重要的能量提供者，也被称为生物的"能量货币"。ATP 水解可以释放大量能量，在驱动热力学不利的反应中起着重要的作用。Bar-Even 等通过分析碳固定途径净反应的热力学可行性发现，多个碳固定途径实际水解的 ATP 分子多于净反应所需的 ATP 分子 [26]。例如，还原性磷酸戊糖途径将 CO_2 固定为甘油醛-3-磷酸的过程中水解了 9 个 ATP 分子，然而该过程仅需 4~5 个 ATP 分子就足以满足热力学需求。大多数乙酰辅酶 A 途径水解的 ATP 也比其净反应所需要的 ATP 多。他们还发现碳固定途径水解的 ATP 几乎全部与羧化或羧基还原反应直接或间接偶联。而羧化和羧基还原反应是碳固定途径中主要的热力学不利反应。为了驱动这些热力学不利反应，许多代谢途径需要水解更多的 ATP 分子。

上述发现显示磷可能参与了多个重要的前生源物质和能量代谢途径，对生命的起源和进化具有重大意义。另外，生命的存在依赖众多代谢途径交织而成的网络。网络代谢模型为研究新陈代谢的起源和进化提供了途径，使得探寻掩藏在这个复杂网络下的生命起源奥秘成为可能，从代谢网络角度进行的研究将在系统层面揭示磷在生命起源中发挥的作用。

9.2 磷与代谢网络构建

9.2.1 无磷代谢网络的构建

一般认为，磷在早期地球环境中普遍存在。首先，原始地球上存在多种磷酸盐矿物，如氟磷灰石、羟磷灰石、细晶磷灰石等 [27]。其次，陨石携带的陨磷铁镍石、白磷钙石、氯磷灰石等也是前生源无机磷酸盐的主要来源之一 [28]（表 9-1）。然而除陨磷铁镍石外，上述含磷矿物仅微溶于水。尽管生命可以利用水中微摩尔浓度的磷酸盐，但这些矿物反应活性较低，因此可能难以被前生源反应利用。此外，原始海洋中钙离子浓度较高，海水的蒸发会导致磷灰石等沉淀的形成，从而进一步降低海水中的磷酸盐浓度。需要注意的是，在某些情景下原始海洋生成的沉淀可能是透钙磷石(brushite)或鸟粪石(struvite)[29,30]，这两种含磷化合物在加热时都会产生缩合磷酸盐。总之，由于大多数的无机磷酸盐矿物难溶于水且活性较低，许多科学家认为它们难以被直接利用，因此磷是否在生命起源初期起到重要作用尚存有争议。

表9-1 原始地球的磷酸盐来源

矿物名	化学式	来源
氟磷灰石	$Ca_5(PO_4)_3F$	陆地火成岩矿物，陨石
羟磷灰石	$Ca_5(PO_4)_3(OH)$	陆地沉积矿物
细晶磷灰石	$Ca_5(PO_4)_{2.5}(CO_3)_{0.5}F$	陆地沉积矿物
陨磷铁镍石	$(Fe, Ni)_3P$	陨石
白磷钙石	$Ca_9(Mg,Fe)(PO_4)_6PO_3OH$	陨石
氯磷灰石	$Ca_5(PO_4)_3Cl$	陨石

2017年Goldford等基于前生源磷酸盐多存在于矿物中难以利用的观点，提出了一个新的假说：原始新陈代谢可以在没有磷参与的情况下起源。他们以KEGG数据库中全部代谢反应为背景，从一组包含了碳、氢、氧、氮、硫五种除磷以外生命必需元素的"种子"化合物出发，使用Ebenhöh在2004年建立的网络扩张模拟算法构建了一个不依赖于磷酸盐的原始代谢网络[31,32]。最终获得的代谢网络包含了多种重要代谢产物以及一些主要代谢途径。此外，他们通过引入热力学约束，对网络扩张过程中遇到的热力学瓶颈进行了分析。在分别引入磷酸盐(包括焦磷酸盐、乙酰磷酸盐)和硫酯(泛酰硫氢乙胺)作为网络扩张能量来源时，发现泛酰硫氢乙胺可以显著降低网络扩张中的热力学瓶颈，但磷酸盐不具有这一作用，因此提出前生源的硫酯(而非磷酸盐)可以降低热力学瓶颈并促进代谢网络扩张[33]。

9.2.2 磷依赖代谢网络的构建

Goldford等建立的无磷代谢网络为生物代谢的起源提供了一种新的

可能性。然而，磷是生命体系的必需元素，在蛋白质、核酸等重要生物大分子的合成及能量转移方面都发挥着重要作用，因此该结果激发了科学家对磷在生命起源过程中扮演角色的新一轮思考。事实上，前期已有不少研究试图解决前生源磷酸盐利用率低的难题。Osterberg 和 Orgel 通过实验证实了在前生源条件下可以合成多聚磷酸盐和三偏磷酸盐[34]，这些磷酸盐可溶于水，因此可能为前生源化学反应提供可利用的磷源。之后，Yamagata 等发现火山活动可以产生大量的聚磷酸盐（主要是焦磷酸盐和三聚磷酸盐）[35]，间接证实了早期 Griffith 等提出的 P_4O_{10} 可以在高温下从磷灰石中挥发的猜想[36]。基于这项研究，科学家认为火山活动有可能为原始地球生命提供可以利用的前生源磷酸盐。事实上，在乌苏泥火山喷气收集的冷凝物中，研究者们检测到了焦磷酸盐和三聚磷酸盐[27]。

除多聚磷酸盐外，亚磷酸盐也被认为是重要的前生源磷源。该观点最早由 Addison Gulick 提出。他认为微溶于水的矿物磷灰石在早期地球的"还原条件"下可以被还原成亚磷酸盐或次磷酸盐[37]。在钙离子存在的情况下，亚磷酸盐比磷酸盐更易溶于水，其溶解度是磷酸盐的 1000 倍以上。1999 年，Schwartz 实验室首次通过实验验证了 Gulick 关于亚磷酸盐的猜想[38]。Pasek 等的研究则为原始地球亚磷酸盐的来源提供了另一种可能途径。Pasek 认为 1%～10% 地壳中的磷均来源于冥古代时期坠落到地球的陨磷铁镍石[39]。2005 年，Pasek 实验室发现陨磷铁镍石的近似物 Fe_3P 可以与水或盐溶液反应生成亚磷酸盐[40]。近期该团队又通过实验证实了陨磷铁镍石可以直接生成亚磷酸盐和磷化合物[39,41]，进一步证实了早期地球亚磷酸盐地外来源的可能性。在太古代海洋的碳酸盐岩样品中，Pasek 团队也鉴别出了亚磷酸盐[41]，并且亚磷酸盐在碳酸盐岩样品中总磷含量高达 40%～67%，这表明 35 亿年前的海洋中亚磷酸盐含量十分丰富。亚磷酸盐可溶于水并且在原始海洋环境中具有良好的活性，很有可能是前生源条件下重要的直接磷源。随着地球的逐步冷却，亚磷酸盐可以被原始地球上存在的氢氧根自由基氧化成正磷酸盐、焦磷酸盐、三聚磷酸盐和三偏磷酸盐等[42]，这些磷酸盐也可以成为前生源化学反应的直接磷源。此外，Whicher 发现前生源硫酯可以在热泉条件下生成乙酰磷酸，它在水溶液中可以保持数小时的稳定及适度的活性，并且可以实现一些生物分子的磷酸化[43]。

基于上述发现，张红雨课题组分别将三种前生源磷酸盐（正磷酸盐、焦磷酸盐、三偏磷酸盐）引入种子化合物集合（简称种子集），作为构建磷依赖代谢网络的磷源。以 KEGG 数据库中全部的代谢反应为背景反应库，利用网络扩张模拟算法构建了三个包含前生源磷酸盐的原始代谢网络[44]。结果显示，使用不同前生源磷酸盐作为磷源得到的代谢网络完全一致，包含了 596 个反应和 471 个代谢物（图 9-1）。相比于无磷代谢网络，

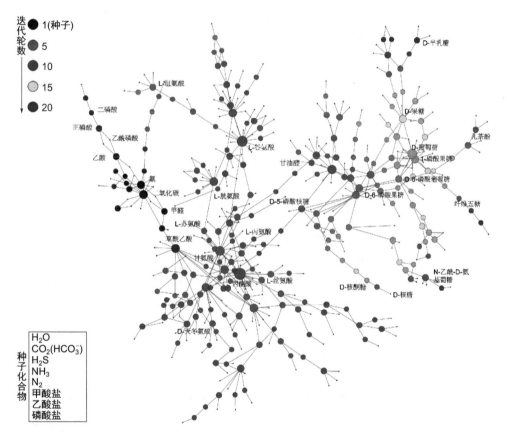

图 9-1　磷依赖代谢网络[44]（彩图 13）

从包含前生源磷酸盐的种子化合物（左下方框所示）出发使用代谢网络扩张模拟算法构建磷依赖代谢网络。反应物与产物通过黑线连接。在网络扩张过程中不同迭代步骤生成的代谢物由不同颜色的节点表示。节点的大小表示节点的度，即该代谢物导致后续迭代中添加的反应数量

该网络不仅具备了基本的生物学功能，增强了代谢网络中代谢物的多样性，还促进了碳固定和碳水化合物的代谢以及核糖代谢，这对于 RNA 世界的形成以及维持现代生命中的能量流动至关重要。

9.3
磷依赖代谢网络起源

1859 年查尔斯·达尔文发表的《物种起源》一书中提出了所有生命起源于同一个生命的假说 [45]。此后，科学家们提出了 last universal common ancestor(LUCA) 的概念，即当今三界生命 (真细菌、古细菌和真核生物) 的共同祖先，也是最原始最简单的生命。科学家基于不同物种的核糖体核酸及蛋白质序列，通过种系发生学的方法推测出了 LUCA 的基因组成、酶的类型和蛋白质的折叠结构等特征。蛋白质的折叠结构极端保守，比如：最早的蛋白质折叠结构产生于 38 亿年前，如今许多蛋白质依然使用该结构 [46]。这种保守性使得蛋白质折叠结构可以作为"分子化石"用于追溯生命起源 [47]。蛋白质辅因子的使用也十分保守，因此具有和蛋白质折叠结构类似的特性。

基于推断的 LUCA 特征，张红雨课题组对构建磷依赖代谢网络中的酶进行了分析，并与包含所有 KEGG 平衡反应的全平衡网络和包含所有不依赖氧气进行反应的厌氧网络进行了比较。由于早期地球环境中氧气含量极低，早期生物被认为只进行厌氧代谢，故厌氧网络的起源应该较早。比较结果显示磷依赖代谢网络显著富集了 LUCA 的直系同源基因、酶和蛋白质折叠结构 (图 9-2)，且占比均显著高于全平衡网络。与厌氧网络相比，磷依赖代谢网络中 LUCA 直系同源基因、酶和蛋白质折叠结构的占比也有显著升高($p < 0.001$)。这一结果表明磷依赖代谢网络中的大部分反应可能在最早的生命中已经存在。

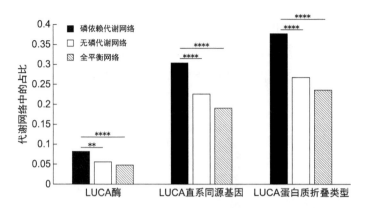

图 9-2　磷依赖代谢网络中的 LUCA 特征[44]

磷依赖代谢网络与全平衡网络（背景反应库）及无磷代谢网络相比，富集了LUCA中的酶、直系同源基因以及蛋白质折叠结构。显著性由Fisher精确检验或Kolmogorov-Smirnov检验分析：**表示$p < 0.01$；****表示$p < 10^{-5}$

一般认为，许多原始的生物化学反应使用金属离子作为催化剂[48]，随后才逐渐采用更为复杂的酶来催化反应的发生。这种原始新陈代谢的特征现今依然留有印记，即磷依赖代谢网络中的酶较现代代谢网络中的酶更倾向使用金属辅因子。磷依赖代谢网络中富集了使用金属辅因子（如Mg^{2+}、Zn^{2+}和FeS等）的酶（图9-3）。使用FeS辅因子酶的富集可能反映了原始海洋的二价铁离子环境，这种环境可以约束原始新陈代谢体系中反应发生的顺序[49]，从而保证了该网络的自组织性。此外，磷依赖代谢网络还富集了使用磷酸吡哆醛（与转氨作用相关）作为辅因子的酶。值得注意的是，该辅酶在无磷代谢网络中并没有得到富集。磷酸吡哆醛被认为在前生源的转氨作用中起关键作用[50]。因此，磷可能促进了原始生命的氨基酸合成。

随着大量蛋白质结构的解析和蛋白质结构分类数据库（如 SCOP 和 CATH）的建立，通过结构推测蛋白质的起源成为可能。前期研究分析蛋白质结构的系统发现，蛋白质结构与地质年代之间存在着线性相关性[47]，由此建立了基于蛋白质结构的分子钟。这意味着，蛋白质结构的起源时间可以根据其在进化树中的节点距离（nd 值）进行推测。通过比较磷依赖代谢网络与无磷代谢网络中酶相对年龄（用 nd 值表征）的累积模式，张红雨课题组发现两种代谢网络中的酶在基于 SCOP 的蛋白质家族水平，以及基于 CATH 的蛋白质同源超家族水平的累积模式上均没有显著差异（图 9-4），显示磷依赖代谢网络和无磷代谢网络起源于同一时期。

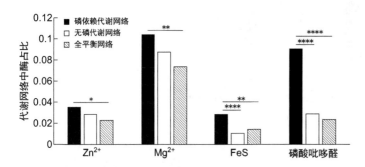

图 9-3　磷依赖代谢网络中酶的生物学特征 [44]

磷依赖代谢网络与全平衡网络（背景反应库）及无磷代谢网络相比，富集了含有金属的辅因子（Zn^{2+}、Mg^{2+} 和 FeS）和磷酸吡哆醛。显著性由 Fisher 精确检验或 Kolmogorov-Smirnov 检验分析：*表示 $p < 0.05$；**表示 $p < 0.01$；****表示 $p < 10^{-5}$

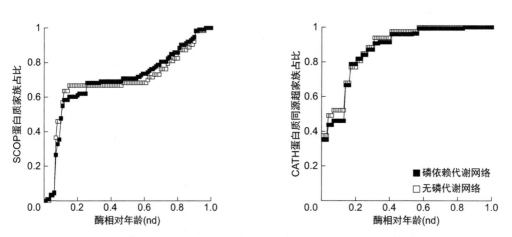

图 9-4　磷依赖代谢网络和无磷代谢网络中酶的相对年龄累积模式 [44]

磷依赖代谢网络中酶的相对年龄累积模式与无磷代谢网络中酶相对年龄累积模式无显著差异（$p > 0.05$）

目前认为，生命起源于池塘或者海洋，因此大多数原始代谢物应该是高度亲水的。有研究认为多数早起源的代谢物极性相对更强，这样有利于它们保持较高的浓度，从而可以参与更多的代谢反应，促进代谢网络的扩张[51]。通过化学信息学方法对磷依赖代谢网络和无磷代谢网络中化合物的化学特征进行分析，发现磷依赖代谢网络和无磷代谢网络中的化合物与现代代谢网络相比，确实具有更高的水溶性、更强的分子极性以及更小的分子量(图9-5)。该结果表明磷依赖代谢网络和无磷代谢网络中的代谢物拥有原始代谢物的特征，从而支持了这两个代谢网络的古老起源。

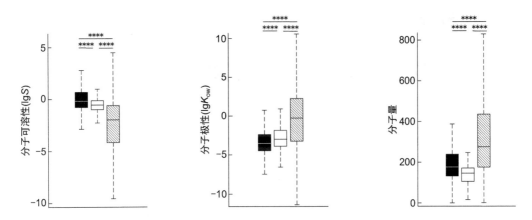

图 9-5　磷依赖代谢网络和无磷代谢网络中代谢物的化学特征[44]

磷依赖代谢网络中的代谢物（黑色）和无磷代谢网络中的代谢物（白色）与背景反应库中的代谢物（斜线）相比，具有相对更高的水溶性、更强的分子极性和更小的分子量。水溶性和分子极性分别由代谢物的分子溶解度（S, mol/L）和脂水分配系数（K_{ow}）的对数表征。显著性由Fisher精确检验或Kolmogorov-Smirnov检验分析：****表示$p < 10^{-5}$

综上所述，磷依赖代谢网络富集了LUCA的直系同源基因、酶和蛋白质折叠结构，说明该代谢网络中相当一部分反应是古老生命使用的代谢反应，其起源应不晚于LUCA生存的时期，也就是说这些反应在距今38亿到35亿年前就已经存在，它们有可能产生于早期地球的水体环境并直接被原始生命保留使用。通过对该代谢网络辅因子使用情况的分析，发现磷依赖代谢网络富集了使用金属辅因子的酶，这与原始海洋的高浓度金属离子环境相符合，说明新陈代谢有可能起源于原始海洋。而通过蛋白质结构分子钟对磷依赖代谢网络和无磷代谢网络中酶起源时间的分析未发现二者间有显著性差异,说明两种代谢网络可能起源于同一时期。对两种代谢网络中代谢物的性质分析也支持这一结论。值得注意的是,磷依赖代谢网络中的代谢物比无磷代谢网络中的水溶性更好、分子极性更高且分子量更大,暗示磷促进了更易溶于水、更复杂原始代谢物的产生。

9.4
磷依赖代谢网络功能分析

如前所述,磷参与了多种物质的代谢。通过比较磷依赖代谢网络和无磷代谢网络包含的 KEGG 代谢途径以及两种代谢网络中代谢物的多样性,张红雨课题组分析了磷对原始代谢途径及代谢物的影响,研究磷在原始物质代谢中的作用。

磷依赖代谢网络与无磷代谢网络的 KEGG 代谢途径富集分析显示两种代谢网络都包含了一些重要代谢途径中的反应。磷依赖代谢网络与无磷代谢网络均含有 TCA 循环中的代谢物和反应(图 9-6)。有研究指出 TCA 循环是古代自养生物使用的原始碳固定途径[52],也就是说磷依赖代谢网络与无磷代谢网络均具备固碳的能力,可以为原始生命提供能量来源。两种代谢网络中均可以观察到多种氨基酸及简单多肽合成途径的富集,这显示磷依赖代谢网络和无磷代谢网络均有可能产生原始的蛋白质。

另外,一些重要的初级代谢途径仅在磷依赖代谢网络中富集(表9-2)。例如,碳代谢途径相关的反应显著富集于磷依赖代谢网络,而无磷代谢网络中则未观察到此现象。碳代谢位于生命化学最基本的层次,包含了 6 种碳固定途径以及多种碳利用途径等。进一步研究发现光合生物中的碳固定、磷酸戊糖途径和糖酵解/糖异生等碳代谢途径均在磷依赖代谢网络中显著富集（$p < 10^{-4}$），而这些代谢途径的反应在无磷代谢网络中均没有富集（表9-2）。这说明磷酸盐促进了碳水化合物的合成代谢（如光合生物中的碳固定）以及分解代谢（如磷酸戊糖途径、糖酵解/糖异生），这两者维持了现代生命体内的能量流动。此外，糖酵解途径可以在厌氧条件下为生命提供能量[53]。目前普遍认为生命起源于厌氧环境，因此磷酸盐可能对生命起源过程中的能量代谢至关重要。除糖酵解外，淀粉和蔗糖代谢、半乳糖代谢、果糖和甘露糖代谢，以及氨基糖和核苷酸糖代谢等碳水化合物代谢亦是生命活动重要的能源，这些途径也在磷依赖代谢网络中得到显著富集（$p < 0.05$，表9-2）。进一步比较两种代谢网络中的代谢物发现，磷依赖代谢网络较无磷代谢网络增加了多种糖类，如葡萄糖、果糖、蔗糖、核糖、核酮糖、5-磷酸核糖等，这说明磷酸盐能够有效促进原始能量代谢。

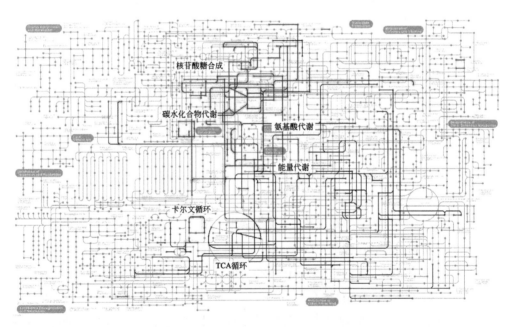

图9-6　磷依赖代谢网络与无磷代谢网络中的代谢反应[44]（彩图14）
整体的磷依赖代谢网络由黑线和红线构成。黑线表示的是无磷代谢网络和磷依赖代谢网络共同具有的代谢反应；红线表示在种子集中添加了前生源磷酸盐后产生的反应，即仅在磷依赖代谢网络中出现的反应

表9-2 磷依赖代谢网络和无磷代谢网络的KEGG代谢途径富集分析[44]

代谢途径	磷依赖代谢网络中的反应数量	无磷代谢网络中的反应数量	磷依赖代谢网络 p	无磷代谢网络 p
碳代谢	32	13	2.17×10^{-5}	9.99×10^{-1}
磷酸戊糖途径	24	0	$< 10^{-6}$	1
淀粉和蔗糖代谢	22	0	$< 10^{-6}$	1
氨基糖和核苷酸糖代谢	19	0	$< 10^{-6}$	1
甲烷代谢	12	2	1.35×10^{-4}	0.99
光合生物中的碳固定	13	2	6.06×10^{-5}	0.99
糖酵解/糖异生	16	0	$< 10^{-6}$	1
果糖和甘露糖代谢	14	1	2.78×10^{-6}	1
半乳糖代谢	9	0	$< 10^{-6}$	0.99
磷酸肌醇代谢	13	0	$< 10^{-6}$	1
磷酸酯和次磷酸酯代谢	8	0	$< 10^{-6}$	0.99
维生素B6代谢	7	1	1.17×10^{-3}	0.99
脂多糖的生物合成	5	0	$< 10^{-6}$	0.98

　　糖类也是生物大分子的重要前体。在上述提及的糖类中，核糖和5-磷酸核糖是RNA的重要组成部分。因此，磷酸盐可能对RNA的原始合成很重要。目前普遍认为RNA世界存在于生命起源的早期阶段，尽管RNA世界和新陈代谢世界的时间顺序仍存在争议。上述分析结果表明，这两个世界之间存在着一定联系，即两个世界并不是彼此独立的，依赖于磷酸盐的原始代谢可能对RNA世界的形成至关重要。

　　前生源磷酸盐扩大了代谢网络的规模。与无磷代谢网络相比，磷依赖代谢网络增加了200多个代谢物。两种代谢物之间的相似性可以由2D分子指纹的tanimoto系数（TC）表征[54]。TC值越高，两个代谢物越相似。代谢网络中所有代谢物对TC值的分布可以反映代谢物的多样性。通过对比两种代谢网络中代谢物对TC值分布发现，磷依赖代谢网络中代谢物之间的相似性小于无磷代谢网络中代谢物间的相似性（图9-7，$p < 10^{-5}$，Kolmogorov-Smirnov检验），换言之，磷依赖代谢网络中代谢物之间的多样性大于无磷代谢网络中代谢物间的多样性，显示了磷在提高代谢物多样性中的作用。

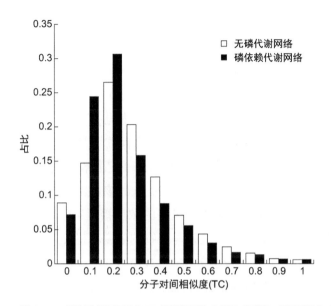

图 9-7　磷依赖代谢网络和无磷代谢网络中所有代谢物对间相似度（TC）的分布 [44]

无磷代谢网络中代谢物之间的相似性高于磷依赖代谢网络中代谢物之间的相似性（$P<10^{-5}$，Kolmogorov-Smirnov 检验）

9.5

磷对代谢网络扩张的热力学影响

新陈代谢能够正常进行的一个必要条件是其中所有代谢反应必须是热力学可行的，也就是说这些反应要么可以独立进行，要么需要与放能反应偶联。Bar-Even 等通过引入反应的 $\Delta G'_r$ 考察了生理条件下苹果酸氧化过程的热力学可行性，发现只有在某个反应的 $\Delta G'_r \leqslant 30 kJ/mol$ 时，该反应才能独立发生 [26]。$\Delta G'_r$ 是特定 pH 下某个化学反应转化的自由能，只有当它为负值时反应才能正向进行。通常使用 $\Delta G'^{\ominus}_r$ 来衡量标准条件下自由能的变化。一般情况下，反应物浓度会设为1mol/L。然而，细胞内代谢物的浓度是有限的，很少有高于10mmol/L或低于1μmol/L的情况。因此，当涉及真实代谢反应的自由能时，可以考虑将所有反应物浓度设为1mmol/L。Bar-Even等发现在pH为7并且所有代谢物浓度为1mmol/L的情况下，苹果酸氧化成草酰乙酸的反应［该反应使用NAD(P)$^+$作为电子受体］对应的$\Delta G_r'$为+30kJ/mol[26]。考虑到产物浓度和底物浓度之间的数量级差异可以降低反应的$\Delta G_r'$，Bar-Even等测定了不同苹果酸/草酰乙酸浓度比例下反应的$\Delta G_r'$，发现只有当NAD$^+$与NADH的比例为10时该反应才能成为热力学可行反应。在这种情况下，反应物苹果酸的浓度接近10mmol/L，而产物草酰乙酸的浓度接近1μmol/L，反应物与产物的浓度均已接近代谢物浓度的生理范围边界。因此，这一反应的$\Delta G_r'$也被作为判断反应能否自发进行的阈值[33]。也就是说，在标准条件（常温常压）下，当某一反应的$\Delta G_r' >$ +30kJ/mol时，该反应无法依靠改变产物和底物浓度的比例来独立发生，通常这种反应需要通过偶联ATP水解等放能反应来激活。

Goldford等发现含硫化合物可以在标准条件下将网络扩张的热力学瓶颈降低到30kJ/mol以下，而焦磷酸盐和乙酰磷酸盐这两种磷酸盐则不然[33]。张红雨课题组在对磷依赖代谢网络进行热力学约束下的扩张时也发现，在不引入其他能源的情况下，当约束条件τ（即吸能反应所需反应自由能$\Delta G_r'$）低于51kJ/mol时，网络的规模受到严格限制，网络中的反应限制在26个以下，而代谢物则在30个以下。只有当τ超过该值时，网络才得到急剧扩张［图9-8(a)］。然而，如前所述，51kJ/mol的能量瓶颈对于原始代谢反应来说几乎是不可能克服的，因此如没有其他能量来源，在前生源条件下将难以产生复杂的代谢网络。

需要指出的是，Goldford等在考察热力学约束对代谢网络扩张的影响研究中只考虑了焦磷酸盐和乙酰磷酸盐作为网络扩张的能量来源，而忽视了可能存在其他形式的前生源磷化合物。由于磷酸化分子是生命将其他能量形式转化为化学能的主要中间体，许多磷酸化分子被认为是最早的能量来源[55]。除了焦磷酸盐和乙酰磷酸盐外，一些参与现代主要代谢途径的高能磷酸化中间产物也被认为可以作为前生源化学过程的能量来源。这些中间产物在前生源时期就已存在并且一次反应（如水解反应）就可以释放 30～60kJ/mol 的自由能。通过与下游热力学不利反应的偶联，这些磷酸化中间产物释放的自由能可以驱动热力学不利反应的发生从而促进原始代谢循环。

在磷依赖代谢网络中含有多种糖酵解途径的磷酸化中间产物。糖酵解途径是现代新陈代谢主要的代谢途径之一，它在无氧条件下通过分解葡萄糖为生命提供能量。糖酵解途径被认为是生命最古老、最原始获取能量的方式之一[53]，其发生所需的无氧条件与原始生命所生存的环境一致。最近有文献报道，糖酵解途径类似反应可以在非酶条件下自发进行，在模拟太古代条件下产生，并可以形成一个小的代谢网络[49]。后续研究陆续报道一些糖酵解的中间产物可以通过前生源合成得到[49,56,57]。因此，一些糖酵解途径的磷酸化中间产物在前生源条件下是可能存在的，由此可能解决前生源磷依赖代谢网络的热力学可行性问题。这些化合物包括：6-磷酸葡萄糖、3-磷酸甘油醛、2-磷酸甘油酸、3-磷酸甘油酸和磷酸烯醇丙酮酸，这些磷酸化中间产物都存在于前文构建的磷依赖代谢网络中。

将上述五种糖酵解途径的高能磷酸化中间产物引入种子集后，热力学约束的网络扩张模拟显示，限制网络扩张的热力学瓶颈降低至 30kJ/mol 以下，其中添加 6-磷酸葡萄糖的网络扩张模拟如图 9-8 所示，该能量瓶颈即使在前生源条件下代谢网络也可以克服[26]。这意味着这些网络的扩张在没有其他能源的情况下也是热力学可行的。当约束条件 τ 达到 29kJ/mol 时，热力学约束的磷依赖代谢网络至少含有 336 个代谢物和 407 个反应 [图 9-8(b)]，这些反应涉及碳固定途径（TCA 循环和卡尔文循环）、碳水化合物代谢途径（包括核苷核糖的生物合成）、氨基酸代谢途径和能量代谢途径，具备了非热力学约束下磷依赖代谢网络的大部分功能。为了排除硫对热力学约束网络扩张模拟的影响，从上述添加了高能磷酸化中间产物的种子集中去掉硫化氢然后重新执行了热力学约束的网络扩张模拟，结果显示硫化氢的去除对网络扩张几乎没有影响，表明硫对降低磷依赖代谢网络扩张中的热力学瓶颈没有显著贡献。这些研究表明，在标准状态下，高能磷酸化中间产物可以显著降低热力学瓶颈并促进网络的扩张，磷酸盐具有促进前生源代谢网络扩张的巨大潜力，在代谢网络的起源中发挥重要作用。

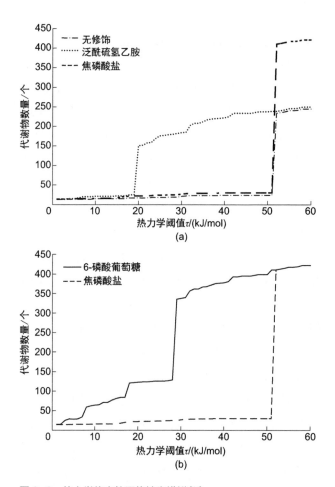

图 9-8　热力学约束的网络扩张模拟 [44]

不同热力学阈值 τ（x 轴）下扩张的网络大小由代谢物数量（y 轴）来表征。图（a）显示未经修饰的代谢网络（即种子集中不添加其他能量来源）、焦磷酸盐偶联的代谢网络（即在种子集中添加焦磷酸盐）以及泛酰硫氢乙胺偶联的代谢网络（即在种子集中添加泛酰硫氢乙胺）在不同热力学阈值 τ 下的大小。图（b）显示了焦磷酸盐偶联的代谢网络、磷酸化中间产物偶联的代谢网络（即在种子集中添加磷酸化中间产物 6-磷酸葡萄糖）在不同的热力学阈值 τ 下的大小，在种子集中添加的其他磷酸化中间产物——3-磷酸甘油醛、3-磷酸甘油酸、2-磷酸甘油酸和磷酸烯醇丙酮酸结果与之相近前文介绍了在标准状态下高能磷酸化中间产物可以通过降低热力学瓶颈促进网络的扩张,但生命起源初期的地球环境温度与现代环境温度可能有差异,这可能会影响代谢反应的进行。关于前生源时期的地球表面温度以及海洋温度均存在争议[58-60]。多数研究者认为早期的新陈代谢起源于水热环境,但也有研究表明早期代谢可能起源于温度更高的海底热泉[61]或冰冷的原始海洋[62];至于 LUCA 是否更适应高温也没有确切结论[63]。现存地球生物能够存活的温度范围为 $-20 \sim 121℃$[64,65],而温度可能通过影响反应的自由能,影响整个代谢网络的规模和结构,在原始地球没有相对稳定反应内环境的情况下,温度对于生化反应的热力学可行性可能是一个重要的影响因素。

为了评价温度对代谢网络扩张的热力学影响,张红雨课题组对磷依赖代谢网络中各反应以生理条件下的物质浓度极限为标准重新计算了 $-25℃$、$0℃$、$25℃$、$50℃$、$75℃$、$100℃$、$125℃$、$150℃$ 下反应的最低自由能,并模拟了各温度下热力学约束的网络扩张过程。该研究发现,对比额外加入糖酵解中间产物 6-磷酸葡萄糖的磷依赖代谢网络和加入泛酰硫氢乙胺作为能量来源的无磷代谢网络,二者对温度变化的响应较为一致,且变化不明显。在不同温度条件下形成的网络均包含了约 75% 无热力学约束网络中的反应(图 9-9)。

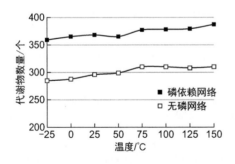

图 9-9 不同温度下热力学约束的网络扩张模拟结果
该图显示在引入不同温度(x 轴)下的自由能后进行的网络扩张模拟得到的代谢物数量(y 轴)。两种代谢网络对于温度变化均不敏感

上述研究结果显示温度对于各类型代谢网络的影响较为一致,具备

基本生物功能的代谢网络在各温度条件下均能在高能磷酸化中间产物的帮助下克服热力学瓶颈。温度对于代谢网络规模的影响较小，因此温度或许不是限制原始代谢网络规模形成的主要因素。需要注意的是，该研究未考虑温度对于分子反应动力学的影响，温度将如何通过影响局部的生化反应从而影响全局的代谢网络有待进一步探究。

参考文献

[1] Davis B D. On the importance of being ionized. Archives of Biochemistry and Biophysics, 1958, 78: 497-509.

[2] Lad C, Williams N H, Wolfenden R. The rate of hydrolysis of phosphomonoester dianions and the exceptional catalytic proficiencies of protein and inositol phosphatases. Proceedings of the National Academy of Sciences of USA, 2003, 100: 5607-5610.

[3] Schoffstall A M, Barto R J, Ramos D L. Nucleoside and deoxynucleoside phosphorylation in formamide solutions. Origins of Life, 1982, 12: 143-151.

[4] Powner M W, Gerland B, Sutherland J D. Synthesis of activated pyrimidine ribonucleotides in prebiotically plausible conditions. Nature, 2009, 459: 239-242.

[5] Powner M W, Sutherland J D. Phosphate-mediated interconversion of ribo- and arabino-configured prebiotic nucleotide intermediates. Angewandte Chemie International Edition, 2010, 49: 4641-4643.

[6] Nam I, Lee J K, Nam H G, et al. Production of sugar phosphates and uridine ribonucleoside in aqueous microdroplets. Proceedings of the National Academy of Sciences of USA, 2017, 114: 12396-12400.

[7] Islam S, Bučar D-K, Powner M W. Prebiotic selection and assembly of proteinogenic amino acids and natural nucleotides from complex mixtures. Nature Chemistry, 2017, 9: 584-589.

[8] Usher D A, Mchale A H. Nonenzymic joining of oligoadenylates on a polyuridylic acid template. Science, 1976, 192: 53-54.

[9] Weimann B J, Lohrmann R, Orgel L E, et al. Template-directed synthesis with adenosine-5′-phosphorimidazolide. Science, 1968, 161: 387.

[10] Wu T, Orgel L E. Nonenzymatic template-directed synthesis on oligodeoxycytidylate sequences in hairpin oligonucleotides. Journal of the American Chemical Society, 1992, 114: 317-322.

[11] Ferris J P. Montmorillonite Catalysis of 30-50 Mer oligonucleotides: laboratory demonstration of potential steps in the origin of the RNA world. Origins of Life and Evolution of the Biospheres, 2002, 32: 311-332.

[12] Huang W, Ferris J P. One-step, regioselective synthesis of up to 50-mers of rna oligomers by montmorillonite catalysis. Journal of the American Chemical Society, 2006, 128: 8914-8919.

[13] Mansy S S, Schrum J P, Krishnamurthy M, et al. Template-directed synthesis of a genetic polymer in a model protocell Nature, 2008, 454: 122-125.

[14] Schrum J P, Ricardo A, Krishnamurthy M, et al. Efficient and rapid template-directed nucleic acid copying using 2′-amino-2′,3′-dideoxyribonucleoside-5′-phosphorimidazolide monomers. Journal of the American Chemical Society, 2009, 131: 14560-14570.

[15] Deck C, Jauker M, Richert C. Efficient enzyme-free copying of all four nucleobases templated by immobilized RNA. Nature Chemistry, 2011, 3: 603-608.

[16] Coari K M, Martin R C, Jain K, et al. Nucleotide selectivity in abiotic RNA polymerization reactions. Origins of Life and Evolution of Biospheres, 2017, 47: 305-321.

[17] Blain J C, Szostak J W. Progress toward synthetic cells. Annual Review of Biochemistry, 2014, 83:

615-640.

[18] Rabinowitz J, Flores J, Krebsbach R, et al. Peptide formation in the presence of linear or cyclic polyphosphates. Nature, 1969, 224: 795-796.
[19] Gibard C, Bhowmik S, Karki M, et al. Phosphorylation, oligomerization and self-assembly in water under potential prebiotic conditions. Nature Chemistry, 2018, 10: 212-217.
[20] Gao X, Liu Y, Xu P X, et al. α-amino acid behaves differently from β- or γ-amino acids as treated by trimetaphosphate. Amino Acids, 2008, 34: 47-53.
[21] Cheng C M, Liu X H, Li Y M, et al. N-Phosphoryl Amino Acids and Biomolecular Origins. Origins of Life and Evolution of the Biospheres, 2004, 34: 455-464.
[22] Paecht-Horowitz M, Berger J, Katchalsky A. Prebiotic synthesis of polypeptides by heterogeneous polycondensation of amino-acid adenylates. Nature, 1970, 228: 636-639.
[23] Paecht-Horowitz M, Eirich F R. The Polymerization of Amino Acid Adenylates on Sodium-Montmorillonite with Preadsorbed Polypeptides. Origins of Life and Evolution of the Biospheres, 1988, 18: 359-387.
[24] Hill A R, Böhler C, Orgel L E. Polymerization on the rocks: negatively-charged α-amino acids. Origins of Life and Evolution of the Biospheres, 1998, 28: 235-243.
[25] Mandell D J, Chorny I, Groban E S, et al. Strengths of hydrogen bonds involving phosphorylated amino acid side chains. Journal of the American Chemical Society, 2007, 129: 820-827.
[26] Bar-Even A, Flamholz A, Noor E, et al. Thermodynamic constraints shape the structure of carbon fixation pathways. Biochimica et Biophysica Acta-Bioenergetics, 2012, 1817: 1646-1659.
[27] Schwartz A W. Phosphorus in prebiotic chemistry. Philosophical Transactions of the Royal Society B: Biological Sciences, 2006, 361: 1743-1749.
[28] Hazen R M, Papineau D, Bleeker W, et al. Mineral evolution. American Mineralogist, 2008, 93: 1693-1720.
[29] Handschuh G J, Orgel L E. Struvite and prebiotic phosphorylation. Science, 1973, 179: 483-484.
[30] Gedulin B, Arrhenius G. Sources and geochemical evolution of RNA precursor molecules: the role of phosphate. Early Life on Earth, 1994: 90-106.
[31] Ebenhöh O, Handorf T, Heinrich R. Structural analysis of expanding metabolic networks. Genome Informatics, 2004, 15: 35-45.
[32] Handorf T, Ebenhöh O, Heinrich R. Expanding metabolic networks: scopes of compounds, robustness, and evolution. Journal of Molecular Evolution, 2005, 61: 498-512.
[33] Goldford J E, Hartman H, Smith T F, et al. Remnants of an ancient metabolism without phosphate. Cell, 2017, 168: 1126-1134.
[34] Osterberg R, Orgel L E. Polyphosphate and trimetaphosphate formation under potentially prebiotic conditions. Journal of Molecular Evolution, 1972, 1: 241-248.
[35] Yamagata Y, Watanabe H, Saitoh M, et al. Volcanic production of polyphosphates and its relevance to prebiotic evolution. Nature, 1991, 352(6335): 516-519.
[36] Griffith E J, Ponnamperuma C, Gabel N W. Phosphorus, a key to life on the primitive earth. Origins of Life, 1977, 8: 71-85.
[37] Gulick A. Phosphorus as a factor in the origin of life. American Scientist, 1955, 43: 479-489.
[38] De Graaf R M, Schwartz A W. Reduction and activation of phosphate on the primitive earth. Origins of Life and Evolution of the Biospheres, 2000, 30: 405-410.
[39] Pasek M A. Schreibersite on the early earth: scenarios for prebiotic phosphorylation. Geoscience Frontiers, 2017, 8: 329-335.
[40] Pasek M A, Lauretta D S. Aqueous corrosion of phosphide minerals from iron meteorites: a highly reactive source of prebiotic phosphorus on the surface of the early earth. Astrobiology, 2005, 5: 515-535.

[41] Pasek M A, Harnmeijer J P, Buick R, et al. Evidence for reactive reduced phosphorus species in the early archean ocean. Proceedings of the National Academy of Sciences of USA, 2013, 110: 10089-10094.

[42] Pasek M A, Kee T P, Bryant D E, et al. Production of potentially prebiotic condensed phosphates by phosphorus redox chemistry. Angewandte Chemie International Edition, 2008, 47: 7918-7920.

[43] Whicher A, Camprubi E, Pinna S, et al. Acetyl phosphate as a primordial energy currency at the origin of life. Origins of Life and Evolution of Biospheres, 2018, 48: 159-179.

[44] Tian T, Chu X Y, Yang Y, et al. Phosphates as energy sources to expand metabolic networks. Life (Basel), 2019, 9: 43.

[45] Peretó J, Bada J L, Lazcano A. Charles Darwin and the origin of life. Origins of Life and Evolution of Biospheres, 2009, 39: 395-406.

[46] Ma B G, Chen L, Ji H F, et al. Characters of very ancient proteins. Biochemical and Biophysical Research Communications, 2008, 366: 607-611.

[47] Wang M, Jiang Y-Y, Kim K M, et al. A universal molecular clock of protein folds and its power in tracing the early history of aerobic metabolism and planet oxygenation. Molecular Biology and Evolution, 2011, 28: 567-582.

[48] Nitschke W, Mcglynn S E, Milner-White E J, et al. On the antiquity of metalloenzymes and their substrates in bioenergetics. Biochimica et Biophysica Acta-Bioenergetics, 2013, 1827: 871-881.

[49] Keller M A, Turchyn A V, Ralser M. Non-enzymatic glycolysis and pentose phosphate pathway-like reactions in a plausible archean ocean. Molecular Systems Biology, 2014, 10: 725.

[50] Zabinski F Z, Toney M D. Metal ion inhibition of nonenzymatic pyridoxal phosphate catalyzed decarboxylation and transamination. J Am Chem Soc, 2001, 123(2): 193-198.

[51] Zhu Q, Qin T, Jiang Y, et al. Chemical basis of metabolic network organization. PLoS Comput Biol, 2011, 7(10).

[52] Braakman R, Smith E. The emergence and early evolution of biological carbon-fixation. PLOS Computational Biology, 2012, 8: e1002455.

[53] Nelson D L, Lehninger A L, Cox M M. Lehninger principles of biochemistry. Macmillan, 2008.

[54] Chalk A J, Worth C L, Overington J P, et al. PDBLIG: classification of small molecular protein binding in the protein data bank. Journal of Medicinal Chemistry, 2004, 47: 3807-3816.

[55] Pascal R, Poitevin F, Boiteau L. Energy sources for prebiotic chemistry and early life: constraints and availability. Origins of Life and Evolution of Biospheres, 2009: 260-261.

[56] Maheen G, Wang Y, Wang Y W, et al. Mimicking the prebiotic acidic hydrothermal environment: one-pot prebiotic hydrothermal synthesis of glucose phosphates. Heteroatom Chemistry, 2011, 22: 186-191.

[57] Coggins A J, Powner M W. Prebiotic synthesis of phosphoenol pyruvate by α-phosphorylation-controlled triose glycolysis. Nature Chemistry, 2017, 9: 310-317.

[58] Kasting J F, Howard M T, Wallmann K, et al. Paleoclimates, ocean depth, and the oxygen isotopic composition of seawater. Earth and Planetary Science Letters, 2006, 252: 82-93.

[59] Jaffrés J B D, Shields G A, Wallmann K. The oxygen isotope evolution of seawater: a critical review of a long-standing controversy and an improved geological water cycle model for the past 3.4 billion years. Earth-Science Reviews, 2007, 83: 83-122.

[60] Garcia A K, Schopf J W, Yokobori S, et al. Reconstructed ancestral enzymes suggest long-term cooling of earth's photic zone since the archean. Proceedings of the National Academy of Sciences of USA, 2017, 114: 4619-4624.

[61] Martin W, Russell M J. On the origin of biochemistry at an alkaline hydrothermal vent. Philosophical Transactions of the Royal Society B: Biological Sciences, 2007, 362: 1887-1926.

[62] Miyakawa S, Cleaves H J, Miller S L. The cold origin of life: a. implications based on the hydrolytic stabilities of hydrogen cyanide and formamide. Origins of Life and Evolution of the Biospheres, 2002,

32: 109-208.
[63] Catchpole R J, Forterre P. The evolution of reverse gyrase suggests a nonhyperthermophilic last universal common ancestor. Molecular Biology and Evolution, 2019, 36: 2737-2747.
[64] Kashefi, K Lovley, D R. Extending the upper temperature limit for life. Science, 2003, 301: 934.
[65] Clarke A, Morris G J, Fonseca F, et al. A low temperature limit for life on earth. PLoS One, 2013, 8: e66207.

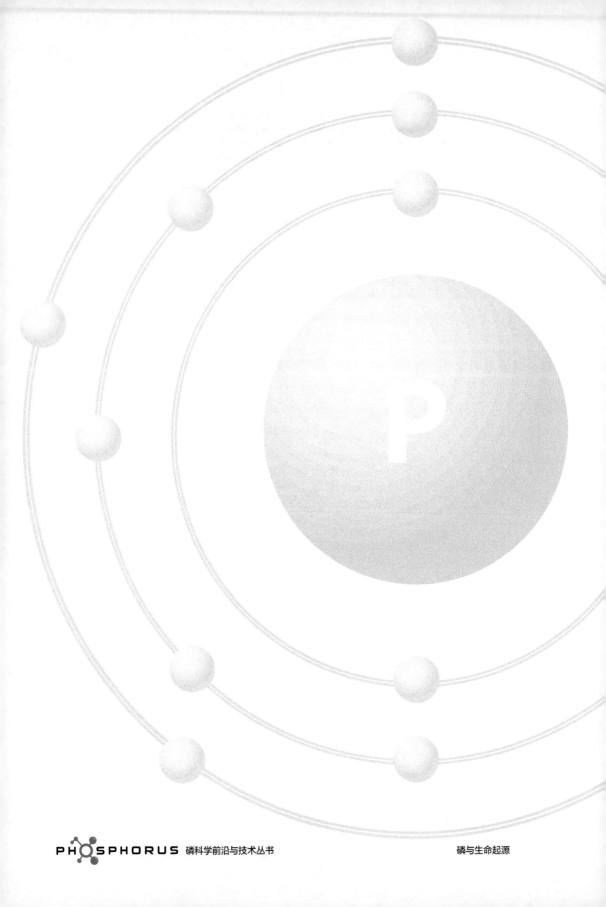
磷与生命起源

10

原始细胞——非生命物质与生命体之间的桥梁

10.1 原始细胞
10.2 原始细胞的类型
10.3 原始细胞的群体行为
10.4 结论

Phosphorus and the Origin of Life

现代生物学认为，地球上复杂多样的生命形式都起源于同一个单细胞生命体——最后普遍共同祖先(last universal common ancestor, LUCA)[1]。地质勘测研究表明，最早的生命诞生于40亿到35亿年前，但是在哪里和怎样出现迄今为止仍然是未解之谜[2]。由 DNA/RNA、多肽、脂肪酸等史前可能存在的生物分子组装形成的类细胞结构，又称原始细胞，能够实现区域化、新陈代谢、生长和繁殖等"活"性动态行为，是搭建无生命物质到生命体的桥梁，有助于揭示原始地球条件下生命起源的可能机理。

10.1

原始细胞

10.1.1 原始细胞研究概述

在1859年出版的《物种起源》中，达尔文提出了以自然选择为中心的进化论[3]，并考察证明了生命的多样性是由某个共同的祖先经过长时间的自然演变而形成的。达尔文的观点首次将生命起源问题从形而上学引入到科学范畴中，但他并没有回答这一共同祖先即最初的生命是如何出现的，只是在1871年写给 J. D. Hooker 的信中设想生命是在"温暖的小池塘(warm little pond)"中形成的[4]。1924年，苏联生物学家 A. I. Oparin 将小池塘上升到了原始汤(prebiotic soup)[5]：在生命诞生之前，地球上经历了长时间的物质合成和有机物的积累；在地球逐渐冷却的过程中，这些物质随着水蒸气落到地面，汇聚并形成了原始汤。最早的生命体便是在富含有机物的原始汤中，由非生命物质逐步演化形成的。英国生物学家 J. B. S. Haldane 在五年后提出了与 Oparin 类似的观点[6]：原始海洋为早期生命或类生命的形成提供了充足的物质和适宜的条件，海洋中聚集的各种物质通过相互作用，逐渐形成了更为复杂的结构；当能够实现自我复制的核酸分子被脂膜包裹时，地球上便诞生了第一个生命体。

基于 Oparin 与 Haldane 的化学演化学说，研究者在实验室中模拟原始地球环境，尝试用简单的无机物来合成得到生命所必需的有机物。最具代表性并具有历史意义的是 1953 年所进行的"米勒-尤利实验"[7]。通过利用火花放电来模拟原始地球上的闪电，米勒(S. L. Miller)在混有甲烷、氨气、氢气、水蒸气等气体的玻璃装置中制备得到了多种氨基酸。糖、核苷酸等其他生物分子也可以通过类似方法获得。"米勒-尤利实验"是人类首次利用科学的方法从无机物来制备构成生命的有机分子，该工作催生了后续史前化学及现代生命起源的研究[8,9]。

关于地球上生命起源的途径目前主要有三种说法：史前 RNA 世界、史前新陈代谢和区域化。W. Gilbert 于 1986 年提出了史前 RNA 世界假说[10]，认为在生命起源之初，RNA 分子通过剪切和复制逐渐演化出了具有生物活性的特殊序列，能够催化蛋白质的生成，生命由此实现了从无到有的转化过程。史前 RNA 世界假说一经提出，就受到了科学界的广泛关注。2000 年，T. Steitz 等在解析核糖体结构时发现催化核心是 RNA 而不是蛋白质[11,12]，进一步推动了史前 RNA 世界假说的流行，使其成为了细胞生物学关于生命起源的主流观点。基于这一假说，J. W. Szostak[13]、G. F. Joyce[14] 等课题组进行了大量实验来证实 RNA 分子既能自我复制，又具有催化活性，但实验结果都不尽如人意；另外，由于 RNA 分子不能自发生成，并且具有不稳定性，研究者们对史前 RNA 世界假说的质疑一直没有间断过[15,16]。

生命起源的第二种途径被称为史前新陈代谢假说，认为新陈代谢对早期生命体而言比自我复制更为重要，因此是首先出现的。1977 年 J. B. Corliss 等[17] 在加拉帕戈斯群岛进行地质考察时发现，富集有各种矿物质的海底热泉能够为生物和细菌提供所需要的有机物和能量，从而促成了新陈代谢假说的产生。2003 年，地质学家 M. Russell 和生物学家 W. Martin 提出了碱性热液假说 [18]，认为最早的生命起源于碱性热泉中。一方面，发生在热泉中的矿物催化反应为生命的产生提供了必要的物质储备；另一方面，碱性环境中存在着质子浓度梯度，可以按照和现代细胞一样的机理来产生能量。一旦热泉中的各种物质演变成能够吸取周围能量的化学体系，早期的新陈代谢循环就开始了；当合成的长链核酸分子被脂膜结构包裹时，就形成了现代意义上的细胞。虽然史前新陈代谢假说可以解释现代细胞中质子浓度梯度的起源，但缺乏实验佐证，既不能重现早期的新陈代谢循环，也无法在水中找到可以稳定存在的长链 RNA 分子。

考虑到地球上所有的生命都是以细胞为基本单位，因此区域化假说认为生命起源于与细胞具有类似边界的封闭区域 [19]。Oparin 和 Haldane 的化学起源说就强调一些特定的化学物质通过相互作用形成了能够包含其他物质的微滴或囊泡结构，从中逐渐演化形成了可以自我复制的原始生命体。D. W. Deamer[20]、P. L. Luisi[21] 和 A. Libchaber[22] 等在实验室中利用史前可能存在的分子构建了封闭的囊泡结构，并在其中包载简单的多肽催化剂及小分子来实现早期可能发生的分子演化过程。

上述三种假说从不同的角度来审视生命起源的可能途径：史前 RNA 世界假说从遗传信息出发，认为获得具有自我复制能力的 RNA 分子是形成原始生命的先决条件；史前新陈代谢假说认为生命诞生的前提是形成能够利用环境中能量的代谢网络；而区域化假说则从构成细胞的基元物质出发，尝试首先构筑具有细胞特征的封闭区域。这些途径看似相互独立，各有侧重，但彼此之间存在很强的互补性。因此，将不同的途径有机结合起来，就能够综合多个角度，利用多种组分来构造具有等级结构的组装体，从而实现遗传、复制、新陈代谢等多种功能。显然，利用这种方式构造的组装体在结构和功能上更接近真实细胞，也更有助于探索早期生命起源的可能途径，因此这类组装体被命名为原始细胞 (protocell) [23]。

10.1.2 原始细胞的构建原则和策略

原始细胞是用来探索无生命物质到生命体转化的，因此要能够实现活体细胞所具有的基本特征。这些特征包括但不局限于[24]：

① 具有起化学屏障作用的半透性磷脂膜及内部分子呈高度浓缩的基质环境。

② 存在遗传信息的载体分子DNA，并能在细胞分裂时传递给下一代。

③ 能够将存储在DNA中的遗传信息转录为RNA，并通过RNA表达成蛋白质。

④ 能够进行基于蛋白酶催化的化学物质转化，从而实现自我维持和重建。

⑤ 具有建立在非平衡体系下的稳定状态，能够从环境中持续地获得能量来实现自我维持。

由于生命目前尚未有确切的定义，因此原始细胞具备哪些特征才实现了从无生命物质到生命体的转化仍然存在很大争议。美国国家航空航天局(national aeronautics and space administration, NASA)为天体生物学(astrobiology)的科研计划制定了关于生命的"工作定义"：生命是能够进行达尔文进化的自我维持的化学系统[25]。"自我维持的化学系统"意味着区域化和新陈代谢，达尔文进化论则暗含了复制和遗传信息。该定义为原始细胞实现无生命物质到生命体的转化提供了理论依据。

为了揭示原始地球条件下生命如何起源而构建的组装体才称为原始细胞，其与人工细胞(artificial cell)或合成细胞(synthetic cell)在设计理念、组成选取、研究目的等方面存在显著差别，但大多数文献没有进行明确区分。本小节主要关注用来研究生命起源的原始细胞，目前主要有自上而下(top-down)和从下到上(bottom-up)两种构造策略[26,27]（图10-1）。

10.1.2.1 自上而下策略

自上而下策略主要是利用合成生物学的手段，从活的有机体出发，在维持细胞正常生命活动的前提下，剔除基因和简化基因数量或完全用人工合成的基因替换原基因组，从而降低细胞的复杂程度，使其成为最简单的生命体。

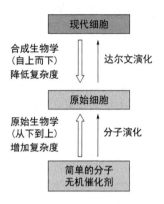

图 10-1　设计和构建原始细胞的两种策略[27]

生殖支原体和内共生菌是目前所知的最简单生命形式，基因组中的编码区域一般不超过 500 个[28]，往往是探究原始生命体的首选。C. A. Hutchison 等逐一剔除生殖支原体中的基因，发现在约 480 个蛋白质编码区中，有 265～350 个是该细菌在实验室生长条件下必不可少的[29]。R. Gil 等通过实验结合理论计算对内共生菌及其他有机体进行研究，确定了维持细胞生存所需的最小基因数约为 206 个[30]。其中仍有基因的功能是可以被进一步简化的，例如当周围环境中存在充足的营养物质时，细胞内部用于制备相应物质的酶就不再是必需的；早期细胞中的核糖体蛋白、RNA 和 DNA 聚合酶以及脂类合成酶等可能还并未演化出来，因此与其相对应的基因也是可以剔除的[31]。由此推算，维持细胞基本生命活动所必需的基因数目可减小至 45～50 个。

直接利用化学合成的基因来取代细胞中原始的基因组，也可以自上而下地构建"人造生命体"。D. G. Gibson 等设计并合成了蕈状支原体细菌的 DNA，成功将其导入山羊支原体受体细胞内，培育得到了完全由人造基因组控制的、可自我复制的新型丝状支原体细胞[32]。中科院上海生命科学研究院的 Shao Yangyang 博士等以含有 16 条染色体的单倍体酿酒酵母细胞为对象，通过连续的端到端染色体融合和着丝粒缺失手段，创造了世界上首例仅含单条染色体的真核细胞[33]。

虽然利用自上而下的策略能够在实验室中自行设计、合成得到序列可控的基因，由此可推断生命所必需的要素或组分，甚至操控或改造出一系列新的微生物，但基于该策略的原始细胞仍然是活的生命体，不涉及达尔文进化，而且脱离了原始地球环境，因此在探讨无生命物质到生命体转化的机制和生命起源等方面仍存在较大的局限性。

10.1.2.2　从下到上策略

从下到上策略是直接利用无生命物质来创造"活"的有机体[34]（图10-1）。该策略能够搭建无生命世界和生命世界之间的桥梁，有助于揭示生命起源的奥秘，因而更具挑战性。目前在实验室利用从下到上策略构建原始细胞需要考虑三个基本要素[35]：区域化结构、新陈代谢反应、生长和分裂。

区域化结构：所有的生命体系都具有清晰的边界，将自身与周围环境隔离开，以此来抵抗外界的干扰。因此，构建具有细胞特征的类生命体首要考虑可以容纳物质和进行反应的微型区域（微区）。微区的存在不仅有助于化学物质特别是催化剂的局部富集，从而增加化学反应发生的概率，得到不同功能化的分子，而且还能够为物质的自组装、演化等过程提供相对稳定的内环境。目前在实验室中所制备的微区可以简单分成无膜微区和有膜微区两种类型[36]。有膜微区包括磷脂囊泡、脂肪酸囊泡及蛋白质囊泡等，微区的界面与细胞膜类似，都是由半渗透性的两亲性分子层所形成的；无膜微区则是由大量分子聚集形成的分子实体，能够提供分子拥挤的背景环境，性质类似于细胞质基质，包括油水乳液、双水相微滴和凝聚物微滴等。

新陈代谢反应：活细胞通过酶催化的代谢反应将摄入的外源物质转化为自身所需的能量和基元分子，从而完成生长繁殖、信息传递、结构维持和对环境做出响应等生命活动。因此，新陈代谢是活细胞的标志之

一，在构建原始细胞时往往要引入合适的代谢反应[37]。例如，为了验证史前 RNA 世界假说，在体系中需要引入由黏土、矿物质、金属离子以及多核苷酸磷酸化酶所催化的核苷酸聚合反应来尝试合成功能性的 RNA 分子；葡萄糖氧化酶、ATP 合成酶等较为单一的酶促反应，以及无细胞蛋白表达等复杂的多级酶串联反应也在原始细胞的构筑中得到较为广泛的研究和应用。

生长和分裂：活细胞的生长和分裂通常是指在体积长大到一定尺寸后，细胞溢裂为两个子细胞的过程。通过生长及分裂，细胞能够产生更多的子代，并将遗传物质传递下去，从而实现生物学上的演化。真核细胞以及原核细胞的生长和分裂过程都需要高度复杂分子机器的参与[38]。目前在实验室中实现原始细胞的生长和分裂大多都是基于一些开放的化学体系，与周围环境存在物质和能量的交流：通过补加基元物质或引入其他同类物质的方式来实现生长；借助外界环境中的扰动，如热涨落、机械力和物质浓度梯度等使体系在热力学上偏离稳态，解散成为尺寸较小的结构，从而实现分裂。

10.2
原始细胞的类型

利用从下到上策略，通过基元分子层级组装的方式能够构筑在时间尺度、空间尺度、复杂程度，以及功能化等方面逐步接近活细胞的原始细胞，有助于从不同分子尺度上认识和了解生命的本质，从而揭开生命起源的可能机理。研究者们基于该策略已经在实验室构建出多种类型的原始细胞，包括脂肪酸囊泡、凝聚物微滴以及类蛋白小球等；这些体系不但与现代活细胞在组成、结构上更加相似，而且很有可能分布于原始地球表面，是 LUCA 形成之前生命所具有的形态。

10.2.1 脂肪酸体系

现代细胞利用磷脂膜来隔开内含物与周围环境，使细胞在摄入营养物质的同时阻挡毒性物质。磷脂膜是由两亲性的磷脂、糖脂等长链分子，与具有特定功能的蛋白质共同组装形成的。膜内层的疏水特性使得膜两侧的离子和极性分子不能自由通过，从而保持了膜内同类分子浓度的相对稳定。借助表面镶嵌的膜蛋白，磷脂膜在细胞的信号识别、迁移运动中也发挥了重要作用。不难推测，早期的生命要完成现代细胞所具有的功能也需要类似的膜结构[39,40]。由于能够自发形成具有通透性的双层膜，单链表面活性剂分子受到了广泛的关注和研究[41]，其中以脂肪酸分子最具代表性［图 10-2(a)］。

10.2.1.1 脂肪酸及其组装体的特征

脂肪酸是一类在分子末端含羧基的碳氢链，根据碳链中是否含有双键分为饱和与不饱和两类。大多数饱和的脂肪酸含有偶数个碳原子(多为 12～22 个)。根据碳链中双键的数目，不饱和脂肪酸又分为单不饱和脂肪酸与多不饱和脂肪酸，最常见的是只含一个双键的单不饱和脂肪酸。多数的单不饱和脂肪酸含 16～22 个碳原子且双键为顺式构型，由于形状上发生扭结，在热力学上不如反式脂肪酸稳定，表现为具有较低的熔点[42]。生物体内常见的脂肪酸为单不饱和脂肪酸。

当以未解离酸形式存在时，碳氢链的疏水性使脂肪酸在水中聚集形成油状乳液；当羧基发生解离形成钠盐或钾盐时，水溶性增加。因此，脂肪酸特别是长链脂肪酸的水溶性在很大程度上取决于体系的 pH 值。当体系的 pH 值高于脂肪酸羧基解离常数的负对数值(pK_a)时，形成的脂肪酸盐会在浓度高于临界胶束浓度时自发形成胶束状结构；当体系的 pH 值接近 pK_a 时，解离形成的脂肪酸盐会与未解离的脂肪酸形成缔合体，排列形成双层膜或囊泡[43][图 10-2(b)]。

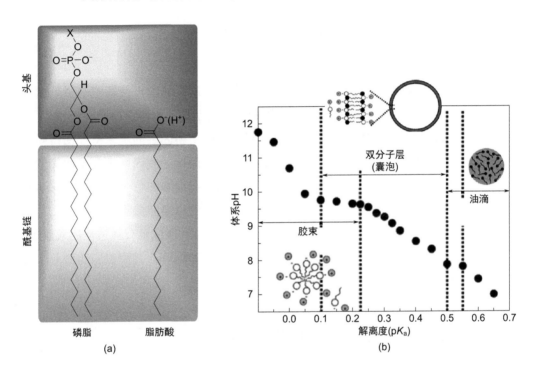

图 10-2 脂肪酸分子

（a）脂肪酸与磷脂分子的结构比较[27]；（b）油酸/油酸钠溶液的滴定曲线[43]

脂肪酸分子形成的囊泡与磷脂分子形成的囊泡存在很大差别。脂肪酸只含单根烷基链，囊泡处于平衡态时的自由分子浓度较高。例如，二棕榈酰磷脂酰胆碱形成磷脂囊泡后，环境中游离的磷脂分子浓度约为 10^{-7} mmol/L；而在油酸形成的囊泡体系中，游离的油酸分子浓度在 0.4～0.7 mmol/L，高出几个数量级。高浓度的自由分子使得膜内的脂肪酸分子具有更强的流动性，包括不同膜层之间分子的交换以及同一膜层内部分子的横向流动等[44]。核苷酸、戊糖等极性小分子能够随着膜内分子的流动而进入囊泡内部[45]。另外，磷脂囊泡的制备过程较为复杂，涉及铺膜、水化等多个步骤；而脂肪酸囊泡的形成则完全是自发的，不需要任何外界的刺激或诱导[46,47]。脂肪酸膜的通透性、流动性等性质还可以在制备的过程中通过外加脂肪醇或金属离子来进行调控[48]。

10.2.1.2 脂肪酸囊泡类原始细胞

Luisi教授最早提出脂肪酸囊泡比磷脂囊泡在研究原始细胞方面更具优势，有可能在原始地球上率先出现[4,48]。地质勘测结果以及原始合成化学的模拟实验也支持这一观点：Deamer等在默奇森陨石中发现并提取到了含2～12个碳原子的脂肪酸分子[49]，能够自发形成囊泡结构；含6～18个碳原子的普通脂肪酸可以由CO和H_2在镍-铁的催化下合成得到[50]。

脂肪酸在自发组装形成囊泡的过程中能够包载化学活性物质从而实现多种生化反应。Szostak课题组研究发现，在制备油酸-油酸钠囊泡时，可以将多核苷酸磷酸化酶提前加入体系中进行包封。酶的尺寸较大，不会穿过脂肪酸膜而泄漏到周围环境中。当向体系中加入可以缓慢穿过油酸膜而进入囊泡中的ADP分子时，可以在囊泡内缩聚得到单序列的核糖核酸poly(A)[51]，该分子可以看作史前RNA分子的原型。RNA或DNA分子的聚合通常需要多价金属离子（如Mg^{2+}）作为辅因子，但这些金属离子与脂肪酸分子之间存在较强的相互作用，往往会引发囊泡的坍缩[52]。Szostak课题组还发现经柠檬酸螯合后的Mg^{2+}提高了脂肪酸膜对极性小分子的透过能力，降低了对单组分脂肪酸囊泡的破坏性，而且体系中的RNA分子不会发生降解[53]。因此，在由十四碳烯酸及其甘油单酯形成的原始细胞中实现了非酶催化的RNA模板聚合［图10-3(a)］。根据这一实验结果，他们猜测在原始地球条件下一些短小的酸性多肽或许可以起到柠檬酸的作用，形成的多肽-金属离子复合物有可能构成了原始生命中RNA聚合酶的中心成分。

脂肪酸组装成囊泡的主要驱动力是碳链之间的疏水作用。随周围环境变化，囊泡的尺寸、结构等也会调整，因此囊泡结构在热力学上是相对稳定的。E. Blochliger等发现，当向脂肪酸囊泡中加入脂肪酸酐或脂肪酸单体时，体系中会出现尺寸分布较窄的子囊泡[54]。浊度、化学分析和电子显微镜的实验结果表明，子囊泡的形成符合自催化模式和基底效应。所谓的自催化模式是指体系中预先存在的囊泡可以催化、加速自身结构的形成；而基底效应则是指预先存在的囊泡对新形成的子囊泡在动力学和尺寸分布上的调控[55]。这两种物理过程都有助于理解原始细胞在分裂过程中对其子代在尺寸上的调控机制。Szostak 课题组利用碱性的脂肪酸胶束来喂养囊泡，发现球形多层的脂肪酸囊泡可以生长并转化为长的线状囊泡，这是由于表面积和体积增长之间的瞬态不平衡造成的；环境中的剪切应力还会促使线状囊泡分裂成为多个子囊泡，且分裂过程中内容物并不会发生明显泄漏[56]［图 10-3(b)］。该课题组还报道黏土蒙脱石有助于脂肪酸囊泡的形成、生长和分裂[57]。当脂肪酸胶束在蒙脱石表面逐渐转化成为脂肪酸膜时，可以吸收额外的脂肪酸分子发生扩张，形成囊泡并完全包封附近的矿物质颗粒，在囊泡的内部实现矿物质表面催化的 RNA 聚合反应。

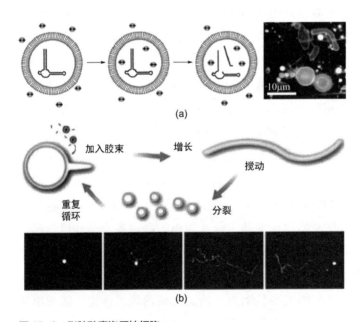

图 10-3 脂肪酸囊泡原始细胞

（a）Mg^{2+}响应型的脂肪酸囊泡原始细胞[53]；（b）脂肪酸囊泡的生长和分裂过程[56]

脂肪酸分子还可以和其他一些两亲性分子组装形成杂交囊泡。常见的脂肪酸分子头基（—COOH）的 pK_a 偏高，需要在偏碱性条件下形成囊泡，但碱性环境会造成许多蛋白酶失活。当向脂肪酸体系中混入线性醇等亲水性添加剂或带有硫酸盐、磺酸盐头基的表面活性剂时，就可以将形成囊泡的 pH 值降低到酸性[58]。例如，癸酸和癸酸钠的混合物在 pH 值为 6.4～7.8 时才能形成囊泡，十二烷基苯磺酸钠（sodium dodecyl benzene sulfonate, SDBS）的加入可以将这一值降低到 4.3 附近，使得辣根过氧化物酶能够在癸酸/SDBS 混合囊泡中催化实现苯胺的聚合反应[59]。由脂肪酸和磷脂构建的混合囊泡与单独的脂肪酸囊泡相比，不但对二价阳离子（Mg^{2+}）具有较高的稳定性，而且还保留了对带电小分子（如核苷酸）的透过能力[60]。该混合囊泡的形成也说明脂肪酸膜到磷脂膜的早期转变或许可以通过中间态来完成，而不需要膜转运蛋白的协助。

10.2.2 凝聚物体系

真实细胞中除了由脂类分子形成的膜结构外，内部还有高度拥挤的类凝胶环境[61]。大肠杆菌内部约有 5×10^6 个碱基对的 DNA、2×10^6 个蛋白质以及 2×10^4 个核糖体，总浓度可达 300～400mg/mL，占据了细胞质中 15%～20% 的有效体积。这些生物分子，不论是核苷酸、氨基酸等小分子，还是蛋白质、核酸等大分子，基本都是带电或可带电的，因此细胞质基质也可以被看作是充斥着电荷的"库仑汤"[62]。有报道称细胞的许多生命活动主要依赖于胞内环境，而与膜的关系较小，这体现在细胞在没有膜的情况下依然可以存活较长的时间[63]。G. H. Pollack 教授等指出[64,65]，类似细胞质环境的凝胶体系更有利于分子的富集和组装，并且其较为稳定的内环境更有助于早期生命的产生。由此，研究者们构建了多种基于（类）凝胶体系的无膜原始细胞，其中最具代表性的是凝聚物体系。

10.2.2.1 凝聚物的特征

带相反电荷的聚电解质或表面活性剂在水溶液中会通过静电作用发生复合，当条件合适时，能够通过液-液相分离生成凝聚物相和与之处于热力学平衡的清液相[66]（图10-4）。凝聚物内部一般不仅含高浓度的带电大分子，还含有 80%～90% 的水以及高浓度的盐，其性质既区别于油，又不同于水。例如，由聚赖氨酸(polylysine，PLL)与 ATP 形成的凝聚物微滴的相对介电常数(ε)约为 60，介于油($\varepsilon < 10$)和水($\varepsilon=80$，20℃)之间，其内部不仅能溶解脂溶性的疏水分子，还可以溶解极性和带电分子[67]。由于其独特的性质，凝聚物体系已经在食物储存、细胞封装、药物输送等领域中得到了非常广泛的研究和应用[68-70]。

凝聚物的形成及性质受多种因素的影响，既包括聚电解质自身的性质，如链的长度、带电密度、手性等，也包括复合发生时的外界条件，如聚电解质的混合比例、体系的 pH 值、盐浓度和温度等。只有当聚电解质之间的作用强度适中时，形成的复合物才会发生液-液相分离生成凝聚物；作用力太强时则会发生液-固相分离生成固态沉淀。S. L. Perry 等利用聚赖氨酸和聚谷氨酸研究了多肽链的手性对复合物的影响[71]，发现至少有一种多肽为外消旋体时才能生成凝聚物，否则就会出现固态沉淀，分子动力学模拟试验表明多肽链之间的氢键起主导作用。J. R. Vieregg 等系统研究了寡核苷酸和阳离子多肽之间的复合行为[72]，发现单链寡核苷酸与阳离子多肽形成了液态的凝聚物，而双链寡核苷酸由于电荷密度高、链的可持续长度大而倾向于与阳离子多肽脱水形成固态沉淀；如果寡核苷酸链中存在发卡环等二级结构，则最终复合物的状态取决于二级结构所占的比例。聚电解质之间的相互作用不仅决定了复合物的相分离行为，还会影响最终生成的凝聚物性质。例如，当体系的电荷比接近 1 时，由阿拉伯树胶和明胶形成的凝聚物微滴具有最大的界面张力；当该比值偏离 1 时，过多的残余电荷会导致界面张力降低，使得凝聚物微滴极不容易发生融合[73]。D. Priftis 等研究发现当聚赖氨酸的聚合度从 30 增大到 400 时，其与聚谷氨酸形成的凝聚物界面张力从 $0.70 mJ/m^2$ 升高到

4.37mJ/m²；当体系中盐的浓度从 100mmol/L 升高到 600mmol/L 时，凝聚物的界面张力会从 0.98mJ/m² 降低到 0.35mJ/m² [74]。如果向体系中引入亲水的多糖或疏水的溴百里香酚蓝等外源分子，凝聚物的性质也会发生变化。例如，疏水的亚甲蓝能够降低聚(二烯丙基二甲基氯化铵)(poly dimethyldiallyl ammonium chloride)和聚(4-苯乙烯磺酸钠)形成凝聚物内部离子键的密度，使其结构变得松散 [75]。

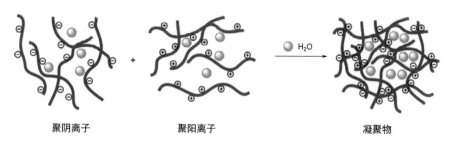

聚阴离子　　　　　聚阳离子　　　　　　　凝聚物

图 10-4　聚电解质凝聚物的形成过程 [74]

凝聚物还具有许多优异的生物功能，如有选择性地隔离并保护生物活性物质、促进多肽的折叠、提高化学反应速率等。C. D. Keating 课题组发现，由 RNA 与多肽形成的凝聚物微滴能够优先富集多肽及 RNA，分配系数高达 1000 [76]。由聚(烯丙基胺)与 ATP 形成的凝聚物微滴对 Mg^{2+} 和 RNA 也具有很强的富集能力 [77]；长链的 RNA 分子在凝聚物内外的分配系数达到 10000，这可能是由于长链的 RNA 分子与凝聚物内部未发生复合的聚阳离子之间存在非常强的相互作用所导致的。凝聚物内部一般为分子高度拥挤的类凝胶环境，可以通过拥挤和限制效应来保护多肽/蛋白质的高级结构，使其保留较高的生物活性。K. A. Black 等首先混合牛血清白蛋白和聚赖氨酸来形成中间复合物，然后向其中加入聚谷氨酸来获得含有牛血清白蛋白的凝聚物微滴；CD 信号显示牛血清白蛋白在凝聚物中主要为 α-螺旋结构，与天然结构非常类似 [78]。N. Martin 等研究了变性前后的碳酸酐酶在 PDDA/ATP 微滴中的分配情况 [79]。带负电的碳酸酐酶在折叠状态下倾向于富集在带正电荷的凝聚物微滴中；当缓慢向体系中加入变性剂尿素时，解折叠的多肽链由于带电密度降低、尺寸增大而逐渐释放到周围水相中；降低体系中变性剂的浓度，碳酸酐酶发生再折叠并重新进入微滴中。这些实验结果表明，聚电解质凝聚物不仅可以有效富集蛋白质，还能够利用其内部拥挤的基质环境来促进蛋白质的再折叠并保持其生物活性。

近年来的生物学研究发现[80,81]，由 RNA 和蛋白质通过多价相互作用形成的无膜细胞器，包括细胞质中的应激颗粒[82]、加工小体[83]，以及核基质中的卡哈尔体(cajal body)[84]、核仁[85]等，都具有凝聚物的基本属性。这类液态细胞器多出现在细胞内分子募集和亚细胞反应的过程中，并受到自身组分性质及环境因子的双重调控[86,87]。

由于二者的相似性，刺激响应型的凝聚物微滴可以用来模拟活细胞中无膜细胞器的行为。C. D. Keating 等设计了对蛋白激酶和蛋白磷酸酶双重响应的 poly(U)/(RRASL)$_3$ 凝聚物微滴[88]；通过调控体系中 ATP 和 Mn^{2+} 浓度，可以循环激活两种蛋白酶，从而改变多肽的带电情况，使微滴出现周期性的形成和解散行为［图 10-5(a) 和(b)］。Deng 等利用三维微流体技术制备了内部包含有 poly(U)/精氨凝聚物微滴的脂质体。poly(U)/精氨凝聚物微滴具有最低共溶温度，升高温度时，微滴会解散；而降低温度时，微滴又会重新出现［图 10-5(c) 和(d)］。这种温度响应型的"无膜细胞器"能够实现对生物活性分子和化学反应的时空调控[89]。当两种或三种凝聚物的分子密度相差较大，且界面张力满足一定的关系时，其混合物能够共存[90]，并形成与细胞内部应激颗粒、核仁等相类似的多层级结构。基于该原理，Jing Hairong 等利用阳离子多肽修饰了正电荷的葡聚糖和单链寡聚核苷酸(single stranded oligonucleotide, ss-oligo)，构建得到了内相为多肽/ss-oligo 凝聚物、外相为葡聚糖/ss-oligo 凝聚物的双液相嵌套微滴[91]。由于物理性质不同，内外相对环境中的物质具有不同的分配属性：蛋白酶和核酸倾向于富集在内相，而亲水的葡聚糖会主要在外相富集。氯化钠和葡聚糖酶可以分别通过静电屏蔽作用和对葡聚糖降解的方式来削弱外相中葡聚糖与 ss-oligo 之间的作用强度，驱使内相微区发生无规运动并融合长大。

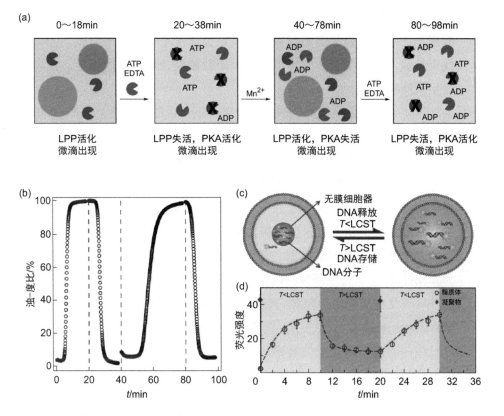

图 10-5 刺激响应型的凝聚物微滴

（a）、（b）酶响应型的poly(U)/(RRASL)₃凝聚物微滴[88]；（c）、（d）温度响应型的poly(U)/精氨凝聚物微滴（LCST：最低临界溶解温度）[89]

10.2.2.2 凝聚物类原始细胞

原始地球上的环境较为苛刻，通过简单反应所能得到的有机物种类和浓度有限，即使在"原始汤"中也无法保证能够获得早期生命物质的有效累积。凝聚物的特性之一是选择性隔离和浓缩特定分子，并保持其生物活性，这对分子组装体的形成和后续化学反应速率的提升都至关重要。A. I. Oparin 教授在 1920 年左右就提出由带电分子凝结形成的微滴很可能是原始汤中最小的代谢基元。H. G. Bungenberg de Jong 在 1930 年提出了"凝聚物"这一概念[92]，并详细研究了一系列由多糖和蛋白质形成凝聚物的物理性质和动态行为，发现这类体系不仅具有高黏度、强黏附性等特征，还容易受周围环境因素，如盐浓度、电场等的诱导，在内部产生大液泡[93,94]。

为了证实凝聚物微滴在原始地球条件下产生的可能性，S. Koga 等利用 ATP、GTP、dATP、ADP 等单核苷酸分子和低分子量的阳离子多肽，构建得到了一系列具有不同组分的凝聚物微滴[95]。其中，由 ATP 和聚赖氨酸形成的凝聚物微滴不但表现出很高的稳定性，能够在很大范围内耐受环境中温度、pH 值及盐浓度的变化，而且还能够富集环境中的有机染料、卟啉、无机纳米粒子以及蛋白酶等分子。当在微滴内部包载己糖激酶和 6- 磷酸葡萄糖脱氢酶时，还可以将体系中的 β-NADP 分子催化转化为 β-NADPH，从而在凝聚物内初步实现了酶催化反应。T-Y. D. Tang 和 B. Drobot 等又在羧基化葡聚糖 - 聚赖氨酸的凝聚物内部包载了体外蛋白质表达体系和核糖酶等活性物质，成功实现了蛋白质的合成[96]、RNA 催化[97]等对生命起源及演化至关重要的生化反应，进一步证实凝聚物体系可以作为非常好的反应基质来实现史前分子的生成和演化。

要构建出具有"生命"的原始细胞，单能实现一些代谢反应还远远不够，还应该具备诸如增长、分裂等其他类生命的特征。D. Zwicker 等通过理论计算证明，当化学反应产生的能量足以驱动体系远离平衡态时，微滴的界面会由于反应及扩散的不均衡而变得极不稳定，进而导致微滴的腰围变窄而逐渐分裂为两个尺寸相当的子微滴[98]。基于类似的非平衡态理念，Yin Yudan 等向由 ss-oligo 与 PLL 形成的凝聚物微滴中引入直流电场——一种广泛存在于原始地球表面[99]并可能参与生命起源的能量形式[100]，研究了该体系受激发时所产生的动态行为（图 10-6）。在 10～20V/cm 的低强度电场下，凝聚物受电动流体力学作用而发生两区环流，外源带电的大分子会随着环流一起运动，逐渐进入微滴内部富集，而外源中性大分子则几乎不受微滴内部环流的影响，仅在电渗流作用下在微滴的一端聚集[101]；当电场强度升高到 30～40V/cm 时，复合物微滴在发生动态环流的同时，出现了周期性液泡化现象；继续升高电场强度到 50～100V/cm，液泡化会变得十分剧烈，微滴的形貌也变得不规则，通道中的微滴还会出现定向迁移、融合、吞吐物质等与生命活动非常类似的动态行为[102]。另外，脉冲式电场还会显著提升富集在凝聚物微滴中葡萄糖氧化酶和辣根过氧化物酶的酶促反应速率。

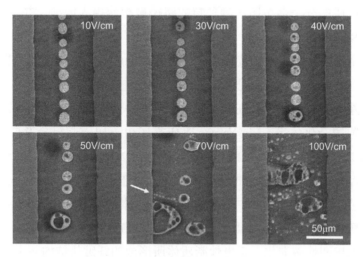

图 10-6　PLL/ss-oligo 凝聚物微滴在不同强度直流电场中的动态行为[102]

10.2.3　杂化原始细胞

　　不难看出，脂肪酸囊泡和凝聚物微滴在原始细胞研究方面各具优缺点：一方面，两种体系都具有一定程度的生物相关性，并且都可能在原始地球条件下存在，实现对 RNA 等遗传分子的包封及合成；但另一方面，它们都只考虑了活细胞单方面的结构特征，即质膜或胞质环境。因此，如果能将二者结合起来，则有助于进一步对原始细胞进行结构化和功能化。

　　T-Y. D. Tang 等将油酸涂在 PDDA/ATP 凝聚物微滴的界面上，制备得到了兼具脂肪酸膜和凝聚物特性的杂化原始细胞[103]。油酸在微滴界面上吸附形成了多层膜结构，提高了凝聚物的稳定性，并改变了微滴对外源分子摄取的选择性；调节外界环境中的盐浓度，该杂化体系还表现出了解散与融合行为，可分别对应真实细胞的分裂和生长过程。Jing Hairong

等构建了油酸涂层 PLL/ss-oligo 凝聚物微滴的杂化体系，并研究了在电场激发下，膜调控凝聚物微滴的物质运输行为[104]。低强度的电场能够驱使杂化原始细胞发生膜滑移，使得原来被隔离在膜上的寡聚核苷酸等分子以环流的方式进入微滴内部；当升高电场强度诱导凝聚物发生液泡化时，不同性质的分子会按照各种独特的路径被微滴摄入内部，并产生与分子性质相关的区域化分布：疏水的罗丹明 6G 随着油酸膜以团聚体的方式进入微滴中，亲水的钙黄绿素分子则随液泡化发生周期性的吞噬和释放，而核苷酸分子则会均匀地分布在凝聚物中。

除脂肪酸分子外，在凝聚物体系中引入磷脂能构建化学组成更接近活细胞的杂化体系。Lin Ya'nan 等研究了由不同磷脂组分形成的脂质体在 PLL/ss-oligo 凝聚物微滴界面的吸附情况以及电场对最终整个杂化体系的调控行为[105]。当微滴携带负电荷时，带正电荷的脂质体进入微滴内部并组装形成纤维状结构，带负电荷的脂质体主要吸附在微滴界面上，中性脂质体则受渗透压驱动在微滴内部呈均匀分布。在电场作用下，凝聚物发生周期性液泡化，正电性脂质体所形成的纤维状结构基本保持完好，负电性脂质体则进入微滴内部形成新的相区，而包裹有中性脂质体的微滴则向环境中释放具有类似组成的子微滴。该研究有助于理解细胞内脂质结构可能的起源方式。

10.2.4 类蛋白微球体系

类蛋白(proteinoids)是一类包含有氨基酸支链且具有类似蛋白质结构的物质，最早是由美国生物化学家 S. W. Fox 在实验室中模拟原始地球环境时合成得到的[106]。这类分子能够在特定条件下组装形成球状微粒，表现出许多类似球形细菌的行为，包括：

① 微球的表面具有双边界结构，该结构是由某些类蛋白分子排列组成的，并具有一些与细胞膜类似的功能。

② 受渗透压的影响，微球能够发生溶胀或收缩。

③ 微球内部能够产生类似胞质环流的运动。

④ 微球内部包含的某些类蛋白具有酶活性，可以通过消耗 ATP 来聚合得到多肽及核酸。

⑤ 能够运动并逐渐长大。

⑥ 能够以出芽或碎裂的方式实现繁殖。

类蛋白微球虽然在结构及功能上更加接近真实细胞，但由于类蛋白在制备过程中存在很大的不确定性，限制了其在原始细胞领域持续和深入的研究。

10.2.5 其他类型的原始细胞

10.2.5.1 双水相微滴

双水相体系一般是由两种具有不同性质的高分子(如聚乙二醇/葡聚糖、聚乙二醇/DNA 等)共溶于水中所形成的 [图 10-7(a)]。当体系的温度低于其临界共溶温度时，分子之间增强的斥力会使母液分为各富集一种高分子的两相体系[107]，在外力搅拌下，其中一相会以小液滴的形式分散于另一相中。H. Walter 早在 1995 年就曾提出活细胞的细胞质中可能存在由高分子形成的共存水相，使得膜、细胞器、细胞质能够被有效润湿，从而高效发挥其各自的功能[108]。这类组分简单的体系也可以用来模拟细胞质环境，研究拥挤效应对生化反应、细胞行为等的影响。

类似于凝聚物微滴，双水相所提供的大分子拥挤环境能够选择性地富集外源物质并提高酶促反应速率。C. A. Strulson 等证实核糖酶切割反应在聚乙二醇/葡聚糖双水相中的速率要远高于在水相中的速率，且该速率会随着体系中聚乙二醇与葡聚糖体积比的提升而下降，这可能是由于核糖酶更倾向于富集在聚乙二醇相，使得局部酶浓度及底物浓度更高造成的[109]。溶质分子在双水相微滴中的分配方式受溶质的大小、亲疏水性及添加物等因素的影响，会出现仅分布于界面或某一相中的情况[110]。F. P. Cakmak 等研究了高岭石、蒙脱石和伊利石等黏土颗粒在聚乙二醇/

葡聚糖双水相液滴的分布情况，发现所有黏土颗粒都能够分布于双水相的界面处，并稳定微滴使其不易发生融合；而处于界面处的伊利石对邻苯二胺的氧化催化效果最佳[111]。

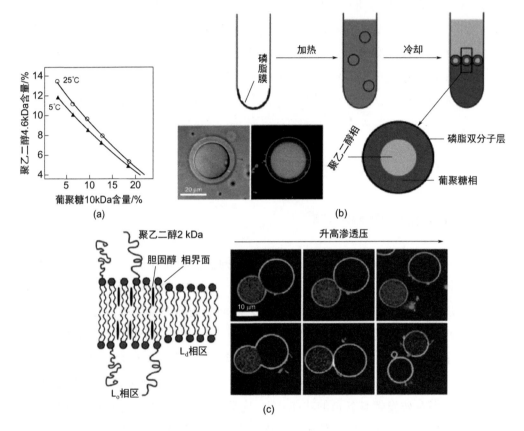

图 10-7　双水相体系
（a）典型的聚乙二醇/葡聚糖体系相图；（b）被磷脂双层膜包裹的双水相微滴的制备方式及其形貌[112]；（c）磷脂膜上相区的分布及其诱导的双水相微滴不对称分裂

通常情况下，分散的双水相微滴会逐渐融合成为宏观的两相。因此，为了获得结构稳定、尺寸接近细胞的微区结构，需要利用脂膜对分散的双水相微滴进行保护。M. R. Helfrich 等在较高温度下利用水合法制备了包载有聚乙二醇/葡聚糖混合液的磷脂巨囊泡，再通过降低温度来诱导内部的混合液发生分相，获得了被磷脂双分子层包裹的双水相微滴[112]

[图10-7(b)]。利用对温度的响应行为，该体系能够实现蛋白质在磷脂囊泡中的区域化：体系在高温时只存在一相，蛋白质会均匀地分散在囊泡内部；低温分相时，蛋白质会选择性地富集进入其中的一相。即使是处于不同状态的同一种蛋白质，在双水相微滴中的分布方式也有所不同[113]。

水分子可以自由穿过磷脂囊泡，因此可以通过改变体系的渗透压来调控囊泡的体积大小。含双水相的巨囊泡随周围环境中渗透压的提高会脱水而发生收缩，使得内部大分子的浓度发生变化，并影响其界面张力，此时富集葡聚糖的相会以出芽的方式与磷脂膜发生相互作用[114][图10-7(c)]。如果磷脂膜中也有共存相区，则头基与双水相之间的相互作用将决定二者之间的浸润情况。例如，当聚乙二醇化的磷脂分子主要存在于液态有序膜区时，会优先浸润富含聚乙二醇的相，而将葡聚糖相驱赶到其他膜区中[115]；若此时进一步提高环境中的渗透压，则原来形成的葡聚糖芽孢会完全脱离母体，使得整个囊泡体系发生不对称分裂[116]。

10.2.5.2 磷脂囊泡

磷脂形成的囊泡在组成上更接近真实的细胞膜结构，因此基于这类体系的原始细胞也获得了较多的研究。在磷脂囊泡内部已经实现了长链RNA分子poly(A)的合成[117]和聚合酶链式反应(polymerase chain reaction，PCR)[118]。V. Noireaux等通过在脂质体中包裹表达绿色荧光蛋白(green fluorescent protein，GFP)所必需的质粒DNA、RNA聚合酶、核糖体，以及其他合成所需的小分子等组分，首次实现了GFP基因的表达[22]。日本学者Ishikawa等在脂质体内构建了基于T7 RNA聚合酶基因及GFP基因的两步基因串联反应[119]。R. K. Kumar等则利用原位的酶致脱磷酸反应，直接在POPC囊泡的内部制备了凝胶网络支架结构，来模拟原始细胞可能具有的细胞骨架[120]。这些生物合成实验表明磷脂囊泡可以作为一种非常优异的微型反应器，实现各种不同复杂程度的酶促反应，这对实验室中人工合成生物分子和探究早期遗传分子的诞生都具有十分重要的意义[121]。

基于磷脂囊泡的原始细胞具有较高的热稳定性，因此很容易在其内部实现遗传物质的复制，但要同时实现分裂则较为困难。日本学者 Kurihara 等制备了包载有 DNA 分子的阳离子巨囊泡，利用环境因素的诱导实现了 DNA 复制和囊泡分裂两种过程的循环[122]［图 10-8(a)］。在实验中，先利用 pH 梯度来引发巨囊泡和包载有营养物质的小囊泡融合，之后通过升高温度来实现 PCR 扩增，复制得到的 DNA 分子会在静电作用下吸附在阳离子膜上，引起宿主囊泡的变形；继而向体系中加入膜的前体分子，被镶嵌在膜上的催化剂转变为膜分子后插入膜中，引发巨囊泡的分裂。Zong Wei 等基于水合法制备了 DMPC 囊泡，之后利用渗透压驱使其变形成为一种大囊泡包载小囊泡的嵌套结构，并且可以在

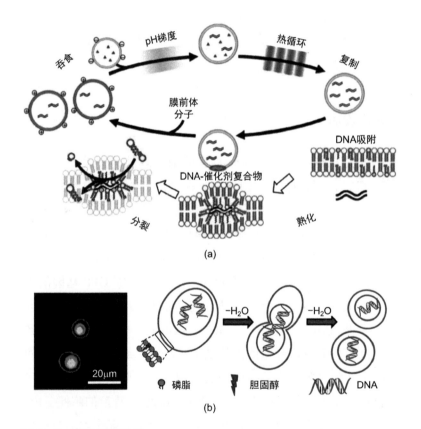

图 10-8　磷脂囊泡的分裂
（a）阳离子囊泡分裂过程示意图[122]；（b）DMPC囊泡结构及其分裂过程示意图[123]

独立的内囊泡中封装 DNA 等分子；利用 PCR 扩增实现 DNA 的复制后，可再次通过调控体系的渗透压来促使囊泡均匀分裂成为两个子囊泡，二者都保留了母囊泡的嵌套结构，并成功分得原囊泡中的内容物[123][图 10-8(b)]。

实验室中用于制备磷脂囊泡的方法已不再局限于铺膜水化法，微流体技术的快速发展使得批量制备组分可控、尺寸均匀、结构丰富的巨型囊泡成为可能。Deng 等报道了一种基于水包油包水(W/O/W)乳液的多步骤微流体技术，不仅在磷脂囊泡的内部包载了不同数目的内囊泡，还获得了具有层级关系的嵌套结构[124](图 10-9)。通过在不同囊泡的内部包载化学活性物质实现了一系列生化反应，如 RNA 的合成、红色荧光蛋白的表达等。利用 α- 溶血素分子在磷脂膜上形成纳米微孔的特性，可以在制备囊泡时加入 α- 溶血素分子来实现小分子在不同囊泡之间的流通。

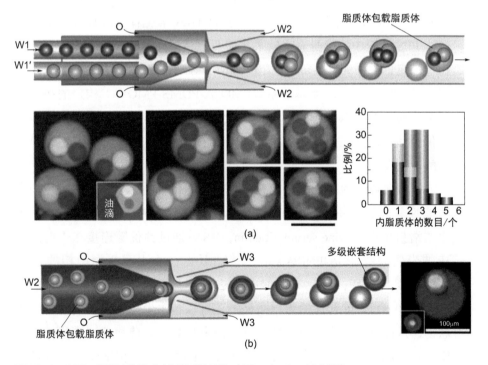

图 10-9　利用三维微流体技术来制备磷脂囊泡（W：水；O：油）[124]
（a）脂质体包载脂质体囊泡的制备；（b）多级嵌套结构囊泡的制备

10.2.5.3 高分子囊泡

除了脂类分子，合成高分子也能够组装形成膜结构并实现相关的类细胞功能，这类组装体被统称为高分子囊泡[125]。高分子囊泡的构筑基元通常是 AB 或 ABA 型的两亲性嵌段共聚物，成膜的主要驱动力是疏水链段的微相分离[126]。聚赖氨酸和聚亮氨酸形成的嵌段共聚物在较高 pH 值时可以自发形成高分子囊泡，这是由于聚亮氨酸链段能形成稳定的疏水螺旋结构，而聚赖氨酸质子化程度低、水溶性较差，可以保护内部聚亮氨酸的螺旋结构；降低 pH 值，聚赖氨酸质子化程度高，水溶性好，会使膜发生解散，从而可以实现高分子囊泡的可控组装及解散[127]。

高分子囊泡也可以作为微反应器来实现酶促反应。A. Napoli 等利用聚乙二醇-*b*-聚丙烯硫醚-*b*-聚乙二醇（PEG-PPS-PEG）三嵌段共聚物构建了高分子囊泡，并在其内部包载了葡萄糖氧化酶(glucose oxidase, GOx)[128]。向体系中加入葡萄糖后，其被 GOx 氧化释放出 H_2O_2，继而将疏水 PPS 链段中的硫醚氧化成亲水的亚砜和砜，导致高分子囊泡逐渐变得不稳定，并最终发生解散。M. Nallani 等在由聚(2-甲基噁唑啉)-*b*-聚二甲基硅氧烷-*b*-聚(2-甲基噁唑啉)（PMOxA-PDMS-PMOxA）构建的高分子囊泡上插入了跨膜通道蛋白 FhuA 的变种；该蛋白质能在高分子囊泡膜上保持活性，并能使外环境中的底物分子自由出入，从而引发膜内包裹的酶促反应[129]。

以蛋白质作为基元构建的囊泡具有生物相容性、生物可降解性和多功能性等优势。Huang Xin 等将聚(N-异丙基丙烯酰胺)(PNIPAAm)和牛血清白蛋白(bovine serum albumin, BSA)通过共价键连接在一起，形成纳米偶联物(BSA-PNIPAAm)；该偶联物在油水混合物两相的界面处能够组装成膜，经化学交联并除去油相后，可得到蛋白质囊泡[130][图 10-10(a)]。除普通的蛋白质外，还可以利用生物酶来合成蛋白质偶联物，从而制备得到具有生物活性的蛋白质囊泡。葡萄糖淀粉酶、葡萄糖氧化酶和辣根过氧化物酶都可以与 PNIPAAm 进行化学偶联，不同的偶联物在油水混合液中会发生共组装，形成混合蛋白质囊泡；由于囊泡膜上附载有生物酶，可用作反应载体来进行多级酶串联反应[131]。制备蛋白质囊泡的油水乳液法不仅具有很好的拓展性，还可以进行多次循环，因此向已制备好的蛋白质囊泡中继续加入偶联物，可以在原蛋白质囊泡的外围进一步组装成膜，形成多腔室结构；利用蛋白质偶联物对不同酶的响应行为，可实现分别针对内腔室膜和外腔室膜的降解，从而释放其内部包载的客体分子[132][图 10-10(b)]。

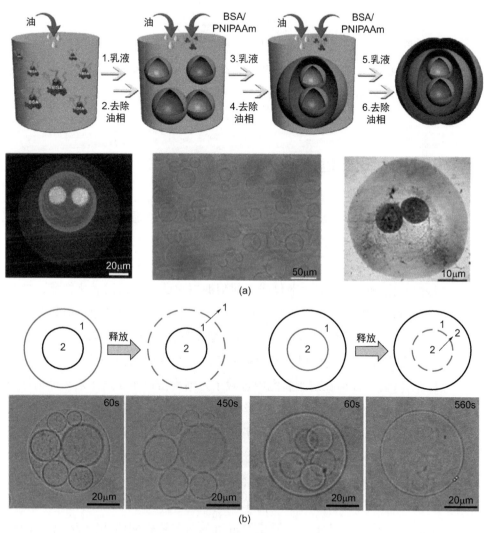

图 10-10　蛋白质囊泡原始细胞[132]

（a）具有层级结构蛋白质囊泡的制备过程及其结构；（b）通过酶对蛋白质囊泡的膜进行降解来实现不同腔室中物质的释放

10.3
原始细胞的群体行为

同类原始细胞的集合可以用来模拟细胞群体的行为；将不同种类的原始细胞在空间上通过化学或物理相互作用偶联起来，还能够获得关于早期组织结构的信息。

10.3.1　化学信息交流

化学信息交流是活细胞之间最基础的相互作用方式，主要依赖于细胞内部存在的信号发生器及接收器。可以在原始细胞中引入能够产生及接收特定信号的反应回路来模拟这类信息交流过程。A. F. Mason 等在两种杂化原始细胞中分别包载了葡萄糖氧化酶和辣根过氧化物酶，之后将这两种原始细胞充分混合，并向体系中加入底物分子葡萄糖和荧光红染料；通过信号分子 H_2O_2 在不同原始细胞之间的流通实现了简单的化学信息交流[133]。较为复杂的信息交流可以借助基因表达系统来实现。T. D. Tang 等提前在磷脂囊泡中包载了无细胞蛋白质表达体系和葡萄糖分子，环境中的 N-(β-酮己酰)高丝氨酸内酯穿膜进入囊泡来引发蛋白质表达体系，合成得到 α-溶血素分子；随浓度增加，该分子可以在磷脂膜上形成纳米微孔，使得囊泡中的葡萄糖分子泄漏到周围环境中；待其扩散进入附近的聚合物囊泡中时就会触发后续的酶串联反应[134]。与磷脂囊泡相比，蛋白质囊泡对较短的单链 DNA 分子具有更好的透过能力。A. Joesaar 等构建了基于蛋白质囊泡群落的布尔逻辑回路[135]：在不同的蛋白质囊泡中利用 DNA 的链置换反应来设计逻辑门，然后通过单链 DNA 分子在不同逻辑门之间的流通来实现运算。

除了可以在原始细胞之间进行化学信息交流外，还可以在原始细胞与活细胞之间搭建交流平台。Wang Xuejing 等利用声学驻波的方式诱捕磷脂囊泡和人肝癌细胞（HepG2）形成混合群落[136]；加入群落中的葡萄糖分子会穿过由蜂毒素分子形成的膜孔而进入磷脂囊泡中，引发内部的葡萄糖氧化酶反应，生成的 H_2O_2 分子通过扩散缓慢进入附近的 HepG2 中，浓度达到临界值时便会诱发细胞的死亡。此外，其还利用该方式诱捕得到了由 GUVs 和大肠杆菌形成的群落，并提前在磷脂囊泡的内部包载了异丙基 -β-D- 硫代半乳糖苷IPTG分子——一种作用于基因序列的启动子，并在大肠杆菌中植入了含绿色荧光蛋白基因的质粒；当向该群落中加入蜂毒素分子时，蜂毒素在囊泡膜上形成微孔，IPTG 分子便会从囊泡中进入大肠杆菌内部，从而触发其内部的蛋白质表达系统开始工作。

10.3.2 捕食行为

活细胞之间除了简单的化学信息交流外，还存在捕食及吞噬行为，这种行为与真核细胞的起源可能存在关联。内共生假说认为，早期的细胞在捕食了具有特殊功能的其他种类细胞后并没有将其消化掉，而是处于互惠互利的共生关系，逐渐演变成为了内部的细胞器，其中最具代表性的是叶绿体和线粒体等有膜细胞器[137]。S. Mann 课题组利用 PDDA/ATP 凝聚物微滴和蛋白质囊泡来设计并实现了捕食行为[138]（图 10-11）。首先在凝聚物微滴中富集了蛋白水解酶，然后利用该酶的底物分子——一种纳米偶联物来制备蛋白质囊泡，并在其内部包载了葡聚糖、单链 DNA 及无机纳米粒子等客体分子。当将两种原始细胞混合后，其会在静电作用下发生黏附，从而引发蛋白水解酶对蛋白质囊泡的降解；随着该反应的进行，葡聚糖、单链 DNA 分子等内容物都会被转移到凝聚物中，并实现如 DNA 链的杂化、纳米粒子的催化反应等。

如果凝聚物的黏度及界面张力较小，则具有较好的流动性，因此当碰到尺寸及电性匹配的蛋白质囊泡及磷脂囊泡时，便会发生浸润，形成凝聚物包裹囊泡的嵌套结构。N. Martin 等利用脂肪酸胶束与阳离子盐酸胍形成的凝聚物对蛋白质囊泡的浸润获得了主客体呈化学对抗的原始细胞[139]。通过在蛋白质囊泡中提前包载葡萄糖氧化酶，利用该酶在代谢葡萄糖时所产生的葡萄糖酸来降低体系的 pH 值，使得凝聚物中的脂肪酸胶束逐渐转变成为小囊泡而进入蛋白质囊泡中；当蛋白质囊泡中存在能够升高体系 pH 值的反应时，脂肪酸囊泡又会重新转变为胶束，进而与盐酸胍发生复合，在蛋白质囊泡的界面上重新生成凝聚物。

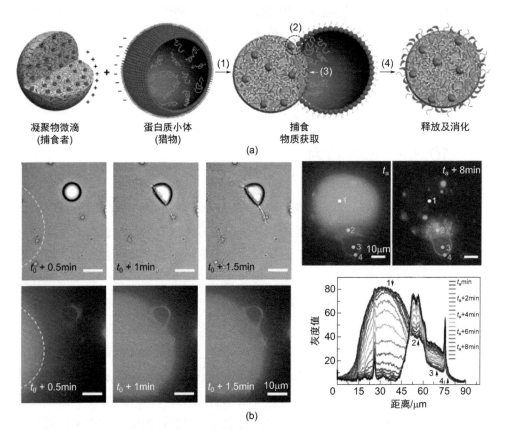

图 10-11　凝聚物微滴对蛋白质囊泡的捕食行为[138]

（a）凝聚物微滴和蛋白质囊泡的作用方式，（1）：静电附着，（2）：蛋白酶诱导的拆解，（3）：有效载荷的转运，（4）：原始细胞的释放；（b）凝聚物微滴对蛋白质囊泡的捕食及物质转移过程

L. Rodríguez-Arco 等则基于胶体粒子与磁性乳液微滴实现了原始细

胞间的吞噬行为[140]。首先将部分疏水的磁性粒子分散到水和十二烷的混合物中，通过磁性粒子在油水界面上的自发组装行为，制备得到了磁响应型的油包水乳液微滴。由于油酸分子与磁性粒子不相溶，因此当向微滴中引入油酸分子时，微滴界面的磁性粒子会避开油酸分子而使界面上出现微孔，此时体系中存在的硅胶体粒子便会穿过孔隙而进入微滴内部。利用乳液微滴对胶体粒子的吞噬行为，可以向微滴内部运输和提供水溶性较好的客体分子，并触发包载在其内部的酶促反应。

10.3.3 原生组织

在多细胞生物中，细胞之间会通过相互粘连的方式来形成组织或器官，从而作为一个集体去执行更高阶的生物功能。因此，如何设计和构建原始细胞群体使其能够模拟这些复杂的组织结构是当下合成生物学研究的新兴领域。这类原生组织的构建有助于了解多细胞生命的进化机制，并促进生物组织工程、软体机器人和微观工程等多个领域的发展。

组建原生组织的难点在于如何控制不同的原始细胞在空间和时间上的相互作用，因为这直接决定了最终原生组织的结构及其运作机制[141]。目前一种比较常用的方式是提前在原始细胞的表面修饰多个反应官能团，利用其之间的化学反应来使原始细胞发生聚集。P. Gobbo 等基于蛋白质囊泡表面的生物正交反应构建了热响应型的球状原生组织[142]（图 10-12）。首先合成了两类新型的蛋白质-聚合物纳米偶联物（BSA/PNIPAM-co-MAA），其末端分别修饰了叠氮基团和双环[6.1.0]壬炔基团；然后利用这些偶联物制备了两种蛋白质囊泡的混合群落，并通过水包油包水的乳液法对其进行再一次封装；当移除体系中残余的油相时，蛋白质囊泡表面的叠氮基团和双环[6.1.0]壬炔基团之间开始发生正交反应，而未修饰官能团的偶联物则会在球形乳液的外围组装成膜。在反应结束后，可以通过化学降解的方式来使外围的膜发生解散，从而获得结构稳定的球状原生组织［图 10-12(a)］。利用蛋白质-聚合物纳米偶联物对温度的响应性，研究者在该原生组织中实现了受温度调控的收缩-松弛行为，并通过 AFM 证实其松弛过程中可产生约(62.2±6.5)nN 的力[图 10-12(c)]。由于通过正交偶联后的蛋白质囊泡对分子的透过力并没有产生明显影响，于是作者将该原生组织的力学响应行为与蛋白质囊泡内部发生的酶串联反应进行耦合，通过控制温度实现了对酶促反应速率的调控，即当温度升高，原生组织发生收缩时，酶促反应速率会下降，而当温度降低，原生组织松弛膨胀时，酶促反应速率会提高。

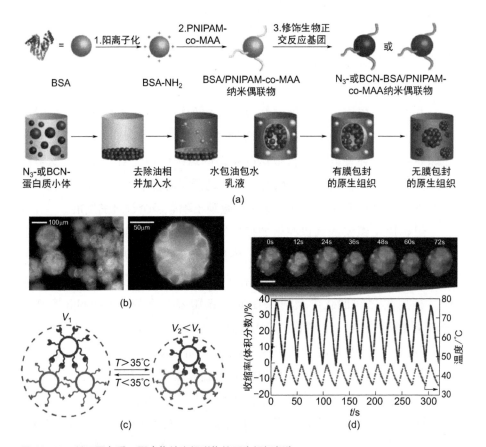

图 10-12　基于蛋白质-聚合物纳米偶联物的原生组织[142]
(a)、(b)基于蛋白质囊泡原生组织的构建过程及其形貌；(c)、(d)该原生组织的热响应行为

蛋白质囊泡的表面本身具有许多活化的官能团，对其进行化学修饰较为容易，但对于巨囊泡来说，要实现不同个体之间的黏附，就只能通

过向磷脂膜中添加一些外来的带有反应官能团的分子，例如能够嵌入膜中的胆固醇肽。N. Stuhr-Hansen 等报道了四种可引发巨囊泡聚集的化学修饰方法[143]（图 10-13）。其中的两条是涉及形成二硫键或酰肼键的共价键线路，而另外两条是基于形成金属络合物的非共价键线路。为了使相同种类的囊泡之间发生聚集，可以在胆固醇肽上提前修饰硫醇、生物素、联吡啶等基团，之后对硫醇可通过氧化反应，对其他官能团则可以加入相应的受体分子如链霉亲和素、二乙酸铑等来实现囊泡之间的络合。囊泡的表面也可同时含多个反应官能团，这有助于形成更大的聚集体。如果要构建由不同囊泡形成的原生组织，则可以利用与蛋白质囊泡相类似的方法，即在两种囊泡的表面各修饰一种反应官能团，之后再通过其之间的非共价作用或共价作用来诱导囊泡发生团聚。

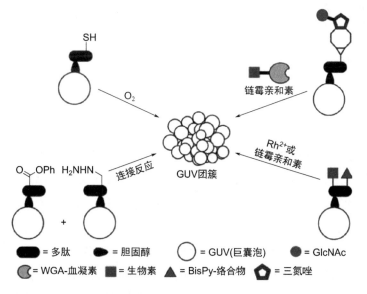

图 10-13　在巨囊泡表面进行化学修饰的方法[143]

除化学连接外，还可以采用物理场诱导原始细胞发生聚集。Wang Xuejing 等通过超声驻波产生的压力节点来使两类包载不同蛋白酶的磷脂囊泡发生聚集[136]；待囊泡在节点处形成团簇体后，向其中加入少许 Ca^{2+} 来使相互接触的磷脂膜发生半融合；继而向体系中引入蜂毒素，在磷脂膜上形成微孔，获得了内部可进行化学信号流通的原生组织。Li Qingchuan 等在顺磁溶液介质中，利用不锈钢片微孔内磁场不均匀的特征，使得巨囊泡在重力和负磁力作用下发生聚集，形成原生组织[144]；通过控制微孔的形状，可以获得三角形、方形和条纹形等不同形貌的组织结构。与单独的巨囊泡悬浮液相比，该原生组织中的巨囊泡不论在低渗还是高渗环境，都表现出了更好的稳定性；通过对该原生组织中各个巨囊泡进行空间编码，然后利用酶促反应来使特定的巨囊泡显色或降解，证实了该体系能够模拟生命组织中的生物化学行为。

10.4
结论

随着对原始细胞研究的深入，人们对早期地球条件下区域化、新陈代谢、生长和分裂等动态过程发生的机理获得了更加清晰的认识。但是目前构筑的原始细胞模型与活细胞之间仍然存在巨大的差距，面临的挑战也有很多，例如：

① 由于对生命本质缺乏足够的认识，不能确切定义生命，因而无法判断什么样的原始细胞才是真正具有生命的，从而限制了无生命物质到生命体的转化研究，难以解释生命起源的机理。反过来，正是因为不能实现无生命物质到生命体的转化，不知生命如何起源，所以对生命缺乏正确认识，也无法定义生命。这个困境目前仍无法破解。

② 生命是在与环境的相互作用中逐渐产生的。原始地球条件随地域和时间发生着剧烈变化，并具有周期性。如何把早期地球环境和原始细胞构筑有机地结合起来仍然是个难题。

③ 原始细胞的构筑主要是基于现有的有机分子。早期地球环境中的有机分子主要是哪些种类，是否有些前期分子在生命起源过程中发挥了关键作用而后期逐渐被现有的分子所取代仍然是没有明确答案的问题。

④ 现代细胞中的DNA、蛋白质等都是单一手性的。目前仍不明确单一手性是在原始细胞形成时就已经产生还是后期逐渐演化出来的。

⑤ 原始细胞如何进行演化并与真实细胞的达尔文进化相衔接仍然未知。

⑥ 目前构筑的原始细胞往往只能实现生命体的一种或两种特性。而用于探索生命起源的原始细胞应该能够实现生命体的所有基础特性，并受时空调控。

⑦ 生命是开放的非平衡态体系。目前仍然未知哪种或哪些能量形式在无生命物质到生命体的转化中发挥了关键作用。

综上，用于探索生命起源原始细胞的研究仍然处在初期萌芽阶段。原始细胞不应该只是微纳米反应器，而是集能量、信息及反馈、周期性循环、环境响应等特性于一体的非平衡态开放体系，需要综合生物、化学、物理、天文、地理等不同学科的知识进行整体的设计。

参考文献

[1] Cornish-Bowden A, Cardenas M L. Life before LUCA. Journal of Theoretical Biology, 2017, 434: 68-74.
[2] Lunine J I. Earth: Evolution of a habitable world. 2nd ed. Cambridge University Press, 2013.
[3] Darwin C. On the origin of species by means of natural selection, or the preservation of favoured races in the struggle for life. London: John Murray, 1859.
[4] Luisi P L. The emergence of life: From chemical origins to synthetic biology. 1st ed. Cambridge University Press, 2006.
[5] Oparin A I. The origin of life. 2nd ed. MacMillan, 1938.
[6] Tirard S J B S. Haldane and the origin of life. Journal of Genetics, 2017, 96: 735-739.
[7] Miller S L. A production of amino acids under possible primitive Earth conditions. Science, 1953, 117: 528-529.
[8] Ruiz-Mirazo K, Briones C, de la Escosura A. Prebiotic systems chemistry: New perspectives for the origins of life. Chemical Reviews, 2014, 114: 285-366.
[9] Kitadai N, Maruyama S. Origins of building blocks of life: A review. Geoscience Frontiers, 2018, 9: 1117-1153.
[10] Gilbert W. Origin of life - the RNA world. Nature, 1986, 319: 618.
[11] Ban N, Nissen P, Hansen J, et al. The complete atomic structure of the large ribosomal subunit at 2.4 angstrom resolution. Science, 2000, 289: 905-920.
[12] Nissen P, Hansen J, Ban N, et al. The structural basis of ribosome activity in peptide bond synthesis.

Science, 2000, 289: 920-930.

[13] Szostak J W, Bartel D P, Luisi P L. Synthesizing life. Nature, 2001, 409: 387-390.

[14] Jaeger L, Wright M C, Joyce G F. A complex ligase ribozyme evolved in vitro from a group I ribozyme domain. Proceedings of the National Academy of Sciences of the United States of America, 1999, 96: 14712-14717.

[15] Dworkin J P, Lazcano A, Miller S L. The roads to and from the RNA world. Journal of Theoretical Biology, 2003: 222: 127-134.

[16] Shapiro R. A simpler origin for life. Scientific American, 2007, 296: 46-53.

[17] Corliss J B, Dymond J, Gordon L I, et al. Submarine thermal springs on the Galapagos rift. Science, 1979, 203; 1073-1083.

[18] Martin W, Russell M J. On the origins of cells: A hypothesis for the evolutionary transitions from abiotic geochemistry to chemoautotrophic prokaryotes, and from prokaryotes to nucleated cells. Philosophical Transactions of the Royal Society B-Biological Sciences, 2003, 358: 59-83.

[19] Trevors J T. Early assembly of cellular life. Progress in Biophysics and Molecular biology, 2003, 81: 201-217.

[20] Monnard P A, Deamer D W. Membrane self-assembly processes: Steps toward the first cellular life. Anatomical Record, 2002, 268: 196-207.

[21] Luisi P L. Toward the engineering of minimal living cells. Anatomical Record, 2002, 268: 208-214.

[22] Noireaux, Libchaber A. A vesicle bioreactor as a step toward an artificial cell assembly. Proceedings of the National Academy of Sciences of the United States of America, 2004, 101: 17669-17674.

[23] Ma W, Feng Y. Protocells: At the interface of life and non-life. Life (Basel), 2015, 5: 447-458.

[24] Schwille P, Spatz J, Landfester K, et al. Maxsynbio: Avenues towards creating cells from the bottom up. Angewandte Chemie, International Edition in English, 2018, 57: 13382-13392.

[25] Deamer D W, Fleischaker G R. Origins of life: The central concepts. Jones and Bartlett Publishers, Boston (Massachusetts), 1994.

[26] Luisi P L, Walde P, Oberholzer T. Lipid vesicles as possible intermediates in the origin of life. Current Opinion in Colloid & Interface Science, 1999, 4: 33-39.

[27] Dzieciol A J, Mann S. Designs for life: Protocell models in the laboratory. Chemical Society Reviews, 2012, 41: 79-85.

[28] Fraser C M, Gocayne J D, White O, et al. The minimal gene complement of Mycoplasma-genitalium. Science, 1995, 270: 397-403.

[29] Hutchison C A, Peterson S N, Gill S R, et al. Global transposon mutagenesis and a minimal mycoplasma genome. Science, 1999, 286: 2165-2169.

[30] Gil R, Silva F J, Pereto J, et al. Determination of the core of a minimal bacterial gene set. Microbiology and Molecular Biology Reviews, 2004, 68: 518-537.

[31] Lazcano A, Guerrero R, Margulis L, et al. The evolutionary transition from RNA to DNA in early cells. Journal of Molecular Evolution, 1988, 27: 283-290.

[32] Gibson D G, Glass J I, Lartigue C, et al. Creation of a bacterial cell controlled by a chemically synthesized genome. Science, 2010, 329: 52-56.

[33] Shao Y Y, Lu N, Wu Z F, et al. Creating a functional single-chromosome yeast. Nature, 2018, 560: 331-335.

[34] Rasmussen S, Chen L H, Nilsson M, et al. Bridging nonliving and living matter. Artificial Life, 2003, 9: 269-316.

[35] Toparlak O D, Mansy S S. Progress in synthesizing protocells. Experimental Biology and Medicine, 2019, 244: 304-313.

[36] Vieregg J R, Tang T Y D. Polynucleotides in cellular mimics: Coacervates and lipid vesicles. Current Opinion in Colloid & Interface Science, 2016, 26: 50-57.

[37] Kee T P, Monnard P A. On the emergence of a proto metabolism and the assembly of early protocells. Elements, 2016, 12: 419-424.

[38] Koonin E V, Mulkidjanian A Y. Evolution of cell division: From shear mechanics to complex molecular machineries. Cell, 2013, 152: 942-944.
[39] Hanczyc M M, Monnard P A. Primordial membranes: More than simple container boundaries. Current Opinion in Chemical Biology, 2017, 40: 78-86.
[40] Pohorille A, Deamer D. Self-assembly and function of primitive cell membranes. Research in Microbiology, 2009, 160: 449-456.
[41] Mansy S S. Model protocells from single-chain lipids. International Journal of Molecular Sciences, 2009, 10: 835-843.
[42] Rustan A C, Drevon C A. Fatty acids: Structures and properties. Encyclopedia of life sciences, 2005: 1-7.
[43] Morigaki K, Walde P. Fatty acid vesicles. Current Opinion in Colloid & Interface Science, 2007, 12: 75-80.
[44] Fameau A L, Arnould A, Saint-Jalmes A. Responsive self-assemblies based on fatty acids. Current Opinion in Colloid & Interface Science, 2014, 19: 471-479.
[45] Gebicki J M, Hicks M. Preparation and properties of vesicles enclosed by fatty acid membranes. Chemistry and Physics of Lipids, 1976, 16: 142-160.
[46] Jin L, Engelhart A E, Adamala K P, et al. Preparation, purification, and use of fatty acid-containing liposomes. Journal of Visualized Experiments, 2018, 132: e57324.
[47] Douliez J P, Houssou B H, Fameau A L, et al. Self-assembly of bilayer vesicles made of saturated long chain fatty acids. Langmuir, 2016, 32: 401-410.
[48] Fameau A L, Zemb T. Self-assembly of fatty acids in the presence of amines and cationic components. Advances in Colloid and Interface Science, 2014, 207: 43-64.
[49] Deamer D W. Boundary structures are formed by organic-components of the murchison carbonaceous chondrite. Nature, 1985, 317: 792-794.
[50] McCollom T M, Ritter G, Simoneit B R T. Lipid synthesis under hydrothermal conditions by fischer-tropsch-type reactions. Origins of Life and Evolution of the Biospheres, 1999, 29: 153-166.
[51] Walde P, Goto A, Monnard P A, et al. Oparins reactions revisited-enzymatic-synthesis of poly(adenylic acid) in micelles and self-reproducing vesicles. Journal of the American Chemical Society, 1994, 116: 7541-7547.
[52] Mansy S S, Szostak J W. Thermostability of model protocell membranes. Proceedings of the National Academy of Sciences of the United States of America, 2008, 105: 13351-13355.
[53] Adamala K, Szostak J W. Nonenzymatic template-directed RNA synthesis inside model protocells. Science, 2013, 342: 1098-1100.
[54] Blochliger E, Blocher M, Walde P, et al. Matrix effect in the size distribution of fatty acid vesicles. Journal of Physical Chemistry B, 1998, 102: 10383-10390.
[55] Stano P, Luisi P L. Achievements and open questions in the self-reproduction of vesicles and synthetic minimal cells. Chemical Communications, 2010, 46: 3639-3653.
[56] Budin I, Debnath A, Szostak J W. Concentration-driven growth of model protocell membranes. Journal of the American Chemical Society, 2012, 134: 20812-20819.
[57] Hanczyc M M, Fujikawa S M, Szostak J W. Experimental models of primitive cellular compartments: Encapsulation, growth, and division. Science, 2003, 302: 618-622.
[58] Hargreaves W R, Deamer D W. Liposomes from ionic, single-chain amphiphiles. Biochemistry, 1978, 17: 3759-3768.
[59] Namani T, Walde P. From decanoate micelles to decanoic acid/dodecylbenzenesulfonate vesicles. Langmuir, 2005, 21: 6210-6219.
[60] Jin L, Kamat N P, Jena S, et al. Fatty acid/phospholipid blended membranes: A potential intermediate state in protocellular evolution. Small, 2018, 14(15): e1704077.
[61] Fulton A B. How crowded is the cytoplasm? Cell, 1982, 30: 345-347.
[62] Muthukumar M. 50th anniversary perspective: A perspective on polyelectrolyte solutions. Macromolecules, 2017, 50: 9528-9560.
[63] Maniotis A, Schliwa M. Microsurgical removal of centrosomes blocks cell reproduction and centriole

[63] ... generation in bsc-1 cells. Cell, 1991, 67: 495-504.
[64] Pollack G H. Is the cell a gel - and why does it matter? Japanese Journal of Physiology, 2001, 51: 649-660.
[65] Trevors J T, Pollack G H. Hypothesis: The origin of life in a hydrogel environment. Progress in Biophysics and Molecular biology, 2005, 89: 1-8.
[66] Zhang R, Shklovskii B T. Phase diagram of solution of oppositely charged polyelectrolytes. Physica a-Statistical Mechanics and Its Applications, 2005, 352: 216-238.
[67] Williams D S, Koga S, Hak C R C, et al. Polymer/nucleotide droplets as bio-inspired functional microcompartments. Soft Matter, 2012, 8: 6004-6014.
[68] Blocher W C, Perry S L. Complex coacervate-based materials for biomedicine. Wiley Interdisciplinary Reviews. Nanomedicine and Nanobiotechnology, 2017, 9: 1-28.
[69] Moschakis T, Biliaderis C G. Biopolymer-based coacervates: Structures, functionality and applications in food products. Current Opinion in Colloid & Interface Science, 2017, 28: 96-109.
[70] Lim Z W, Ping Y, Miserez A. Glucose-responsive peptide coacervates with high encapsulation efficiency for controlled release of insulin. Bioconjugate Chemistry, 2018, 29: 2176-2180.
[71] Perry S L, Leon L, Hoffmann K Q, et al. Chirality-selected phase behaviour in ionic polypeptide complexes. Nature Communications, 2015, 6: 6052.
[72] Vieregg J R, Lueckheide M, Marciel A B, et al. Oligonucleotide-peptide complexes: Phase control by hybridization. Journal of the American Chemical Society, 2018, 140: 1632-1638.
[73] Bungenberg de Jong H G, Ruiter L D. The interfacial tension of gum arabic-gelatine complex coacervates and their equilibrium liquids. Proceedings of the Koninklijke Nederlandse Akademie Van Wetenschappen, 1947, 50: 836-848.
[74] Priftis D, Farina R, Tirrell M. Interfacial energy of polypeptide complex coacervates measured via capillary adhesion. Langmuir, 2012, 28: 8721-8729.
[75] Huang S, Zhao M, Dawadi M B, et al. Effect of small molecules on the phase behavior and coacervation of aqueous solutions of poly(diallyldimethylammonium chloride) and poly(sodium 4-styrene sulfonate). Journal of Colloid and Interface Science, 2018, 518: 216-224.
[76] Aumiller W M Jr, Pir Cakmak F, Davis B W, et al. RNA-based coacervates as a model for membraneless organelles: Formation, properties, and interfacial liposome assembly. Langmuir, 2016, 32: 10042-10053.
[77] Frankel E A, Bevilacqua P C, Keating C D. Polyamine/nucleotide coacervates provide strong compartmentalization of Mg^{2+}, nucleotides, and RNA. Langmuir, 2016, 32: 2041-2049.
[78] Black K A, Priftis D, Perry S L, et al. Protein encapsulation via polypeptide complex coacervation. Acs Macro Letters, 2014, 3: 1088-1091.
[79] Martin N, Li M, Mann S. Selective uptake and refolding of globular proteins in coacervate microdroplets. Langmuir, 2016, 32: 5881-5889.
[80] Alberti S. Phase separation in biology. Current Biology Magzaine, 2017, 27: 1097-1102.
[81] Boeynaems S, Alberti S, Fawzi N L, et al. Protein phase separation: A new phase in cell biology. Trends Cell Biology, 2018, 28: 420-435.
[82] Jain S, Wheeler J R, Walters R W, et al. ATPase-modulated stress granules contain a diverse proteome and substructure. Cell, 2016, 164: 487-498.
[83] Brangwynne C P, Eckmann C R, Courson D S, et al. Germline P granules are liquid droplets that localize by controlled dissolution/condensation. Science, 2009, 324: 1729-1732.
[84] Kaiser T E, Intine R V, Dundr M. De novo formation of a subnuclear body. Science, 2008, 322: 1713-1717.
[85] Feric M, Vaidya N, Harmon T S, et al. Coexisting liquid phases underlie nucleolar subcompartments. Cell, 2016, 165: 1686-1697.
[86] Lee C F, Brangwynne C P, Gharakhani J, et al. Spatial organization of the cell cytoplasm by position-dependent phase separation. Physical Review Letters, 2013, 111: 088101.
[87] Mitrea D M, Kriwacki R W. Phase separation in biology; functional organization of a higher order. Cell

Communication and Signaling, 2016, 14: 1.

[88] Aumiller Jr W M, Keating C D. Phosphorylation-mediated RNA/peptide complex coacervation as a model for intracellular liquid organelles. Nature Chemistry, 2016, 8: 129-137.

[89] Deng N N, Huck W T S. Microfluidic formation of monodisperse coacervate organelles in liposomes. Angewandte Chemie, International Edition in English, 2017, 56: 9736-9740.

[90] Lu T M, Spruijt E. Multiphase complex coacervate droplets. Journal of the American Chemical Society, 2020, 142: 2905-2914.

[91] Jing H, Bai Q W, Lin, Y N, et al. Fission and internal fusion of protocell with membraneless "organelles" formed by liquid-liquid phase separation. Langmuir, 2020, 36: 8017-8026.

[92] Bungenberg de Jong H G, Kruyt H R. Koazervation. Kolloid-Z, 1930, 50: 39-48.

[93] Bungenberg de Jong H G, Hoskam E G. Motory phenomena in coacervate drops in a diffusion field and in the elecfric field. Proceedings of the Koninklijke Nederlandse Akademie Van Wetenschappen, 1942, 44: 1099-1103.

[94] Bungenberg de Jong H G, Ruiter de L. Contribution to the explanation of motory and disintegration phenomena in complex coacervate drops in the electric field. Proceedings of the Koninklijke Nederlandse Akademie Van Wetenschappen, 1947, 50: 1189-1200.

[95] Koga S, Williams D S, Perriman A W, et al. Peptide-nucleotide microdroplets as a step towards a membrane-free protocell model. Nature Chemistry, 2011, 3: 720-724.

[96] Dora Tang T Y, van Swaay D, de Mello A, et al. In vitro gene expression within membrane-free coacervate protocells. Chemical Communications, 2015, 51: 11429-11432.

[97] Drobot B, Iglesias-Artola J M, Le Vay K, et al. Compartmentalised rna catalysis in membrane-free coacervate protocells. Nature Communications, 2018, 9: 3643.

[98] Zwicker D, Seyboldt R, Weber C A, et al. Growth and division of active droplets provides a model for protocells. Nature Physics, 2016, 13: 408-413.

[99] Deamer D, Weber A L. Bioenergetics and life's origins. Cold Spring Harbor Perspectives in Biology, 2010: a004929.

[100] Pollack G H. Cell electrical properties: Reconsidering the origin of the electrical potential. Cell Biology International, 2015, 39: 237-242.

[101] Yin Y D, Chang H J, Jing H R, et al. Electric field-induced circulation and vacuolization regulate enzyme reactions in coacervate-based protocells. Soft Matter, 2018: 6514-6520.

[102] Yin Y D, Niu L, Zhu X, et al. Non-equilibrium behaviour in coacervate-based protocells under electric-field-induced e10citation. Nature Communications, 2016, 7: 10658.

[103] Dora Tang T Y, Rohaida Che Hak C, Thompson A J, et al. Fatty acid membrane assembly on coacervate microdroplets as a step towards a hybrid protocell model. Nature Chemistry, 2014, 6: 527-533.

[104] Jing H, Lin Y N, Chang H J, et al. Mass transport in coacervate-based protocell coated with fatty acid under nonequilibrium conditions. Langmuir, 2019, 35: 5587-5593.

[105] Lin Y, Jing H R, Liu Z J, et al. Dynamic behavior of complex coacervates with internal lipid vesicles under nonequilibrium conditions. Langmuir, 2020, 36: 1709-1717.

[106] Fox S W. The evolutionary significance of phase-separated microsystems. Origins of Life and Evolution of Biospheres, 1976, 7: 49-68.

[107] Hatti-Kaul R. Aqueous two-phase systems - a general overview. Molecular Biotechnology, 2001, 19: 269-277.

[108] Walter H, Brooks D E. Phase-separation in cytoplasm, due to macromolecular crowding, is the basis for microcompartmentation. FEBS Letters, 1995, 361: 135-139.

[109] Strulson C A, Molden R C, Keating C D, et al. RNA catalysis through compartmentalization. Nature Chemistry, 2012, 127: 13213-13219.

[110] Zaslavski B Y. Aqueous two-phase partitioning: Physical chemistry and bioanalytical applications. Marcel Dekker: New York, 1995.

[111] Cakmak F P, Keating C D. Combining catalytic microparticles with droplets formed by phase coexistence: Adsorption and activity of natural clays at the aqueous/aqueous interface. Scientific Reports, 2017, 7: 3215.
[112] Helfrich M R, Mangeney-Slavin L K, Long M S, et al. Aqueous phase separation in giant vesicles. Journal of the American Chemical Society, 2002, 124: 13374-13375.
[113] Dominak L M, Gundermann E L, Keating C D. Microcompartmentation in artificial cells: Ph-induced conformational changes alter protein localization. Langmuir, 2010, 26: 5697-5705.
[114] Long M S, Cans A S, Keating C D. Budding and asymmetric protein microcompartmentation in giant vesicles containing two aqueous phases. Journal of the American Chemical Society, 2008, 130: 756-762.
[115] Cans A S, Andes-Koback M, Keating C D. Positioning lipid membrane domains in giant vesicles by micro-organization of aqueous cytoplasm mimic. Journal of the American Chemical Society, 2008, 130: 7400-7406.
[116] Andes-Koback M, Keating C D. Complete budding and asymmetric division of primitive model cells to produce daughter vesicles with different interior and membrane compositions. Journal of the American Chemical Society, 2011, 130: 7400-7406.
[117] Chakrabarti A C, Breaker R R, Joyce G F, et al. Production of rna by a polymerase protein encapsulated within phospholipid-vesicles[J]. Journal of Molecular Evolution, 1994, 39: 555-559.
[118] Oberholzer T, Albrizio M, Luisi P L. Polymerase chain-reaction in liposomes. Chemistry & Biology, 1995, 2: 677-682.
[119] Ishikawa K, Sato K, Shima Y, et al. Expression of a cascading genetic network within liposomes. FEBS Letters, 2004, 576: 387-390.
[120] Kumar R K, Li M, Olof S N, et al. Artificial cytoskeletal structures within enzymatically active bio-inorganic protocells. Small, 2013, 9: 357-362.
[121] Loakes D, Holliger P. Darwinian chemistry: Towards the synthesis of a simple cell. Molecular Biosystems, 2009, 5: 686-694.
[122] Kurihara K, Okura Y, Matsuo M, et al. A recursive vesicle-based model protocell with a primitive model cell cycle. Nature Communications, 2015, 6: 8352.
[123] Zong W, Ma S, Zhang X, et al. A fissionable artificial eukaryote-like cell model. Journal of the American Chemical Society, 2017, 139: 9955-9960.
[124] Deng N N, Yelleswarapu M, Zheng L, et al. Microfluidic assembly of monodisperse vesosomes as artificial cell models. Journal of the American Chemical Society, 2017, 139: 587-590.
[125] Discher B M, Hammer D A, Bates F S, et al. Polymer vesicles in various media. Current Opinion in Colloid & Interface Science, 2000, 5: 125-131.
[126] van Dongen S F M, de Hoog H P M, Peters R J R W, et al. Biohybrid polymer capsules. Chemical Reviews, 2009, 109: 6212-6274.
[127] Bellomo E G, Wyrsta M D, Pakstis L, et al. Stimuli-responsive polypeptide vesicles by conformation-specific assembly. Nature Materials, 2004, 3: 244-248.
[128] Napoli A, Boerakker M J, Tirelli N, et al. Glucose-oxidase based self-destructing polymeric vesicles. Langmuir, 2004, 20: 3487-3491.
[129] Nallani M, Benito S, Onaca O, et al. A nanocompartment system (synthosome) designed for biotechnological applications. Journal of Biotechnology, 2006, 123: 50-59.
[130] Huang X, Li M, Green D C, et al. Interfacial assembly of protein-polymer nano-conjugates into stimulus-responsive biomimetic protocells. Nature Communications, 2013, 4: 2239.
[131] Huang X, Li M, Mann S. Membrane-mediated cascade reactions by enzyme-polymer proteinosomes. Chemical Communications, 2014, 50: 6278-6280.
[132] Liu X, Zhou P, Huang Y, et al. Hierarchical proteinosomes for programmed release of multiple components. Angewandte Chemie, International Edition in English, 2016, 55: 7095-7100.

[133] Mason A F, Buddingh B C, Williams D S, et al. Hierarchical self-assembly of a copolymer-stabilized coacervate protocell. Journal of the American Chemical Society, 2017, 139: 17309-17312.

[134] Tang T D, Cecchi D, Fracasso G, et al. Gene-mediated chemical communication in synthetic protocell communities. ACS Synthetic Biology, 2018, 7: 339-346.

[135] Joesaar A, Yang S, Bogels B, et al. DNA-based communication in populations of synthetic protocells. Nature Nanotechnology, 2019, 14, 369-378.

[136] Wang X, Tian L F, Du H, et al. Chemical communication in spatially organized protocell colonies and protocell/living cell micro-arrays. Chemical Science, 2019, 10: 9446-9453.

[137] Archibald J M. Endosymbiosis, eukaryotic cell evolution. Current Biology Review, 2015, 25: 911-921.

[138] Qiao Y, Li M, Booth R, et al. Predatory behaviour in synthetic protocell communities. Nature Chemistry, 2017, 9: 110-119.

[139] Martin N, Douliez J P, Qiao Y, et al. Antagonistic chemical coupling in self-reconfigurable host-guest protocells. Nature Communications, 2018, 9: 3652.

[140] Rodríguez-Arco L, Li M, Mann S. Phagocytosis-inspired behaviour in synthetic protocell communities of compartmentalized colloidal objects. Nature Materials, 2017, 16: 857-863.

[141] Mantri S, Sapra K T. Evolving protocells to prototissues: Rational design of a missing link. Biochemical Society Transactions, 2013, 41: 1159-1165.

[142] Gobbo P, Patil A J, Li M, et al. Programmed assembly of synthetic protocells into thermoresponsive prototissues. Nature Materials, 2018, 17: 1145-1153.

[143] Stuhr-Hansen N, Vagianou C D, Blixt O. Clustering of giant unilamellar vesicles promoted by covalent and noncovalent bonding of functional groups at membrane-embedded peptides. Bioconjugate Chemistry, 2019, 30: 2156-2164.

[144] Li Q, Li S B, Zhang X X, et al. Programmed magnetic manipulation of vesicles into spatially coded prototissue architectures arrays. Nature Communications, 2020, 11: 232.

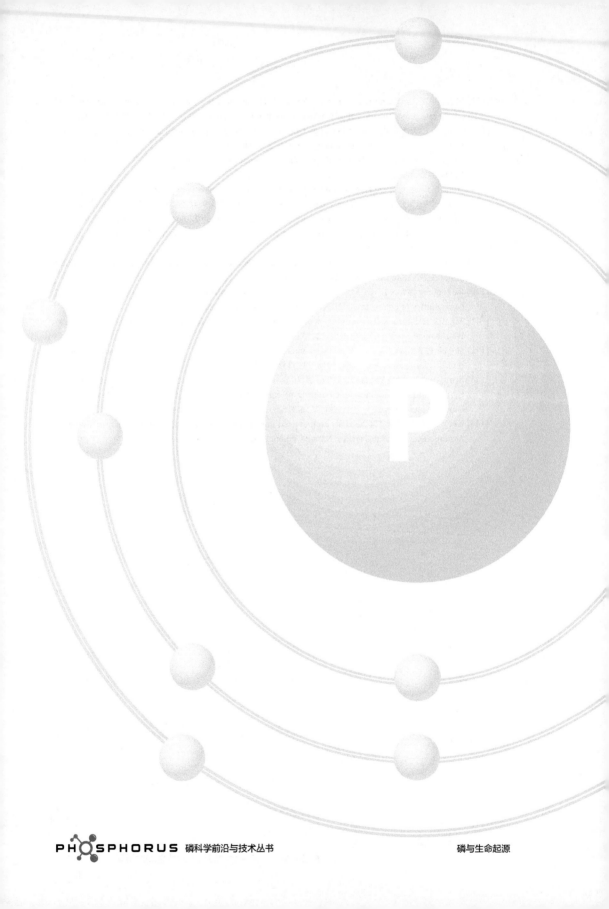

11

磷与地外生命探索

11.1 地外生命探索的传统印记
11.2 磷是否可以作为生命探寻的有效印迹

Phosphorus and the Origin of Life

在宇宙中人类是否孤独，宇宙中是否还存在别的生命，这是数千年以来一直困扰着人类的问题。虽然宇宙中存在很多与地球不同甚至超出人类想象的环境，但构成宇宙的物质，即由质子、中子和电子组合而成的元素在全宇宙中是一致的，相同元素的物理特性并无不同。地球生命的物质基础是碳元素，碳原子最外层电子数为4，使其能形成4个共价键，这是元素形成化学键数量的极限。在这一性质保证碳原子能形成碳-碳长链分子的同时，碳链两侧还能最大限度地携带各种复杂的官能团，如苯环、酸根或其他大型碳链。碳原子还能形成更加稳定的碳碳双键，这些都是复杂有机大分子形成的基础。分子的复杂程度也是有机体实现各种复杂功能的保障。由此来看，宇宙中产生以碳元素为基础生命的可能性很大。

近几十年来，随着天体化学和天体生物学的不断发展，人们已经可以通过探测地外生命印记来寻找外星生命。生命印记是指可以表明某一特定区域存在生物的化学或物理过程[1,2]。自美国维京一号和二号探测器在19世纪70年代中期至80年代初期被发射到火星轨道寻找过去或者现存的生命并对太阳系其他地区进行探测以来，寻找生命印记越来越受到天体生物学家的关注。另外，地球生态环境方面的研究也拓展了人们对行星宜居性的认识。科学家发现了诸如深海火山喷泉口等区域的生命印记，在这些区域发现了烧结物小土坎和微生物栅栏结构，这些都是潜在的生物标签[3]，这些环境此前被认为完全不适合任何形式的生命生存。生活在这种环境下的生物适应了没有光和氧气以及极端的压力和温度等条件。这表明，在其他地区上的生命印记可能比以前设想的更加广泛。

探测太阳系外遥远世界的生命印记更具挑战性，发现系外行星本身就十分困难。对于生命的起源和发展而言，行星所环绕的恒星过冷或过热都是不适宜的。目前最受关注的恒星是Morgan-Keenan分类法所定义的M型主序星[4,5]。对于环绕适宜恒星的行星来说，某些单独或组合在一起的气体成分也是清晰的生命印记，这些气体包括甲烷、一氧化二氮、氯甲烷以及氧气或臭氧。因为含硫化合物在氧气产生之前，在早期地球广泛存在，而对地球上火山口或附近硫黄环境的研究也表明，生命可能在低氧或者完全无氧的行星上生长。因此，若含有有机硫化物包括甲硫醇和二硫化碳在内的外星大气被探测到，它们也是生命的有力指标。而磷作为生命的必需元素之一，对维持生命有着不可替代的作用，磷能否作为地外探索的生命印记将在本章进行讨论。

11.1
地外生命探索的传统印记

天体生物学的基本任务之一就是表征行星的大气和地表，以寻找可远程探测的生命印记。比如，对于寻找地球范围之外的生命，液态水仍被认为是必不可少的。能够维持液态水存在的温度范围很窄，这使人们认为液态水是太阳系中仅存在于地球上的稀有物质。但这一观点在21世纪发生了改变。木星的卫星——木卫二和木卫四可能拥有液态水的次表层海洋，而土星的卫星——土卫二也有已知的可能支持基本微生物的海底火山。美国凤凰号火星着陆器2008年也在远离火星极地冰帽的地区发现了水冰的证据，这可能表明了曾经存在于或仍然存在于火星表面之下的生命活动。目前对地外探索的生命印记尚无公认的分类方案，但大致可分为三类：气体生命印记、表面生命印记和时间生命印记[6,7]。在这里，气体生命印记是指代谢的直接或间接产物；表面生命印记是指赋予生物体反射或散射的光谱特征；时间生命印记是指可量化的时间调节，可以与生物圈的行为和时间相关的模式联系起来。

11.1.1 气体生命印记

气体生命印记可能直接由生物产生，也可能是生物产物在环境中产生的次级化合物。比如，Meadows 阐明氧气是由光合作用产生的，并随后在平流层以相关的反应由氧气生成臭氧[7]。但是并非所有的生物成因气体都是独特的，它们能作为生命信号被观测还强烈依赖于它们的环境背景。为了能被光谱检测到，大气中的气体必须与光子相互作用。许多气体吸收的光波长几乎相同，故需要区分这些气体的光谱范围或者提高分辨能力，以识别系外行星大气中气体的存在与否。目前常被作为生命印记的气体有氧气、臭氧、甲烷、一氧化二氮等。

11.1.1.1 氧气

氧气及其光化学副产物臭氧一直是受到最多关注的气体生命印记。氧气是现代地球大气的主要气体之一，能够产生潜在可检测光谱特征，并且在地球上完全来自于光合作用。氧分子在可见近红外区域有几条强谱带，包括 O_2-A 带、O_2-B 带和 O_2-g 带。此外，氧气碰撞诱导吸收发生在 1.06μm 以及包括单体和二聚体(O_2-O_2)碰撞吸收的 1.27μm 氧谱带。在非常高的氧浓度下，O_2-O_2 的碰撞诱导吸收发生在 0.445μm、0.475μm、0.53μm、0.57μm 和 0.63μm。在中红外光谱中，氧气的吸收带为 6.4μm，但是这条带很弱而且可与更强的水吸收带重叠，因此不太可能在低分辨率下观测到。在紫外线中，氧气在小于 0.2μm 的波长下具有较强的光解离吸收能力，但是其他几种气体(如二氧化碳)也是如此。其中，O_2-A 带(0.76μm)是迄今为止最适合直接成像的目标[8]，因为它与其他常见气体的光谱特征没有重叠。在地球上，其他含氧分子光解产生非生物氧气的速率非常慢。由于太阳的紫外线控制着氧气的产生速率以及地球化学对氧气的消耗，因此这种氧气不会积累到较高的水平。然而也有导致绕其他类型恒星运行的行星上积累非生物氧气的情况，这就是非生物氧气造成的"假阳性"。

11.1.1.2 臭氧

地球平流层的臭氧是光化学反应分解氧气的结果，探测行星大气中的臭氧被看作是探测光合作用产生氧气的替代。臭氧在与氧气互补的波段中吸收强烈[8]。地球上的臭氧分布于海拔高度在 $1.5×10^4 \sim 3.0×10^4$m 之间的平流层中，浓度最高可达 10mg/L，但是臭氧浓度的峰值和高度在空间上是变化的。事实上，由于紫外线和温度结构的差异，即使具有相同氧气丰度，围绕同一颗恒星运行但距离不同的行星，其臭氧的分布也会略有不同。此外，根据耀斑事件的强度和频率，来自活跃恒星周围耀斑的粒子通量有可能显著减弱预测的臭氧含量。与氧气一样，臭氧可能是通过非生物光化学机制产生的，一些恒星可以产生这种非生物的臭氧。臭氧在光谱的紫外、可见、近红外和中红外区域具有吸收特征。在紫外区域，Hartley-Huggins 谱带的中心位于 $0.25\mu m$ 处，并从 $0.35\mu m$ 延伸至 $0.15\mu m$。这些谱带在地球光谱中是饱和的，但是诸如二氧化硫等分子也在该波长区域吸收[9]。臭氧在近红外区域有几个弱谱带，尽管有些波段与水和二氧化碳的吸收特征重叠，但较长波长的那些波段是最强的。

11.1.1.3 甲烷

厌氧微生物代谢过程中可能产生甲烷。在二氧化碳存在的情况下，甲烷也可以作为生命印记或行星宜居性标志。二氧化碳的存在意味着大气的氧化态更强，不利于产生甲烷这种还原态下热力学最稳定的碳形式。因此，在含有大量二氧化碳的大气中，甲烷必须来自生物或水与岩石的反应，水与岩石反应产生甲烷也成为行星环境中液态水存在的间接证据。而冰原带外的太阳系外部行星多处于还原条件下，其大气成分中富含的甲烷更可能是非生物来源的。甲烷吸收整个可见、近红外和中红外区域的光，其最强的波段为 $1.65\mu m$、$2.4\mu m$、$3.3\mu m$ 和 $7 \sim 8\mu m$。在 $0.6\mu m$、$0.7\mu m$、$0.8\mu m$、$0.9\mu m$、$1.0\mu m$、$1.1\mu m$ 和 $1.4\mu m$ 处也有较弱的谱带[8]。甲烷的每个强吸收带都与水的吸收带重叠，这使得在低光谱分辨率下检测甲烷成为一个难题。

11.1.1.4　一氧化二氮

一氧化二氮是地球生物圈通过硝酸盐不完全反硝化产生的。一氧化二氮能够作为生命印记的原因之一是它在地球上的非生物来源很少，并且它有潜在的可探测光谱特征。在行星背景下观测一氧化二氮和其他非生物氮气氧化的光解产物可以作为行星的生命印记。一氧化二氮的显著谱带集中在 $3.7\mu m$、$4.5\mu m$、$7.8\mu m$、$8.6\mu m$ 和 $17\mu m$ 处，几个弱谱带在 $1.3 \sim 4.2\mu m$ 及 $9.5 \sim 10.7\mu m$[8]。但这些波段大多数与其他潜在高丰度的气体有重叠，这也使得检测一氧化二氮具有挑战性。但用非常高的光谱分辨率进行观测，可以从重叠气体吸收特征中唯一检测出一氧化二氮。

11.1.2　表面生命印记

生命可以通过多种机制改变行星表面光谱，包括活生物体中色素对光的吸收和反射、生物体物理结构（包括单个生物体和群体结构）的散射、生物分子降解产物以及生物荧光和发光等。这些机制都可能产生可远程检测到的生命印记，但并非所有此类光谱都能广泛传播以至于在全球范围内被检测到，而且非生物因素也可能产生类似的光谱。

11.1.2.1　光合作用

光合作用是目前已知最强的行星表面生命印记，其包括大气中的氧气和植被表面的反射光谱。因为光合作用利用了来自宿主恒星的入射能量，所以它最有可能影响行星环境的新陈代谢过程。目前仍不能判断其他星球上是否有与地球相同或相似的进化路径，因此不确定在不同的恒星辐射下光合作用可能产生哪些不同的色素，以及为适应其他行星的光合作用可能产生哪些气体。然而，光合作用中光能的利用和储存遵循某些普遍的原则，这些原则必定同样适用于其他行星。利用光能驱动电子的运动过程涉及量子力学和氧化还原化学的协调。如果我们能理解光合作用的基本原理和未知因素，而不仅拥有一个针对表面色素光谱特征的完整波长目录，那么就有可能推测其他星球上光合作用的其他表现方式。

VRE（vegetation red edge）是植物叶片的光谱反射特征，其是作为陆地植被的表面生物特征被伽利略号航天器在对地球观测时检测到的。VRE 的产生是因为叶绿素 a 和叶绿素 b 在红色区域（660～700nm）的吸收与近红外区域（约 760～1100nm）的散射之间存在强烈的对比。在植物中，叶绿素 a 和叶绿素 b 的吸收峰均在红色区域，与太阳光谱光子通量的平均峰相匹配。VRE 的反射率会随植物的生理状态和种类而变化，尽管如此它在陆地光合作用的生物中仍无处不在，并且与矿物特征截然不同，以至地球观测卫星经常将其作为目标以识别陆地上植被的存在、活动和类型。VRE 没有确切的非生物模拟物，因此是一个公认的生命印记。然而，它仍然是基于地球生物的特征，其普遍性尚待验证。

11.1.2.2　视黄醛色素

除了依赖叶绿素的光合作用，光能的利用还发生在很多已经进化出视黄醛色素的微生物中，这些色素能够利用光能进行 ATP 合成等基本生物学功能[10]。这类光驱动的反应并非光合作用，因为它与固碳无关。细菌视紫红质的光驱动质子泵活性可以与 ATP 合成酶偶联，在脂质囊泡中生成 ATP，这可能是最简单且最早的生物能机制之一[11]。视黄醛是形成脂肪酸主要途径的副产物，而脂肪酸是形成脂质囊泡和细胞膜所必需的。视黄醛在脂质代谢和生物力能学交叉点的中心位置，而且它分布广泛，表明该发色团可能在地球以及宇宙其他地方生命的早期演化中发挥了重要作用。在嗜盐古细菌中，细菌视紫红质为培养物赋予了明亮的紫色，可以通过遥感观察到[12]。

11.1.2.3 手性和偏振光

氨基酸、糖和核酸是不对称的手性分子，其镜像不能相互叠加。这些化合物在非生物合成的过程中往往产生外消旋混合物，而生物体倾向于利用一种对映体构建更大的分子。所有已知的生物，包括细菌、古细菌、真核生物、病毒，都倾向于利用 L 型氨基酸和 D 型糖构造大分子。目前尚不清楚在生命起源过程中对映体的偏好是如何从外消旋混合物中产生的（这被称为同型手性起源），但化合物对映体的过量被认为是一个强烈的生命印记。手性可能对所有生命都是通用的，因此即使地外生命与地球生命有很大的不同，这种生命印记也有可能揭示生命的存在。非生物合成的外消旋混合物有一些明显的例外情况，在一些碳质陨石中检测到少量（小于10%）对映体过量的氨基酸[13]，但是这些氨基酸在地球生物圈中很少见或未被发现；在碳质陨石中还发现了对映体过量的核酸[14]。一般而言，对映体过量约20%即可认为这是一种强烈的生命印记。

氨基酸和糖在紫外线中具有旋光性，手性中心优先吸收左旋或右旋的圆偏振光，形成了圆偏振谱特征。原则上，手性可以通过线性或圆极化光谱在行星尺度上进行远程检测。线性偏振度与色素吸收强度有关，线性偏振光的色素标记相对于 VRE 产生了相反的效果，线性偏振度在可见光波段较高而在近红外波段较低[15]。然而，非生物环境诸如矿物尘埃、大气中粒子的散射和气体分子的吸收也会产生正的线性偏振信号。因此，对于线性偏振光谱信号必须进一步区分生物与非生物来源。相比之下，圆偏振光谱信号与氨基酸和色素等物质的光学活性更直接相关，因此是一种更可靠的生命印记，但圆偏振光谱信号的强度相对较弱。

11.1.2.4 荧光和生物发光

直接来自生物体的光子可以代表另一类表面生命印记，其典型代表是叶绿素自身荧光，该现象也曾被地球低轨道卫星观测到[16]。自发荧光是将吸收的高能量光子转化为发射出的低能量光子。在非生物材料如萤石和方解石中存在自发荧光，因此必须从荧光光谱的性质来确定生物源性。叶绿素荧光是光合作用的一个特征，被认为可以减轻生物体的理化应激反应[17]。叶绿素 a 的荧光光谱由 640～800nm 的宽发射谱组成，最大值位于 685～740nm。由于荧光是吸收光的瞬时响应过程，因此它仅在行星的白天发生，这意味着不得不针对来自恒星的反射光来测量荧光特征。植被区域的叶绿素荧光特征占荧光总光谱通量的 1%～5%[16]。有人提出将荧光作为对高紫外线耀斑事件的一种响应，作为行星的潜在时空生物特征[18]。但是检测生物荧光非常具有挑战性，需要比大多数生命印记更高的信噪比。

与荧光相反，生物发光通过将荧光素分子氧化从而直接产生光子。荧光素是一种与生物发光有关的发光分子，由许多独立演化的生物发光谱系产生。大多数荧光素分子在可见光谱的绿色区域有一个峰值发射波长。海洋中的弧菌可以发出微弱的生物荧光，覆盖面积可达 1 万～2 万平方千米。这种发光现象被称为"银河海"效应，可通过地球观测卫星来表征[19]。生物发光用作系外行星的生命印记尚未得到充分的研究，由于信噪比的限制，在系外行星探测生物发光非常具有挑战性。

11.1.3 时间生命印记

时间生命印记是可测量的随时间变化的周期性现象，它表明了生物圈对行星环境的作用，这些变化多以气体浓度或行星表面光谱反射率的振荡形式出现。最常用的时间生命印记是地球北半球二氧化碳浓度的季节性变化，这是对陆地生物圈生产力变化的响应，是温度和日照的函数[20]。地球的季节性变化主要是由自转倾角引起的，地球环日轨道偏心亦对此有所贡献。时间生命印记不一定是季节性的，也可以是日变的，或者是对另一个可测量——环境变量的响应。与其他生命印记相比，有关时间生命印记的研究相对较少，部分原因是诸如轨道偏心率和行星表面异质性等变量使建模较为复杂。

11.1.3.1　大气成分的振荡

大气成分的季节性变化是地球上的一种生物调节现象，其中最为著名的是陆地植被的生长和腐烂导致的二氧化碳季节性波动[21]。在春季，由于植物生长会将二氧化碳固定为有机物，大气中二氧化碳的含量下降；在秋季和冬季，随着二氧化碳消耗的减少和植物相关物质的腐烂，二氧化碳的含量上升。变化的幅度取决于半球和纬度，北半球的变化幅度比南半球大得多，这是因为北半球的大陆面积及其被植被覆盖的面积比南半球大得多。甲烷的季节性变化较二氧化碳更为复杂，甲烷的最高浓度发生在秋末和初春，在夏季和冬季下降，在北半球夏季达到年最低值[22]。甲烷浓度主要由与氢氧根离子的相互作用控制。这种破坏性的氢氧根离子来自于对流层中的水，其含量在夏季增加、冬季减少。探测与地球现代生物圈同样大小的气体振荡极具挑战性，需要进一步阐明生物圈可能产生可测量气体的调节情况。

11.1.3.2　表面特征的振荡

来自地表反射光谱的变化代表了时间生命印记的另一种形式。例如，由于大陆绿色维管植物的季节性生长和衰老，VRE信号在时间上是变化的。受胁迫和死亡的植被因为其叶绿素吸收较弱，其植被指数低于活植被，而干燥植被则降低了近红外反射率[23]。植被的圆偏振光特征也会随着植物的生理应激变化而变化，这可能是反射率变化相位中附加的时间特征。外部条件的改变也会引起色素沉着的改变，以使生物适应温度或辐射的压力[24]。生物发光或荧光的时间依赖性变化也可以用作随时间变化的表面生命印记，但是反射特征的季节性变化小于或等于最大稳态光谱特征，因此需要使用具有更大信噪比的方法来测量它们。

11.2
磷是否可以作为生命探寻的有效印迹

磷是所有已知生命的必需元素。生命的遗传物质 DNA 与 RNA 是磷酸二酯，大多数有机辅酶是磷酸酯及焦磷酸酯，生化能量的主要储存分子都是磷酸酯，而许多磷酸酯、磷酸盐及焦磷酸盐是生化合成和降解中必不可少的中间代谢产物，磷还是许多生态系统的限制因子。磷在生物中用途广泛可能是由于其物理化学特性适于被生物系统利用。磷元素具有良好的化学通用性，可与烷基、芳基、羟基及酸酐等形成单酯、二酯和三酯。磷还能与其他元素形成氨基磷酸酯键、硫代磷酸酯键和磷酸酯键等。磷酸盐良好的水溶性可以在水中产生稳定的酯和酸酐。磷的其他性质包括热力学不稳定性、动力学稳定性、电荷和配位态以及在典型氧化还原条件下的恒定氧化状态等对承载信息大分子聚合物的形成尤其重要[25]。这些性质使得磷对生命的起源与发展十分关键，亦使其成为探索系外行星生命的潜在印记。

11.2.1 磷与地球生命起源

尽管磷在现代生物中发挥着不可替代的作用，但其是否是生命起源的必需元素却长期存在争议。在生命出现前，地球主要靠无机岩浆富集磷。由地幔喷出的岩浆在冷却过程中形成磷灰石结晶，这些无机磷酸盐通过风化作用缓慢析出，并以难溶的金属磷酸盐形式在水中沉降。一般认为，地球早期存在多种磷酸盐矿物，如氟磷灰石、羟磷灰石、细晶磷灰石等[26]。然而在前生源条件下这些矿物不仅难溶于水且反应活性较低，并不利于前生源的化学反应。此外，原始海洋的钙离子浓度较高，海水蒸发会导致磷灰石等沉淀的形成，这也使原始海洋的磷酸盐浓度降低。因此，前生源的磷酸盐是否在生命起源初期起到重要作用一直存在争议。

近年来，科学家发现火山活动能产生多聚磷酸盐和三偏磷酸盐[27]；前生源还原环境下，大气中的放电和水环境中的微溶含磷矿物可产生亚磷酸盐[28]；这些磷化合物可溶于水，因此可能作为前生源反应的磷源。此外，陨石也被认为是原始地球的磷来源之一，有人认为地壳中1%～10%的磷来源于冥古代时期坠落到地球的磷铁镍陨石[29]，磷铁镍陨石也被实验证实可以直接生成亚磷酸和磷化合物。有研究表明，35亿年前海洋的亚磷酸盐含量十分丰富[30]。随着地球的冷却，还原性的磷化合物被氧化为现今地球中存在的多种磷化合物。此外，亚磷酸盐被氧化成为磷酸盐，这些磷酸盐也可以成为前生源反应的直接磷源。

上述可利用的磷源为RNA和蛋白质等生物大分子的合成提供了条件。核苷磷酸化是RNA合成过程中的重要一环。早在1976～1988年就有研究发现，游离的磷酸盐和磷酸盐矿物可以通过甲酰胺实现核糖核苷的磷酸化[31-34]。多肽合成一般始于α-氨基酸的活化，磷酸化反应对氨基酸的活化十分重要，已有多项研究发现磷酸盐与氨基酸反应可以导致多肽的产生[35-38]。作为将蛋白质、核酸和其他生命必需分子聚在同一空间的关键，细胞膜的产生是生命产生的关键一步。磷脂是细胞膜的重要成分，并且科学家们已经发现多种磷脂前生源合成的方法。比如，在硅酸盐和缩合剂的存在下，加热鲛肝醇、十二烷酸酯和甘油可以产生磷脂[39]；棕榈酸铵、甘油磷酸盐及缩合剂在60～90℃下加热数小时，最终可以生成单棕榈酰甘油磷酸酯、单棕榈酰环状甘油磷酸酯和二棕榈酰甘油磷酸酯[40]；氯化胆碱、磷酸二钠和氰胺的混合物在80℃下加热数小时可以得到磷脂酰胆碱[41]；用高浓度的尿素和氯化胆碱混合物与有机物及三斜磷钙石一起加热蒸发，可产生磷酸酯[42]。

此外，磷酸化的分子是生命将其他能量形式转化为化学能的主要中间产物，磷酸酯是生化能量的主要储存分子。磷在原始能量代谢中也起着重要的作用，焦磷酸被认为参与了原始新陈代谢中的能量耦合过程[43]；

还原态的磷被认为可以启动原始的热力学过程[44]。磷在地球生命起源中的重要作用，暗示磷对地外生命的形成也是至关重要的。

11.2.2 磷与地外生命探索

在宇宙中磷的丰度较低，只有氢的百万分之一[45]。磷的分子量较重，被认为是在大质量恒星中合成的，并通过超星爆炸注入星际介质中[46]。这些大质量恒星的数量之少可能也解释了磷相对氢的宇宙丰度之低[47]。人们对星际介质中磷的化学性质尚知之甚少。磷在星际尘埃颗粒表面被大量消耗[48,49]，这使得通过常规的旋光谱难以检测气相中的含磷分子。直到 20 世纪 90 年代只有 PN[50,51] 和 CP[52] 这两个含磷分子在星际介质中被发现，随后磷乙炔（HCP）也在星际介质中被观测到[53]。高丰度的 PO 和 PN 在太空中被观测到，说明 PN 和 PO 是气相中磷的主要载体[54]。太阳系外的磷化氢首次被检测到，表明磷化氢也可能是星际中的重要磷物质[55]。2016 年前，PN 只在少数几个恒星形成区域被检测到[48,50,51,56,57]。直到最近几年，PN 分子才在其他大质量恒星形成区被检测到[58-60]，而且在两个大质量恒星形成区中还首次检测到了 PO[61]。最近，有研究者确认了彗星 67P/Churyumov-Gerasimenko 中存在 PO，并且发现在恒星形成区 PO 相对于 PN 更有优势（图 11-1）[62]，这对早期地球上的生命化学起源有重要意义。在恒星形成区域中存在大量磷的氧衍生物 PO，意味着有大量的磷酸盐被运往早期地球，这也可以解释为什么前生源化学更倾向形成以 PO 为基础的化合物[47]。而磷化合物极高的结构稳定性和功能反应性（functional reactivity），使其成为生物大分子中的重要成分，这也造成磷在生物中的丰度比在宇宙中的丰度高出好几个量级。

地球之外磷的含量与可利用率可能远超我们的想象。行星间的尘埃颗粒和普通的碳质球粒陨石都含有磷酸盐和磷化物的混合物，部分陨石中还发现了含磷有机物如核酸等。在一些陨石中甚至发现了氨基酸的聚合物，如二肽[63]和甘氨酸的大型聚合物[64]。最近的研究在陨石中发现了完整的蛋白质分子[65]，该分子的化学构成方式与地球上的不同，研究人员推论该分子不是由地球上的生物化学或地质化学产生的，说明该分子在小行星的母体上存在。作为生命存在必不可少的元素，磷的存在为这些生物大分子的合成提供了基础。研究发现，火星在水与岩石相互作用期间磷酸盐的释放速率比地球高45倍，早期潮湿火星环境中的磷酸盐浓度是地球的两倍以上(图11-2)[66]。而且与地球上的氟磷灰石相比，火星上的氯磷灰石更容易溶解、更容易被利用且对生物的毒性更低，这也说明磷酸盐对火星生命的发展来说并不是一个很大的障碍。

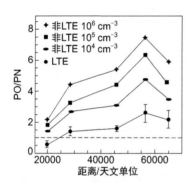

图11-1 LTE（局部热力学平衡条件，local thermodynamic equilibrium conditions）和不同浓度的非LTE分析得到的PO/PN分子比[62]

作为距离地球最近的行星，火星一直是地外生命探索的热点。尽管现代火星的温度和大气条件难以维持生命，但近年来的探测表明远古时代的火星可能拥有较现在更厚的大气层，气候较为温暖，还拥有丰富的地表液态水[67,68]，这些条件说明远古火星可能存在生命。由于现在的火星地表辐射强烈，生命印记有机分子很难保存，沉积在矿石中的磷可能是寻找火星生命遗骸的合适示踪剂。可以推测，与地球类似，火星含磷生物遗骸应优先以沉积磷酸钙(磷矿)的形式存在，这种存在形式十分稳定，能够抵抗火星上的条件变化。与岩浆岩中的磷酸钙相比，生物成因磷矿中的磷钍比(P/Th)更高，这使得人们有可能将生物成因的磷矿与无机成因的磷沉积物区别开来，并通过遥感或原位分析鉴定异常的磷富集现象，鉴别出灭绝生命可能存在的区域[69]。

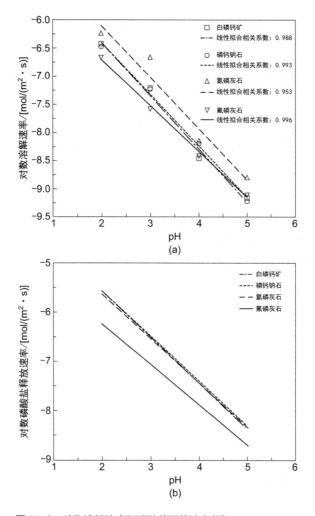

图 11-2 矿物溶解速率和磷酸盐释放速率[66]

对于像现代地球这样富氧的行星，磷主要以其氧化物的形式存在，由人类活动和不占主导厌氧生物代谢产生的磷化氢(PH_3)含量很低，总体浓度很难达到可探测浓度。但是在缺氧星球中，以 PH_3 形式存在的磷含量可能远远高于地球，如气态巨行星木星和土星，其大气中 PH_3 达到了可探测浓度[55,70]。Sousa-Silva 等模拟了类地岩石行星的可观测光谱，发现在富 CO_2 和富 H_2 的大气中，当 PH_3 流量达到 $10^{10} \sim 10^{14} (cm^2 \cdot s)^{-1}$ 时，PH_3 就是可探测的[71]。而且 PH_3 的检测波段与 H_2O 和 CH_4 等其他气体生命印记分子的相同，但特征谱峰不重合，可以实现与其他气体生命印记分子的联合检测。另外，根据现有类地岩石行星的 PH_3 产生的化学模型，可探测浓度的 PH_3 基本不存在非生物产生的假阳性可能。即使生命活动产生的 PH_3 没有达到可探测浓度，也可能通过影响大气中其他分子的含量，来间接指示自身的形成，以及相关生命活动的存在。在缺氧类地岩石行星中，PH_3 可能是指示生命对磷利用的重要分子，是一种潜在的气体生命印记分子[71]。

由于非生物源的 P-O 键相对稳定，只有经过生物活性处理的磷酸盐才能与 $\delta^{18}O_{H_2O}$ 进行氧同位素交换，形成 $\delta^{18}O_{PO_4}$，因此偏离矿物源特征的 $\delta^{18}O_{PO_4}$ 可以作为生命存在的指示物。$\delta^{18}O_{PO_4}$ 作为生物标记已被应用于在与地外生命相关的两个地球系统中搜索，即为浅层地下水与深海热液喷口系统。如图 11-3 所示，在微生物活性系统中，$\delta^{18}O_{PO_4}$ 组成与水温度有关。在较低的近地表温度下，磷酸盐和水之间的氧同位素交换需要酶催化，由于酶可以指示细胞活性，因此这种磷酸盐和水之间氧同位素的交换可以指示生命的存在[72]。

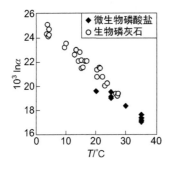

图 11-3　细菌产生的 PO_4-H_2O 同位素分馏系数（α）与从生物成因的磷灰石产生的同位素分馏系数非常吻合[73]

α 偏离1越多，说明两相物质之间同位素分馏程度越大；α=1时物质间没有同位素分馏

有研究者分析了失落之城（The Lost City）[73]热液喷口系统固态物质与附近海水的 $\delta^{18}O_{PO_4}$ 组成[74]，发现高温下磷酸盐中氧原子与水中氧原子间存在交换。观察到的 $\delta^{18}O_{PO_4}$ 组成只能由生物过程的原子交换得到，这说明喷口系统的磷酸盐循环是由微生物群落进行的。这种同位素组成在

地质记录中保存很好，因此磷酸盐氧同位素的测量可以作为探测远古生命和地外生命的工具。地球的深海热液喷口在 35 亿年前活跃的时候，生命也可能在地外行星上产生[75]。将磷酸盐氧同位素作为生物标记物对热液喷口系统的研究证明了其作为生命印记的可能性，这种生命印记同时说明了存在该印记的地外行星可能存在液态水。智利北部的阿塔卡马沙漠生态条件与火星表面类似，极度干旱和极端紫外线辐射，可以作为研究火星生命的替代。Shen 等将 $\delta^{18}O_{PO_4}$ 作为追踪阿塔卡马沙漠生物 P 循环的标记物，发现即使在极度缺水和高温的条件下，如火星的赫斯伯利亚纪中晚期，微生物也可以进行 P-O 键与 $\delta^{18}O_{H_2O}$ 的氧同位素交换，形成 $\delta^{18}O_{PO_4}$。因此，$\delta^{18}O_{PO_4}$ 可用来探测火星的生命印记[76]。

磷不仅保证了关键生化反应的进行，其对生命的影响亦表现在星球生物圈水平。全球磷循环被认为是限制地球生物圈范围的关键因素。最近的生物地球化学建模和地球岩石记录中海洋磷酸盐浓度演化的重建都证明了磷一直是地球历史上的最终限制性营养物质[77-79]。因此也有人认为，太阳系外任何生物圈的大小和范围可能也受到类似磷循环的限制[80]。在地球上，大陆风化作用是现代海洋中磷的主要来源，而海底热液过程是磷的沉积过程[81]。这意味着在海平面以上的大陆地壳广泛出现之前，早期地球上可能有严格的磷限制，并进一步暗示富含挥发物被称为"水世界"的宜居行星可能是生物沙漠[82]。但这种磷循环框架建立在磷与富氧海水的相互作用之上，在无氧环境中并不成立。Syverson 等发现缺氧玄武岩蚀变过程中的非生物二氧化碳隔离是生物可利用磷的有效来源。将其观测结果放在一个简单的磷碳氧质量平衡模型背景下，可以发现暴露大陆的类地挥发性物质丰富的行星，可能形成比地球更加稳健的生物圈，从而产生可远程观测的大气生命印记(图 11-4)[83]。

对于地外生命的探索，人类从未停止脚步，在此过程中对生命起着重要作用的磷不可忽略。将其作为生命印记或与其他生命印记相结合探索宇宙，可能会对地外生命的寻找提供更多的可能。随着天体化学和天体生物学的发展以及探测手段和技术的不断进步，人类在宇宙中会有越来越多关于生命的发现。

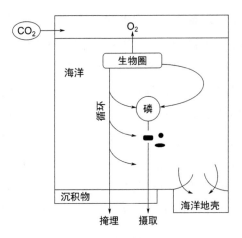

图 11-4 地球生化模型磷循环示意图[83]

参考文献

[1] Marais D D, Walter M. Astrobiology: exploring the origins, evolution, and distribution of life in the universe. Annual review of ecology and systematics, 1999, 30: 397-420.
[2] Des Marais D J, Nuth III J A, Allamandola L J, et al. The NASA astrobiology roadmap. Astrobiology, 2008, 8: 715-730.
[3] Djokic T, van Kranendonk M J, Campbell K A, et al. Earliest signs of life on land preserved in ca. 3.5 Ga hot spring deposits. Nature communications, 2017, 8: 1-9.
[4] Morgan W W, Keenan P C, Kellman E. An atlas of stellar spectra, with an outline of spectral classification. Chicago, 1943.
[5] Johnson H L, Morgan W. Fundamental stellar photometry for standards of spectral type on the revised system of the Yerkes spectral atlas. The Astrophysical Journal, 1953, 117: 313.
[6] Meadows V S. Modelling the diversity of extrasolar terrestrial planets. Proceedings of the International Astronomical Union, 2005, 1: 25-34.
[7] Meadows V S. Planetary environmental signatures for habitability and life. Exoplanets, 2008: 259-284.
[8] Schwieterman E W, Kiang N Y, Parenteau M N, et al. Exoplanet biosignatures: a review of remotely detectable signs of life. Astrobiology, 2018, 18: 663-708.
[9] Robinson T D, Ennico K, Meadows V S, et al. Detection of ocean glint and ozone absorption using LCROSS Earth observations. The Astrophysical Journal, 2014, 787: 171.
[10] DasSarma S. Extreme halophiles are models for astrobiology. Microbe-American Society for Microbiology, 2006, 1: 120.
[11] Racker E, Stoeckenius W. Reconstitution of purple membrane vesicles catalyzing light-driven proton uptake and adenosine triphosphate formation. Journal of Biological Chemistry, 1974, 249: 662-663.
[12] Dalton J, Palmer-Moloney L, Rogoff D, et al. Remote monitoring of hypersaline environments in San Francisco Bay, CA, USA. International journal of remote sensing, 2009, 30: 2933-2949.
[13] Elsila J E, Aponte J C, Blackmond D G, et al. Meteoritic amino acids: Diversity in compositions reflects parent body histories. ACS central science, 2016, 2: 370-379.
[14] Cooper G, Rios A C. Enantiomer excesses of rare and common sugar derivatives in carbonaceous

meteorites. Proceedings of the National Academy of Sciences, 2016, 113: E3322-E3331.
[15] Sparks W, Hough J, Kolokolova L, et al. Circular polarization in scattered light as a possible biomarker. Journal of Quantitative Spectroscopy and Radiative Transfer, 2009, 110: 1771-1779.
[16] Joiner J, Yoshida Y, Vasilkov A, et al. First observations of global and seasonal terrestrial chlorophyll fluorescence from space. Biogeosciences, 2011, 8: 637.
[17] Papageorgiou G C. Chlorophyll a fluorescence: a signature of photosynthesis. Springer Science & Business Media, 2007.
[18] O'Malley-James J T, Kaltenegger L. Biofluorescent Worlds: Biological fluorescence as a temporal biosignature for flare star worlds. ArXiv e-prints, 2016: 1608.
[19] Miller S D, Haddock S H, Elvidge C D, et al. Detection of a bioluminescent milky sea from space. Proceedings of the National Academy of Sciences, 2005, 102: 14181-14184.
[20] Keeling C D, Bacastow R B, Bainbridge A E, et al. Atmospheric carbon dioxide variations at Mauna Loa observatory, Hawaii. Tellus, 1976, 28: 538-551.
[21] Olson S L, Schwieterman E W, Reinhard C T, et al. Atmospheric seasonality as an exoplanet biosignature. The Astrophysical Journal Letters, 2018, 858: L14.
[22] Rasmussen R, Khalil M. Atmospheric methane (CH_4): Trends and seasonal cycles. Journal of Geophysical Research: Oceans, 1981, 86: 9826-9832.
[23] Tucker C J. Red and photographic infrared linear combinations for monitoring vegetation, 1978.
[24] Archetti M, Döring T F, Hagen S B, et al. Unravelling the evolution of autumn colours: an interdisciplinary approach. Trends in ecology & evolution, 2009, 24: 166-173.
[25] Westheimer F H. Why nature chose phosphates. Science, 1987, 235: 1173-1178.
[26] Schwartz A W. Phosphorus in prebiotic chemistry. Philosophical Transactions of the Royal Society B: Biological Sciences, 2006, 361: 1743-1749.
[27] Osterberg R, Orgel L. Polyphosphate and trimetaphosphate formation under potentially prebiotic conditions. Journal of molecular evolution, 1972, 1: 241-248.
[28] De Graaf R, Schwartz A W. Reduction and activation of phosphate on the primitive earth. Origins of Life and Evolution of the Biospheres, 2000, 30: 405-410.
[29] Pasek M A. Schreibersite on the early Earth: scenarios for prebiotic phosphorylation. Geoscience Frontiers, 2017, 8: 329-335.
[30] Pasek M A, Harnmeijer J P, Buick R, et al. Evidence for reactive reduced phosphorus species in the early Archean ocean. Proceedings of the National Academy of Sciences, 2013, 110: 10089-10094.
[31] Schoffstall A M. Prebiotic phosphorylation of nucleosides in formamide. Origins of life, 1976, 7: 399-412.
[32] Schoffstall A M, Barto R J, Ramos D L. Nucleoside and deoxynucleoside phosphorylation in formamide solutions. Origins of life, 1982, 12: 143-151.
[33] Schoffstall A M, Laing E M. Phosphorylation mechanisms in chemical evolution. Origins of life and evolution of the biospheres, 1985, 15: 141-150.
[34] Schoffstall A M, Mahone S M. Formate ester formation in amide solutions. Origins of Life and Evolution of the Biospheres, 1988, 18: 389-396.
[35] Rabinowitz J, Flores J, Krebsbach R, et al. Peptide formation in the presence of linear or cyclic polyphosphates. Nature, 1969, 224: 795-796.
[36] Paecht-Horowitz M, Berger J, Katchalsky A. Prebiotic synthesis of polypeptides by heterogeneous polycondensation of amino-acid adenylates. Nature, 1970, 228: 636-639.
[37] Paecht-Horowitz M, Eirich F R. The polymerization of amino acid adenylates on sodium-montmorillonite with preadsorbed polypeptides. Origins of Life and Evolution of the Biospheres, 1988, 18: 359-387.
[38] Gibard C, Bhowmik S, Karki M, et al. Phosphorylation, oligomerization and self-assembly in water

under potential prebiotic conditions. Nature chemistry, 2018, 10: 212.

[39] Hargreaves W, Mulvihill S, Deamer D. Synthesis of phospholipids and membranes in prebiotic conditions. Nature, 1977, 266: 78-80.

[40] Epps D, Sherwood E, Eichberg J, et al. Cyanamide mediated syntheses under plausible primitive earth conditions. Journal of molecular evolution, 1978, 11: 279-292.

[41] Rao M, Eichberg J, Oró J. Synthesis of phosphatidylcholine under possible primitive Earth conditions. Journal of molecular evolution, 1982, 18: 196-202.

[42] Gull M, Zhou M, Fernández F M, et al. Prebiotic phosphate ester syntheses in a deep eutectic solvent. Journal of molecular evolution, 2014, 78: 109-117.

[43] Martin W, Russell M J. On the origin of biochemistry at an alkaline hydrothermal vent. Philosophical Transactions of the Royal Society B: Biological Sciences, 2007, 362: 1887-1926.

[44] Piast R W, Wieczorek R M. Origin of life and the phosphate transfer catalyst. Astrobiology, 2017, 17: 277-285.

[45] Asplund M, Grevesse N, Sauval A J, et al. The chemical composition of the Sun. Astrophysics & Space Science, 2009, 328: 179-183.

[46] Koo B-C, Lee Y-H, Moon D-S, et al. Phosphorus in the young supernova remnant cassiopeia A. Science, 2013, 342: 1346-1348.

[47] Maciá E, Hernández M, Oró J. Primary sources of phosphorus and phosphates in chemical evolution. Origins of Life and Evolution of the Biospheres, 1997, 27: 459-480.

[48] Turner B, Tsuji T, Bally J, et al. Phosphorus in the dense interstellar medium. The Astrophysical Journal, 1990, 365: 569-585.

[49] Wakelam V, Herbst E. Polycyclic aromatic hydrocarbons in dense cloud chemistry. The Astrophysical Journal, 2008, 680: 371.

[50] Turner B, Bally J. Detection of interstellar PN-The first identified phosphorus compound in the interstellar medium. The Astrophysical Journal, 1987, 321: L75-L9.

[51] Ziurys L M. Detection of interstellar PN-the first phosphorus-bearing species observed in molecular clouds. The Astrophysical Journal, 1987, 321: L81-L5.

[52] Guélin M, Cernicharo J, Paubert G, et al. Free CP in IRC+ 10216. Astronomy and Astrophysics, 1990, 230: L9-L11.

[53] Agúndez M, Cernicharo J, Guélin M. Discovery of phosphaethyne (HCP) in space: Phosphorus chemistry in circumstellar envelopes. The Astrophysical Journal Letters, 2007, 662: L91.

[54] De Beck E, Kamiński T, Patel N, et al. PO and PN in the wind of the oxygen-rich AGB star IK Tauri. Astronomy & Astrophysics, 2013, 558: A132.

[55] Agúndez M, Cernicharo J, Decin L, et al. Confirmation of circumstellar phosphine. The Astrophysical journal letters, 2014, 790: L27.

[56] Caux E, Kahane C, Castets A, et al. TIMASSS: the IRAS 16293-2422 millimeter and submillimeter spectral survey-I. Observations, calibration, and analysis of the line kinematics. Astronomy & Astrophysics, 2011, 532: A23.

[57] Yamaguchi T, Takano S, Sakai N, et al. Detection of phosphorus nitride in the lynds 1157 B1 shocked region. Publications of the Astronomical Society of Japan, 2011, 63: L37-L41.

[58] Fontani F, Rivilla V, Caselli P, et al. Phosphorus-bearing molecules in massive dense cores. The Astrophysical Journal Letters, 2016, 822: L30.

[59] Mininni C, Fontani F, Rivilla V, et al. On the origin of phosphorus nitride in star-forming regions. Monthly Notices of the Royal Astronomical Society: Letters, 2018, 476: L39-L44.

[60] Fontani F, Rivilla V, van der Tak F, et al. Origin of the PN molecule in star-forming regions: the enlarged sample. Monthly Notices of the Royal Astronomical Society, 2019, 489: 4530-4542.

[61] Rivilla V, Fontani F, Beltrán M, et al. The first detections of the key prebiotic molecule PO in star-

forming regions. The Astrophysical Journal, 2016, 826: 161.

[62] Rivilla V, Drozdovskaya M, Altwegg K, et al. ALMA and ROSINA detections of phosphorus-bearing molecules: the interstellar thread between star-forming regions and comets. Monthly Notices of the Royal Astronomical Society, 2020, 492: 1180-1198.

[63] Shimoyama A, Ogasawara R. Dipeptides and diketopiperazines in the Yamato-791198 and Murchison carbonaceous chondrites. Origins of Life and Evolution of the Biospheres, 2002, 32: 165-179.

[64] McGeoch J E, McGeoch M W. Polymer amide in the Allende and Murchison meteorites. Meteoritics & Planetary Science, 2015, 50: 1971-1983.

[65] McGeoch M, Dikler S, McGeoch J E. Hemolithin: a Meteoritic Protein containing Iron and Lithium. arXiv preprint arXiv:200211688, 2020.

[66] Adcock C, Hausrath E, Forster P. Readily available phosphate from minerals in early aqueous environments on Mars. Nature Geoscience, 2013, 6: 824-827.

[67] Jakosky B M, Phillips R J. Mars' volatile and climate history. Nature, 2001, 412,:237-244.

[68] Malin M C, Edgett K S, Cantor B A, et al. MARS MARS. Mars, 2010, 5: 1-60.

[69] Weckwerth G, Schidlowski M. Phosphorus as a potential guide in the search for extinct life on Mars. Advances in Space Research the Official Journal of the Committee on Space Research, 1995, 15: 185.

[70] Bains W, Petkowski J J, Sousa-Silva C, et al. Trivalent phosphorus and phosphines as components of biochemistry in anoxic environments. Astrobiology, 2019, 19: 885-902.

[71] Sousa-Silva C, Seager S, Ranjan S, et al. Phosphine as a biosignature gas in exoplanet atmospheres. Astrobiology, 2020, 20: 235-268.

[72] Blake R E, Alt J C, Martini A M. Oxygen isotope ratios of PO_4: an inorganic indicator of enzymatic activity and P metabolism and a new biomarker in the search for life. Proceedings of the National Academy of Sciences, 2001, 98: 2148-2153.

[73] Kelley D S, Karson J A, Blackman D K, et al. An off-axis hydrothermal vent field near the Mid-Atlantic Ridge at 30 N. Nature, 2001, 412: 145-149.

[74] Robinson K L, Kelley D S, Fogel M L, et al. The Oxygen Isotope Composition of PO_4 Extracted From Lost City Hydrothermal Vents -- a Potential Biosignature for Vent Hosted Microbial Ecosystems, F, 2008.

[75] Jakosky B M, Shock E L. The biological potential of Mars, the early Earth, and Europa. Journal of Geophysical Research: Planets, 1998, 103: 19359-19364.

[76] Shen J, Smith A C, Claire M W, et al. Unraveling biogeochemical phosphorus dynamics in hyperarid Mars-analogue soils using stable oxygen isotopes in phosphate. Geobiology, 2020, 18: 760-779.

[77] Laakso T A, Schrag D P. Limitations on limitation. Global Biogeochemical Cycles, 2018, 32: 486-496.

[78] Derry L A. Causes and consequences of mid-Proterozoic anoxia. Geophysical Research Letters, 2015, 42: 8538-8546.

[79] Laakso T A, Schrag D P. Regulation of atmospheric oxygen during the Proterozoic. Earth and Planetary Science Letters, 2014, 388: 81-91.

[80] Reinhard C T, Planavsky N J, Gill B C, et al. Evolution of the global phosphorus cycle. Nature, 2017, 541: 386-389.

[81] Ruttenberg K. The global phosphorus cycle. Treatise on geochemistry, 2003, 8: 682.

[82] Zeng L, Jacobsen S B, Sasselov D D, et al. Growth model interpretation of planet size distribution. Proceedings of the National Academy of Sciences, 2019, 116: 9723-9728.

[83] Syverson D D, Reinhard C T, Isson T T, et al. Anoxic weathering of mafic oceanic crust promotes atmospheric oxygenation. arXiv preprint arXiv:200207667, 2020.

索引

A

ABC 转运蛋白 195

氨基酸 - 磷酸混合酸酐 065

氨酰 -tRNA 065

ATP 结合蛋白 189

D

代谢网络扩张 217

蛋白质结构分子钟 213

地外生命 271

多肽 047

F

分子化石 210

G

高分子囊泡 252

高能 P-N 键 084

共起源 104

H

合成生物学 231

核苷酸 030

L

类蛋白微球 246

临界共溶温度 247

磷化学 093

磷依赖代谢网络 213

磷脂囊泡 249

N

N- 磷酰化氨基酸 095

N- 羧基环内酰胺 068

凝聚物体系 239

Q

前生源化学 007

前生源肽合成 051

S

三磷酸腺苷 178

三偏磷酸盐 055

生命起源 002

生命体同手性 160
生命印记 270
手性 163
双水相微滴 247
丝组二肽 119

T
同手性起源 075

W
无磷代谢网络 213
五配位磷 147

X
系统化学 038

系统生物学 203

Y
遗传密码 089
遗传密码起源 171
原始细胞 228

Z
杂化原始细胞 245
脂肪酸囊泡 233
中心法则 064

其他
LUCA 221

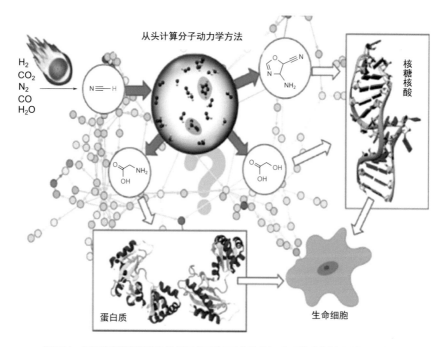

彩图 1 基于理论计算推演的从无机原料形成前生源分子的化学演化过程示意图

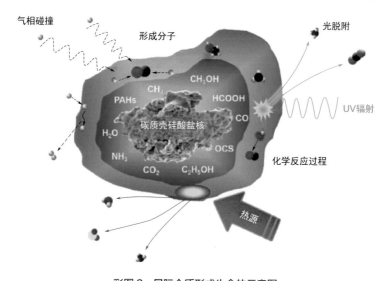

彩图 2 星际介质形成生命的示意图

彩图 3 利用缺口核糖核酸将混合酸酐中氨基酸或其衍生物迁移生成 2′- 或 3′- 核酸酯

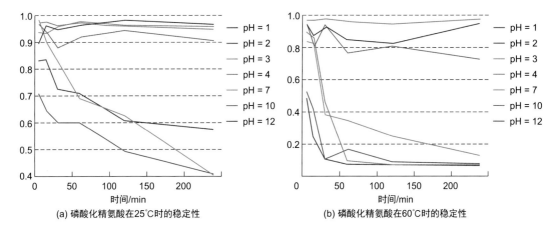

彩图 4　磷酸化精氨酸的酸、热稳定性

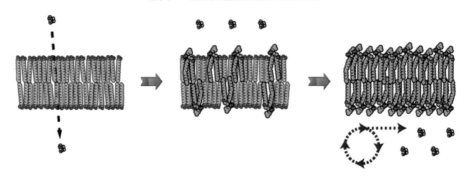

彩图 5　细胞膜的进化历程

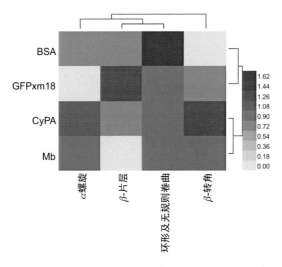

彩图 6　丝组二肽对四种底物蛋白质的二级结构水解效率

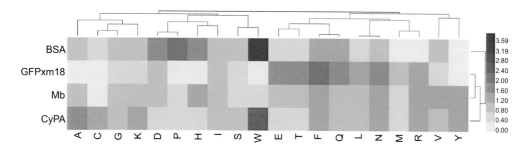

彩图 7　Ser-His 对四种底物蛋白质一级序列的水解效率

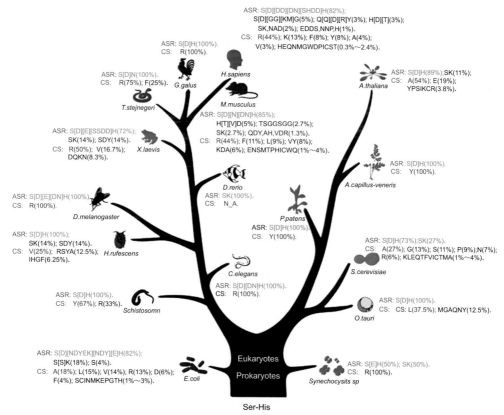

彩图 8　丝氨酸蛋白水解酶的进化树

彩图9　现代生物体遗传密码表

第一位碱基	第二位碱基								第三位碱基
	A		G		C		U		
A	AAA	Lys	AGA	Arg	ACA	Thr	AUA	Ile	A
	AAG		AGG		ACG		AUG	Met	G
	AAC	Asn	AGC	Ser	ACC		AUC	Ile	C
	AAU		AGU		ACU		AUU		U
G	GAA	Glu	GGA	Gly	GCA	Ala	GUA	Val	A
	GAG		GGG		GCG		GUG		G
	GAC	Asp	GGC		GCC		GUC		C
	GAU		GGU		GCU		GUU		U
C	CAA	Gln	CGA	Arg	CCA	Pro	CUA	Leu	A
	CAG		CGG		CCG		CUG		G
	CAC	His	CGC		CCC		CUC		C
	CAU		CGU		CCU		CUU		U
U	UAA	终止	UGA	终止	UCA	Ser	UUA	Leu	A
	UAG		UGG	Trp	UCG		UUG		G
	UAC		UGC		UCC		UUC		C

```
         HVDHGKTTL                    QR-VAIARAL
         :.:.:.:                      **.***:
GKETAVDLAP......AISRRKGHTTIRKRQ......PKGQRGVAIQ
```

彩图10　体外筛选获得的ATP结合蛋白

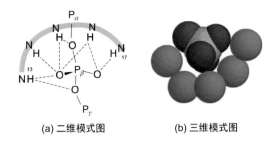

(a) 二维模式图   (b) 三维模式图

彩图 11　P-loop 主链 NH 基团与 GDP 的 β- 磷酸结合模式图

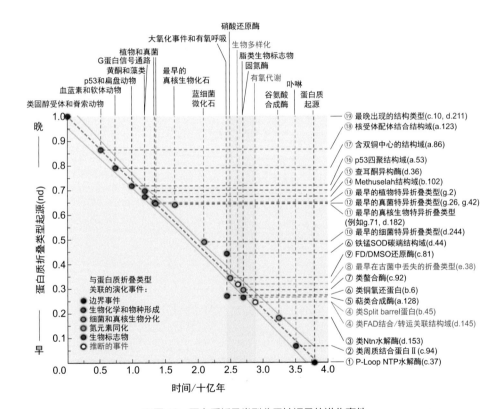

彩图 12　蛋白质折叠类型分子钟记录的进化事件

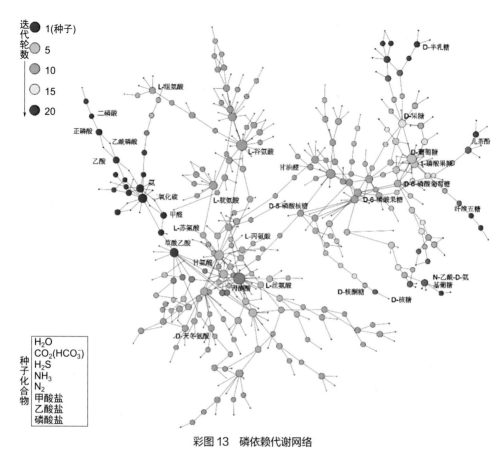

彩图13 磷依赖代谢网络

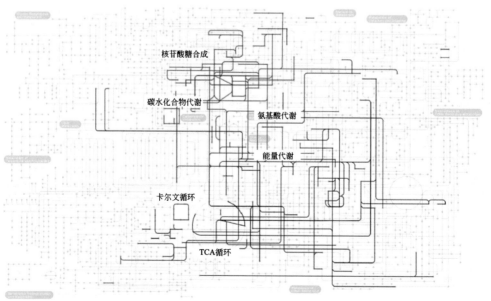

彩图14 磷依赖代谢网络与无磷代谢网络中的代谢反应

元素周期表

IUPAC 2013

图例	说明
+2 +3 +4 +5 +6	氧化态(单质的氧化态为0，未列入；常见的为红色)
95	原子序数
Am	元素符号(红色的为放射性元素)
镅▲	元素名称(注▲的为人造元素)
$5f^77s^2$	价层电子构型
243.06138(2)✦	以 ^{12}C=12为基准的原子量(注✦的是半衰期最长同位素的原子量)

s区元素 p区元素 d区元素 ds区元素 f区元素 稀有气体

族 / 周期	1 IA	2 IIA	3 IIIB	4 IVB	5 VB	6 VIB	7 VIIB	8 VIIIB(VIII)	9 VIIIB(VIII)	10 VIIIB(VIII)	11 IB	12 IIB	13 IIIA	14 IVA	15 VA	16 VIA	17 VIIA	18 VIIIA(0)	电子层
1	−1, +1 **1** H 氢 $1s^1$ 1.008																	**2** He 氦 $1s^2$ 4.002602(2)	K
2	+1 **3** Li 锂 $2s^1$ 6.94	+2 **4** Be 铍 $2s^2$ 9.0121831(5)											+3 **5** B 硼 $2s^22p^1$ 10.81	−4, +2, +4 **6** C 碳 $2s^22p^2$ 12.011	−3, −2, −1, +1, +2, +3, +4, +5 **7** N 氮 $2s^22p^3$ 14.007	−2, −1 **8** O 氧 $2s^22p^4$ 15.999	−1 **9** F 氟 $2s^22p^5$ 18.998403163(6)	**10** Ne 氖 $2s^22p^6$ 20.1797(6)	L K
3	−1, +1 **11** Na 钠 $3s^1$ 22.98976928(2)	+2 **12** Mg 镁 $3s^2$ 24.305											+3 **13** Al 铝 $3s^23p^1$ 26.9815385(7)	−4, +2, +4 **14** Si 硅 $3s^23p^2$ 28.085	−3, −2, +1, +3, +5 **15** P 磷 $3s^23p^3$ 30.973761998(5)	−2, +2, +4, +6 **16** S 硫 $3s^23p^4$ 32.06	−1, +1, +3, +5, +7 **17** Cl 氯 $3s^23p^5$ 35.45	**18** Ar 氩 $3s^23p^6$ 39.948(1)	M L K
4	−1, +1 **19** K 钾 $4s^1$ 39.0983(1)	+2 **20** Ca 钙 $4s^2$ 40.078(4)	+3 **21** Sc 钪 $3d^14s^2$ 44.955908(5)	−1, 0, +2, +3, +4 **22** Ti 钛 $3d^24s^2$ 47.867(1)	0, ±1, +2, +3, +4, +5 **23** V 钒 $3d^34s^2$ 50.9415(1)	−3, 0, ±1, ±2, +3, +4, +5, +6 **24** Cr 铬 $3d^54s^1$ 51.9961(6)	−2, 0, ±1, +2, ±3, +4, +5, +6, +7 **25** Mn 锰 $3d^54s^2$ 54.938044(3)	−2, 0, ±1, +2, +3, +4, +5, +6 **26** Fe 铁 $3d^64s^2$ 55.845(2)	0, ±1, +2, +3, +4, +5 **27** Co 钴 $3d^74s^2$ 58.933194(4)	0, ±1, +2, +3, +4 **28** Ni 镍 $3d^84s^2$ 58.6934(4)	+1, +2, +3, +4 **29** Cu 铜 $3d^{10}4s^1$ 63.546(3)	+1, +2 **30** Zn 锌 $3d^{10}4s^2$ 65.38(2)	+1, +3 **31** Ga 镓 $4s^24p^1$ 69.723(1)	+2, +4 **32** Ge 锗 $4s^24p^2$ 72.630(8)	−3, +3, +5 **33** As 砷 $4s^24p^3$ 74.921595(6)	−2, +2, +4, +6 **34** Se 硒 $4s^24p^4$ 78.971(8)	−1, +1, +3, +5, +7 **35** Br 溴 $4s^24p^5$ 79.904	+2, +4 **36** Kr 氪 $4s^24p^6$ 83.798(2)	N M L K
5	−1, +1 **37** Rb 铷 $5s^1$ 85.4678(3)	+2 **38** Sr 锶 $5s^2$ 87.62(1)	+3 **39** Y 钇 $4d^15s^2$ 88.90584(2)	+1, +2, +3, +4 **40** Zr 锆 $4d^25s^2$ 91.224(2)	0, ±1, +2, +3, +4, +5 **41** Nb 铌 $4d^45s^1$ 92.90637(2)	0, ±1, ±2, +3, +4, +5, +6 **42** Mo 钼 $4d^55s^1$ 95.95(1)	0, ±1, +2, +3, +4, +5, +6, +7 **43** Tc 锝▲ $4d^55s^2$ 97.90721(3)✦	0, +1, ±2, +3, +4, +5, +6, +7, +8 **44** Ru 钌 $4d^75s^1$ 101.07(2)	0, ±1, +2, +3, +4, +5, +6 **45** Rh 铑 $4d^85s^1$ 102.90550(2)	0, +1, +2, +3, +4 **46** Pd 钯 $4d^{10}$ 106.42(1)	+1, +2, +3 **47** Ag 银 $4d^{10}5s^1$ 107.8682(2)	+1, +2 **48** Cd 镉 $4d^{10}5s^2$ 112.414(4)	+1, +3 **49** In 铟 $5s^25p^1$ 114.818(1)	+2, +4 **50** Sn 锡 $5s^25p^2$ 118.710(7)	−3, +3, +5 **51** Sb 锑 $5s^25p^3$ 121.760(1)	−2, +2, +4, +6 **52** Te 碲 $5s^25p^4$ 127.60(3)	−1, +1, +3, +5, +7 **53** I 碘 $5s^25p^5$ 126.90447(3)	+2, +4, +6, +8 **54** Xe 氙 $5s^25p^6$ 131.293(6)	O N M L K
6	−1, +1 **55** Cs 铯 $6s^1$ 132.90545196(6)	+2 **56** Ba 钡 $6s^2$ 137.327(7)	**57~71** La~Lu 镧系	+1, +2, +3, +4 **72** Hf 铪 $5d^26s^2$ 178.49(2)	0, ±1, +2, +3, +4, +5 **73** Ta 钽 $5d^36s^2$ 180.94788(2)	0, ±1, ±2, +3, +4, +5, +6 **74** W 钨 $5d^46s^2$ 183.84(1)	0, ±1, +2, +3, +4, +5, +6, +7 **75** Re 铼 $5d^56s^2$ 186.207(1)	0, +1, +2, +3, +4, +5, +6, +7, +8 **76** Os 锇 $5d^66s^2$ 190.23(3)	0, ±1, +2, +3, +4, +5, +6 **77** Ir 铱 $5d^76s^2$ 192.217(3)	0, +2, +3, +4, +5, +6 **78** Pt 铂 $5d^96s^1$ 195.084(9)	+1, +2, +3, +5 **79** Au 金 $5d^{10}6s^1$ 196.966569(5)	+1, +2, +3 **80** Hg 汞 $5d^{10}6s^2$ 200.592(3)	+1, +3 **81** Tl 铊 $6s^26p^1$ 204.38	+2, +4 **82** Pb 铅 $6s^26p^2$ 207.2(1)	−3, +3, +5 **83** Bi 铋 $6s^26p^3$ 208.98040(1)	−2, +2, +3, +4, +6 **84** Po 钋 $6s^26p^4$ 208.98243(2)✦	±1, +5, +7 **85** At 砹 $6s^26p^5$ 209.98715(5)✦	+2 **86** Rn 氡 $6s^26p^6$ 222.01758(2)✦	P O N M L K
7	+1 **87** Fr 钫▲ $7s^1$ 223.01974(2)✦	+2 **88** Ra 镭 $7s^2$ 226.02541(2)✦	**89~103** Ac~Lr 锕系	**104** Rf 𬬻▲ $6d^27s^2$ 267.122(4)✦	**105** Db 𬭊▲ $6d^37s^2$ 270.131(4)✦	**106** Sg 𬭳▲ $6d^47s^2$ 269.129(3)✦	**107** Bh 𬭛▲ $6d^57s^2$ 270.133(2)✦	**108** Hs 𬭶▲ $6d^67s^2$ 270.134(2)✦	**109** Mt 鿏▲ $6d^77s^2$ 278.156(5)✦	**110** Ds 𫟼▲ 281.165(4)✦	**111** Rg 𬬭▲ 281.166(6)✦	**112** Cn 鿔▲ 285.177(4)✦	**113** Nh 鿭▲ 286.182(5)✦	**114** Fl 𫓧▲ 289.190(4)✦	**115** Mc 镆▲ 289.194(6)✦	**116** Lv 𫟷▲ 293.204(4)✦	**117** Ts 鿬▲ 293.208(6)✦	**118** Og 鿫▲ 294.214(5)✦	Q P O N M L K

★ 镧系	+3 **57** La★ 镧 $5d^16s^2$ 138.90547(7)	+2, +3, +4 **58** Ce 铈 $4f^15d^16s^2$ 140.116(1)	+3, +4 **59** Pr 镨 $4f^36s^2$ 140.90766(2)	+2, +3, +4 **60** Nd 钕 $4f^46s^2$ 144.242(3)	+3 **61** Pm 钷▲ $4f^56s^2$ 144.91276(2)✦	+2, +3 **62** Sm 钐 $4f^66s^2$ 150.36(2)	+2, +3 **63** Eu 铕 $4f^76s^2$ 151.964(1)	+3 **64** Gd 钆 $4f^75d^16s^2$ 157.25(3)	+3, +4 **65** Tb 铽 $4f^96s^2$ 158.92535(2)	+3, +4 **66** Dy 镝 $4f^{10}6s^2$ 162.500(1)	+3 **67** Ho 钬 $4f^{11}6s^2$ 164.93033(2)	+3 **68** Er 铒 $4f^{12}6s^2$ 167.259(3)	+2, +3 **69** Tm 铥 $4f^{13}6s^2$ 168.93422(2)	+2, +3 **70** Yb 镱 $4f^{14}6s^2$ 173.045(10)	+3 **71** Lu 镥 $4f^{14}5d^16s^2$ 174.9668(1)
★ 锕系	+3 **89** Ac★ 锕 $6d^17s^2$ 227.02775(2)✦	+3, +4 **90** Th 钍 $6d^27s^2$ 232.0377(4)	+3, +4, +5 **91** Pa 镤 $5f^26d^17s^2$ 231.03588(2)	+2, +3, +4, +5, +6 **92** U 铀 $5f^36d^17s^2$ 238.02891(3)	+3, +4, +5, +6, +7 **93** Np 镎 $5f^46d^17s^2$ 237.04817(2)✦	+3, +4, +5, +6, +7 **94** Pu 钚 $5f^67s^2$ 244.06421(4)✦	+2, +3, +4, +5, +6 **95** Am 镅▲ $5f^77s^2$ 243.06138(2)✦	+3, +4 **96** Cm 锔▲ $5f^76d^17s^2$ 247.07035(3)✦	+3, +4 **97** Bk 锫▲ $5f^97s^2$ 247.07031(4)✦	+2, +3, +4 **98** Cf 锎▲ $5f^{10}7s^2$ 251.07959(3)✦	+2, +3 **99** Es 锿▲ $5f^{11}7s^2$ 252.0830(3)✦	+2, +3 **100** Fm 镄▲ $5f^{12}7s^2$ 257.09511(5)✦	+2, +3 **101** Md 钔▲ $5f^{13}7s^2$ 258.09843(3)✦	+2, +3 **102** No 锘▲ $5f^{14}7s^2$ 259.1010(7)✦	+3 **103** Lr 铹▲ $5f^{14}6d^17s^2$ 262.110(2)✦